プログラミングなしで業務を自動化！

Microsoft Power Automate 入門

著：松本典子
Microsoft MVP for Business Application / Microsoft Azure

監修：小尾智之
Microsoft MVP for Microsoft Azure

■本書内容に関するお問い合わせについて
このたびは翔泳社の書籍をお買い上げいただき、誠にありがとうございます。弊社では、読者の皆様からのお問い合わせに適切に対応させていただくため、以下のガイドラインへのご協力をお願い致しております。下記項目をお読みいただき、手順に従ってお問い合わせください。

●ご質問される前に
弊社Webサイトの「正誤表」をご参照ください。これまでに判明した正誤や追加情報を掲載しています。
正誤表　https://www.shoeisha.co.jp/book/errata/

●ご質問方法
弊社Webサイトの「書籍に関するお問い合わせ」をご利用ください。
書籍に関するお問い合わせ　https://www.shoeisha.co.jp/book/qa/
インターネットをご利用でない場合は、FAXまたは郵便にて、下記"翔泳社 愛読者サービスセンター"までお問い合わせください。
電話でのご質問は、お受けしておりません。

●回答について
回答は、ご質問いただいた手段によってご返事申し上げます。ご質問の内容によっては、回答に数日ないしはそれ以上の期間を要する場合があります。

●ご質問に際してのご注意
本書の対象を越えるもの、記述個所を特定されないもの、また読者固有の環境に起因するご質問等にはお答えできませんので、予めご了承ください。

●郵便物送付先およびFAX番号
送付先住所　〒160-0006　東京都新宿区舟町5
FAX番号　03-5362-3818
宛先　（株）翔泳社 愛読者サービスセンター

はじめに

本書を手にとっていただけたということは、ノーコード／ローコードサービスに興味がある、またはすでに何かしらのサービスを利用している方でしょうか？

Power Automateは、皆さんが普段から使っているさまざまなアプリやサービスを組み合わせて、作業を自動化する仕組みをプログラミングを行うことなく作成できるサービスです。

このように説明すると、知識のある方はRPA（Robotic Process Automation）のことかと思うかもしれません。これは、厳密にいうと間違っています。

Power Automateは、「クラウドフロー（DPA：Digital Process Automation）」と「デスクトップフロー（RPA：Robotic Process Automation）」両方の機能と共に、AI機能をノーコードで利用できる「AI Builder」などを持つプロセスオートメーションサービスです。

著者である私は、デザイナー出身のため現在でもコードを全く書けません。

これまでさまざまな業務を行う中で、添付ファイル付きのメールが送られてきたときは「添付ファイルを指定のフォルダーに自動で保存できる仕組みが手軽に作れたらいいのに」とか「このサービスとこのサービスを連携させたい」など「こうすればルーチン作業が自動化できて楽になるのに」と思う場面が多くありました。

しかしながら、ノーコード／ローコードサービスがなかった頃は自分で仕組みを作ることは不可能で、エンジニアに相談して作ってもらう、もしくは諦めるという選択肢しかありませんでした。

ですが今はPower Automateを利用することで、自分の考える仕組み（ワークフロー）を自由に作り、活用することができるようになりました。

この経験を踏まえ、本書は自動化の基礎となる考え方からPower Automateを利用するときに必要になる基礎、実践的なワークフローの作成方法やTipsまで幅広く解説する形となっています。

本書は、純粋に「Power Automateを勉強してみよう」という初心者の方はもちろん、私のようにプログラミングができないからと自動化の仕組みを作れず諦めてしまった方やすでに利用している方にも「もっとPower Automateを使いこなすヒント」をお届けできればと思います。

それでは、Power Automateの世界へ飛び込んでみましょう！

CONTENTS

第3章 ≫ Power Automateとは

第4章 » Power Automateで作るワークフロー

第5章 ≫ Power Automate for desktopとは

第6章 ≫ ワークフロー作成におけるTips

第7章 ≫ 利用頻度の高いコネクタ紹介

第8章 » 実例紹介

読者特典のダウンロード

読者特典として、本書が提供するファイルや、リンク集のPDFファイルを、以下のサイトからダウンロードできます。

https://www.shoeisha.co.jp/book/present/9784798177175/

ダウンロードできるコンテンツは以下です。

- 8章 実例紹介で使用するファイル
- リンク集（PDFファイル）

詳しくはダウンロードサイトをご覧ください。

※会員特典データのダウンロードには、SHOEISHA iD（翔泳社が運営する無料の会員制度）への会員登録が必要です。詳しくは、Webサイトをご覧ください。
※ファイルをダウンロードするには、本書に掲載されているアクセスキーが必要になります。該当するアクセスキーが掲載されているページ番号はWebサイトに表示されますので、そちらを参照してください。
※会員特典データに関する権利は著者および株式会社翔泳社が所有しています。許可なく配布したり、Webサイトに転載することはできません。
※会員特典データの提供は予告なく終了することがあります。あらかじめご了承ください。

第1章

iPaaS®とは

iPaaS（Integration Platform as a Service：アイパース）とは、簡単にいうと、プログラムを書かずに多くのサービスを結合することでモノづくりを行える「パズル」のようなサービスです。

利用時にプログラム言語を学んだりする必要がなく、非エンジニアが自身で仕組みを作成しトライ＆エラーを手軽に行えるという利点があります。

ここでは、このiPaaSがどのようなサービスなのかを説明していきます。

アクセスキー **L**（大文字のエル）

1 iPaaSとは

iPaaS（Integration Platform as a Service：アイパース）とは、直訳すると「サービスの統合プラットフォーム」となり、複数のシステムやクラウドアプリケーションを連携することが可能なサービスを指します。

API（Application Programming Interface）は、ソフトウェアやWebサービスの機能を呼び出して利用したり情報をやり取りしたりする仕組みです。iPaaSはAPIを利用して、クラウドアプリケーションやクラウドサービスと企業内の独自システムなど、さまざまなサービスやシステムどうしの「橋渡し」を行います。

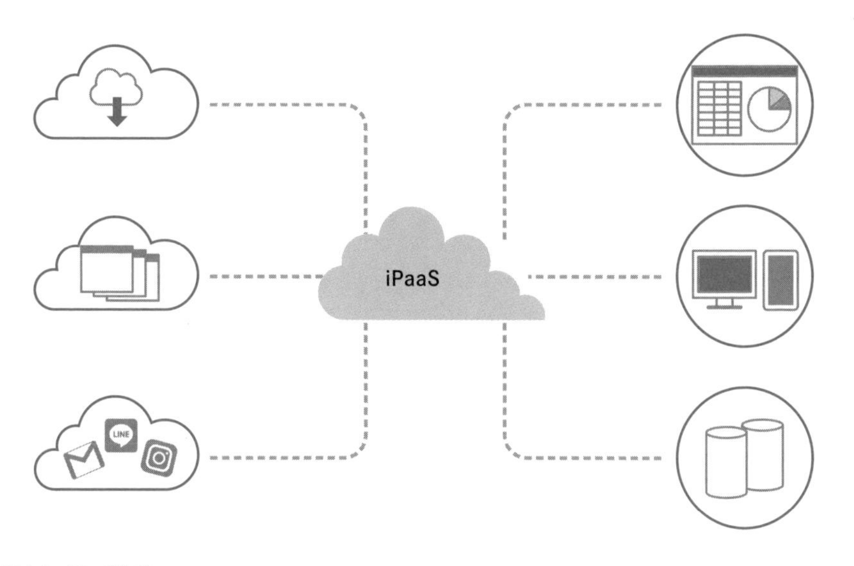

図1.1　iPaaSとは

なぜ今、iPaaSが注目されているのか？

2020年以降はコロナ禍の影響もあり、業種を越えてテレワークを積極的に導入する企業が増えています。それに伴って、社内でサーバーや通信回線・

独自システムを構築し、自社で運用を行う形態の「オンプレミス型」だけでは全ての業務に対応することが難しくなってきました。

この問題の解決策として、インターネットを介してオンライン上のサーバーで提供されているサービスを利用する形態である「クラウド型」を導入する企業も増えてきました。このような流れが加速する中、オンプレミス型のシステムとクラウド型システムのデータ連携・統合、クラウドのサービスどうしのデータ連携・統合が企業にとっての課題となってきました。

また、「クラウドを活用する取り組みを始めたが、各クラウドサービスについて有識者を確保できず、うまくいかない」「どこから始めるべきかわからない」という状況の企業も多くあります。その要因として、新たなテクノロジーやサービスの変化のスピードが速いことに加え、それらが組み合わさることで複雑性が増し、テクノロジーを使いこなす難度が高くなっている状況もあると思われます。その結果、IT開発者たちはこれまで以上に高度な理解や技術的スキルを求められるようになっています。

iPaaSには「過去データの活用目的」「クラウドサービス間の連携と既存データの有効活用」という利点があり、高度化、複雑化するクラウド統合開発の解決策として注目されています。オンプレミス型、クラウド型サービスを、エンジニアだけでなく市民開発者でも、少ない学習量と作業量で統合・連携することができます。

既存データの活用目的

クラウドサービスが現在のように浸透するまでは、社内でサーバーや通信回線・独自システムを構築し、自社内で全ての開発・構築と運用を行う形態の「オンプレミス型」システムが主流でした。現在も業種によってはオンプレミス型メインでシステム運用を行う必要がある企業も存在します。

オンプレミス型システムは、開発・構築に多額の費用や時間がかかる上、構築後も運用のために専門性を持つ人材を確保する必要があります。また、オンプレミス型で運用されているシステムは他のシステムとの連携が不要なため、システムの中に登録されているデータを別のシステムで活用する形にするのは難しい状況でした。

そんな中、利便性の高いクラウドサービスの導入が主流になり、オンプレミス型でシステム運用を行っていた企業も乗り換えを検討するところが増えました。そこでネックになったのは、オンプレミス型のシステムに蓄積された膨大な既存データでした。この既存データを、移行先のクラウドサービスに手動で移行するのは作業時間を考えても現実的でない上、自動的に移行するシステムを新たに開発するのも別途費用や時間がかかってしまいます。

このような問題の解決に、Webサービスや異なるシステムどうしをつなげ、データの統合やシステム連携をさせるiPaaSの利用が有効と考えられました。iPaaSは、オンプレミス型のシステムとクラウドサービス間でデータの橋渡しを可能にするからです。

このように企業がiPaaSを活用することで、既存データを無駄にすることなくクラウドサービス上で新たに活用することができるようになります。

▶ クラウドサービス間の連携と既存データの有効活用

さまざまな機能を持つ便利なクラウドサービスが多くあるので、複数のクラウドサービスを組み合わせて利用することは、現在では当たり前になっていると思います。

顧客情報管理や経理処理、従業員どうしのコミュニケーション用のチャットサービスなど、多くのクラウドサービスを利用することで業務が便利になる反面、それぞれのシステム上に散らばったデータの管理や統合が難しくなる、という次の問題が出てきました。

これらの問題も、各サービスのデータを容易に連携できるiPaaSを導入することで解決できると考えられます。クラウドサービス間でデータの橋渡しはもちろん、利用しているサービス間の同期を自動的に行う仕組みも作れるため、サービスごとにデータを登録する必要もなくなります。これにより、効率的にデータを利用できるようになります。

費用面でも、オンプレミス型システムの開発・運用費に比べると、月額数万円という低価格でこれらのパフォーマンスが得られるという点も、iPaaSの大きなメリットと考えられています。

このようにコストを抑えつつ、業務効率を大幅にアップできるため、近年多くの企業がiPaaSに注目しているというわけです。

2 ノーコード／ローコードサービスとは

iPaaSと共に最近注目されているサービスに「ノーコード／ローコード」があります。ノーコード／ローコードサービスとは、サービス利用時にプログラミング言語の知識を必要とするコーディング作業が不要（ノーコード）、ほぼコーディング作業を必要とせずに（ローコード）、アプリケーションの開発ができるサービスを指します。

「kintone」や「IFTTT（イフト）」、あるいは「Anyflow」などのサービスを使ったことがある方も多いのではないでしょうか？　これらのサービスは、ブラウザー上で操作を行い手軽に仕組みを作ることができ、ノーコード／ローコードにカテゴライズされています。

世界有数のリサーチ&アドバイザリ企業のガートナー（Gartner）は、IT開発者などのようにITの専門的な知識を持っていないが自身でアプリケーションを開発するビジネスユーザーのことを「Citizen Developer（市民開発者）」と定義しています。

ノーコード／ローコードサービスは、市民開発者でも、さまざまなサービスのAPIをパズルのようにつなげることで作業の自動化が行えます。

従来の方法で構築された社内システムを改善したい場合、開発者に改善箇所の説明をして、その後に修正作業を行ってもらう流れになるため手間と時間がかかり、軽微な問題はなかなか改善依頼をしにくいこともあったと思います。

開発者の手を借りずにノーコード／ローコードサービスで作成した仕組みは、実際の現場で利用しながらトライ&エラーを繰り返すことが可能です。実際に利用する人たちが、本当に使いやすい仕組みになるよう、自ら改善できる、という利点があります。

このようにノーコード／ローコードサービスを活用することで、プログラミング知識など専門知識を持たないビジネスパーソンでも、自身ですばやく業務を自動化し効率化する仕組みを作れることから、効率化して得られた時間を企画や営業活動など付加価値を生み出す企業活動に振り向けることが可能になると考えられています。

このような理由から、デジタル化による組織とビジネスモデルの変革を目指す「デジタルトランスフォーメーション（DX）」の観点からも注目されています。

3 デジタルトランスフォーメーション（DX）とは

デジタルトランスフォーメーション（Digital Transformation：DX）とは、直訳すると「デジタルによる変容」となります。

近年のIT技術は日々目覚ましい進歩を見せており、最新技術を活用したさまざまなサービスが身近なものになってきました。デジタルトランスフォーメーションは、これら進化したIT技術を日常生活に浸透させることで、より人々の生活をよいものへと変革させよう、という概念のことです。

現在、競争力の維持や強化のために積極的にデジタルトランスフォーメーションを推し進める取り組みを多くの企業が行っています。

これまでIT部門は専門的な知識を持つ開発者のみが担っていましたが、デジタルトランスフォーメーションの推進に伴い、IT市場全体の人材不足も問題になっていました。

Power Platformは、ITの専門知識を持たない市民開発者でも業務の自動化など、生産性を高める仕組みを作ることができるため、IT市場全体の人材不足解消につながる可能性も期待されて注目されているサービスになっています。

4 Power Platformとは

Power Platformは、Microsoftが提供するPower BI、Power Apps、Power Automate、Power Virtual Agentsで構成される、データの収集から解析・予測までローコード／ノーコードで実現可能なプラットフォームです。

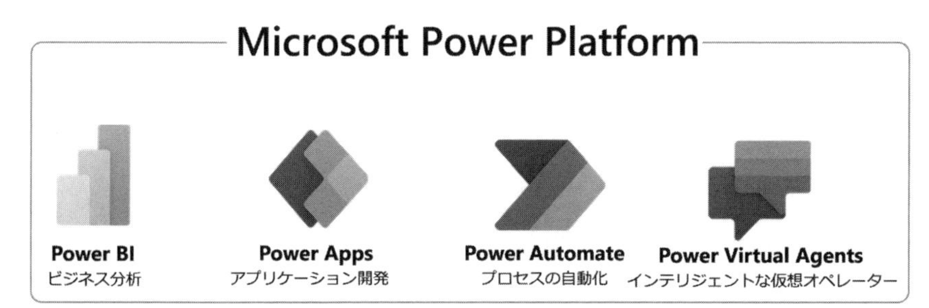

図1.2 Power Platform

Power Platformを活用すれば、短期間で必要なアプリの開発、データの収集や処理の自動化、データ分析までの全ての流れをノーコード／ローコードで実現することができます。また、Power Platformは多彩な機能を提供しますが、どのサービスも各分野の専門的な知識や技能を必要としません。

業務に携わっている担当者自らが必要なアプリやシステムを開発し、業務で直面している課題を解決する市民開発者に無限の可能性を提供します。Power Platformを構成する各サービスについて簡単に説明します。

Power BI

Power BI（Business Intelligence）は、データを分析するための洞察を提供するビジネス分析サービスです。迅速な情報に基づく意思決定を実現するために、レポートとダッシュボードを構成するデータの視覚化を通じて、分析情報を共有できます。

Power Apps

Power Appsは、ビジネスのニーズに合ったアプリを短時間にノーコード／ローコードで構築する開発環境を提供するアプリケーションです。

Power Appsは、PCやAndroidスマートフォン、iPhoneなど多くのデバイスで実行可能なWebおよびモバイルアプリケーションの作成が可能です。利用時に特別な知識や設定は必要なく、ブラウザー上で開発者はもちろん、システム開発の専門知識を持たないビジネスユーザーでも手軽にアプリを作成することができます。

Power Automate

Power Automateは、データの収集や意思決定の承認など、日々現場で繰り返される業務の自動化を支援します。サービスはブラウザーで利用でき、シンプルなインターフェイスによってIT初心者からベテランの開発者まで、あらゆるレベルのユーザーが作業タスクを自動化する仕組みを作成できます。

Power Virtual Agents

Power Virtual Agentsは、使いやすいインターフェイスを使用して、プログラミングや機械学習に関する知識がないビジネスユーザーでも強力なチャットボット機能を作成して管理できます。データサイエンティストなど専門職の人がいない環境でも利用できるサービスです。

5 Power AutomateとAzure Logic Apps

Power AutomateとAzure Logic Appsは、どちらもiPaaSをノーコード／ローコードで実現できるサービスです。この2つのサービスは仕組み上ほぼ同じものですが、Power Automateは「Power Platform」に、Azure Logic

Appsは「Microsoft Azure」にと別々のサービス群に属しています。

図1.3　Power AutomateとAzure Logic Apps

本節では、Power AutomateとAzure Logic Appsの違いや使い分けについて説明します。

Microsoft Azureとは

Microsoft Azureは、Microsoftが提供するクラウドコンピューティングサービスで、現時点で600を超えるサービスを提供しています。

SaaS、PaaS、IaaSを提供し、Microsoft独自のものだけでなくサードパーティ製の多くのプログラミング言語、ツール、フレームワークが利用可能です。

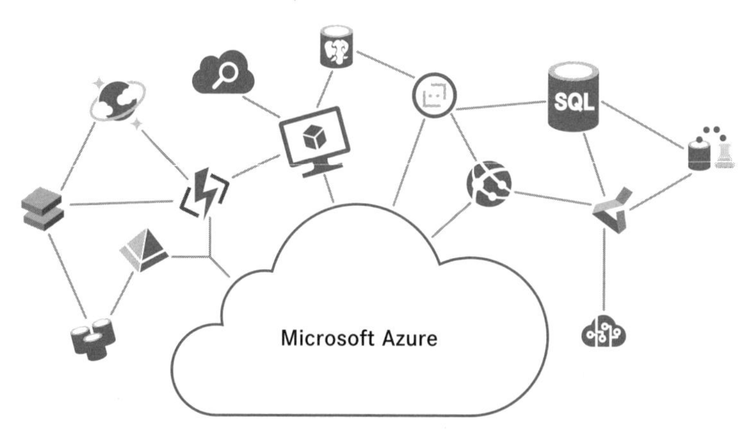

図1.4 Microsoft Azure

Microsoft Azureには、サーバー・コンピューティング、ネットワーク、ストレージ、データベース、Web・モバイルアプリに加えアカウント管理など、クラウドベースのさまざまなサービスが用意されています。

この他にも提供されるサービスの中にはAIや機械学習、IoT、Azure Mixed Reality（複合現実）なども含まれており、基盤としての利用だけでなく、これらのサービスを利用して総合的な開発が可能なクラウドプラットフォームになっています。

クラウドサービスというと開発者のみが利用するイメージがあると思いますが、Microsoft AzureにはiPaaSをノーコード／ローコードで実現できるAzure Logic Appsも含まれています。

サービスの利用方法

Power AutomateとAzure Logic Appsは、パソコンにアプリをインストールしたりセットアップするなどの事前準備は不要です。それぞれのポータル画面にアクセスすることで、ブラウザー上で利用できます。

Power Automateは専用のポータル画面がありますが、Azure Logic AppsはAzureポータル画面から利用します。

- Power Automateのポータル画面
  https://powerautomate.microsoft.com/ja-jp/
- Azureのポータル画面
  https://portal.azure.com/

ライセンスの違い

Power AutomateとAzure Logic Appsは属するサービスに違いがあるため、サービス利用時に必要なライセンスの違いがあります。

個人学習の場合、Power Automateは「Power Apps開発者向けプラン（https://powerapps.microsoft.com/ja-jp/developerplan/）」で、Azure Logic Appsは「Azure 無料アカウント（https://azure.microsoft.com/ja-jp/free/serverless/）」で利用できます。実運用を行う場合は、それぞれ適切なライセンスを取得してください。

操作画面

Power AutomateとAzure Logic Appsの両サービス共に、「デザイナー画面」というGUIを利用して視覚的にサービス（コネクタ）をつないでワークフローを作成していきます。操作性に関しては、両サービス共に大きな違いはありません。

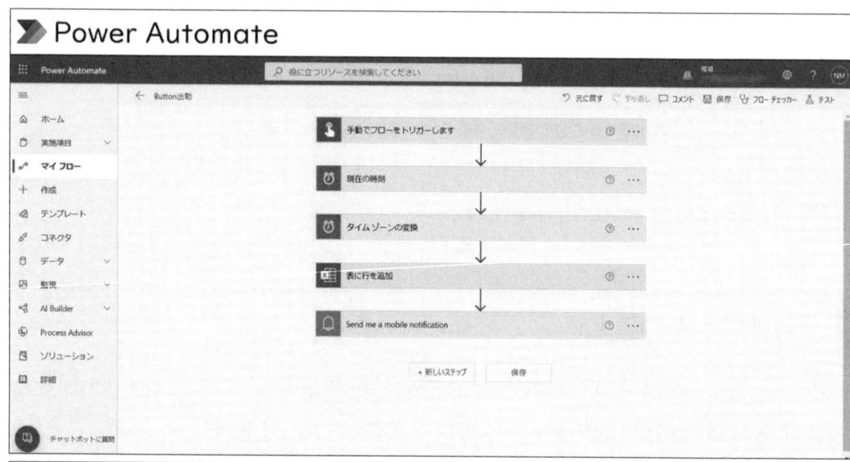

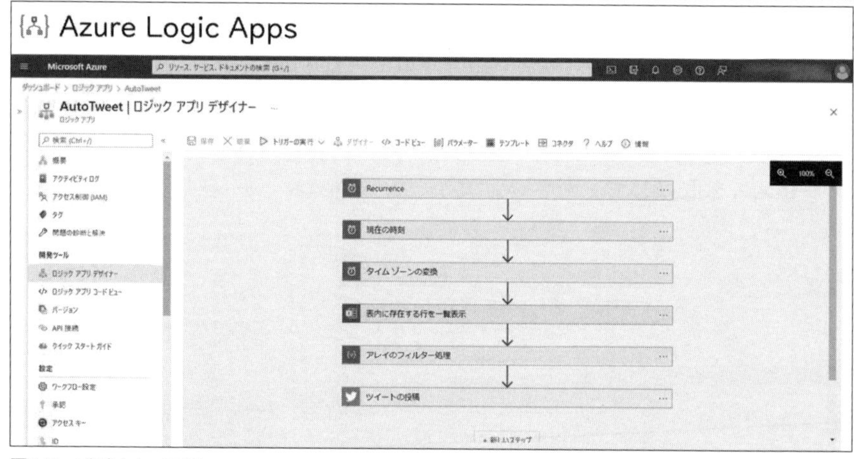

図1.5　デザイナー画面

コネクタも、Power AutomateとAzure Logic Appsは制御（条件式など）を含め、ほぼ同じサービスのものが提供されています。

Power Automate
操作を選択してください
コネクタとアクションを検索する
すべて
組み込み
標準
プレミアム
カスタム
自分のクリップボード
コントロール
Excel Online (Business)
Mail
Microsoft Teams
MSN Weather
Notifications
Office 365 Outlook
トリガー
アクション
もっと見る
条件
コントロール
スクリプトの実行
Excel Online (Business)
ワークシートの取得
Excel Online (Business)
行の更新
Excel Online (Business)
行の削除
Excel Online (Business)
行の取得
Excel Online (Business)

Azure Logic Apps
操作を選択してください
コネクタとアクションを検索する
おすすめ
すべて
ビルトイン
標準
エンタープライズ
カスタム
制御
HTTP
インライン コード
Service Bus
SQL Server
Azure Functions
Office 365 Outlook
トリガー
アクション
もっと見る
応答
要求
ドキュメントの情報を抽出 (プレビュー)
Jexghts gen. Document & more
ドキュメントの生成 (プレビュー)
Jexghts gen. Document & more
Book new appointment (プレビュー)
10to8 Appointment Scheduling
Get Current Conditions (プレビュー)
AccuWeather (Independent Publisher)
Get Current Conditions for Top Cities (プレビュー)
AccuWeather (Independent Publisher)

図1.6　コネクタ画面

そのため、双方のサービスで同じワークフローを作成することも可能です。コネクタの詳細については、5章で説明します。

Power AutomateとAzure Logic Appsの使い分け

Power AutomateとAzure Logic Appsは操作性に大きな違いはありません。そのため、どちらか一方の基礎操作を覚えれば両方のサービスを使えるようになるという学習コストの低さもノーコード／ローコードツールの中では魅力の1つと思います。

このように、Power AutomateとAzure Logic Appsはツールとしての明確な差はありませんが、以下のような特性があります。

- Power Automateは、人がかかわる業務を自動化するのに向く
  たとえば、OutlookやExcelなどのOfficeアプリとの連携や経費の申請・承認の仕組みなどです。システム間の連携は個人レベル、または部門レベルで管理することが前提になります。ただし、Power Automateのシステム間連携が社内全体で使われ始めるなど規模が大きくなった場合は、Azure Logic Appsへ変更することが推奨されています。
- Azure Logic Appsは、Power Automateに比べて、開発向けの用途に向く
  Microsoft Azureで提供されている各種サービスをノーコード／ローコードで利用したり、オンプレミス型システムを含むシステム間の連携など、IT部門の開発者が設定・管理を行うことを前提にしたサービスです。

それぞれのサービスの特性を理解し、業務内容によって適材適所で使い分けることで、より業務の効率化を進められると思います。

第2章

DPAとRPA

Power Automateで扱う処理の自動化には、DPA（Digital Process Automation）とRPA（Robotic Process Automation）、二つの方法があります。どちらにもメリット・デメリットがあり、状況により使い分けることが重要です。

アクセスキー　7（数字のなな）

Power Automateによる自動化

Power Automateでは、多くのコネクタを利用して多種多様なサービスを接続することができます。その際、サービスが提供しているAPIを利用した接続を行います。このような接続方式による自動化を、DPA（Digital Process Automation）と呼びます。APIを利用した法式は、システムと直接接続するため、安定した処理を実行できるのが特徴です。

また、Power Automateはもう1つの自動化方法であるRPA（Robotic Process Automation）も対応しています。Power AutomateにおけるRPAはPower Automate for desktopという専用ツールを介して処理を実行します。RPAでは、サービスに接続するのではなく、PCのデスクトップに接続して手動の操作を代理で実行します。そのため、APIが提供されていないサービスを自動化する場面で非常に有用です。

複数の処理を連携して目的を達成

DPAもRPAも、Power Automateをはじめとし、多くのベンダーから提供されている自動化ツールやサービスと併せて登場した言葉ではなく、古くから存在していた考え方です。Webサイトを自動で巡回するオートパイロットと呼ばれるものも、バッチ処理という複数の処理を1つの処理にまとめるものも同じ起源からきています。

ビジネスの世界では、処理単体で目的を達成できることがほとんどなく、複数の処理を組み合わせて連携させることにより要件を実現させています。たとえば、「外部からデータを受信し」「そのファイルをデータベースに取り込み」「取り込んだ結果を加工して別の場所へと送信する」といったような処理です。このように、複数の処理を連携して目的を達成させるのは、Process Automationが適している処理の1つです。

自動操作の変遷

今日のIT業界では、DPAによるAPI経由での連携やRPAによる自動操作よりも、定期的にバッチ処理を行う形で対処しているケースが多いです。理由として、API自体が外部に開放されていないことがほとんどだという点と、RPAによる自動操作は失敗する確率が高かった点があげられます。個人レベルであれば自動操作を利用する場面もありましたが、失敗をできるだけ発生させないことが求められるビジネスの世界ではまだまだ利用することがためらわれる状況でした。

時代が変わり、自動操作を作動させる環境自体も安定化が進み、今ではビジネスの世界であっても自動操作を選択するケースが増えています。また、APIが外部に開放されることも当たり前のように増えてきたので、DPAやRPAによる処理自動化は、過去と比較すると非常に安定・高品質で多くの種類の処理が行えるようになりました。

DPAとRPAのどちらかだけを利用して処理を自動化することも可能ですが、それぞれにメリットとデメリットがあります。この章ではDPAとRPAのメリットとデメリットについて解説し、自動化を行う際に考慮すべきポイントを説明します。

2 DPA

APIを利用してシステムに接続するDPAでは、最も大きなメリットとして「処理が安定する」というものがあります。システム開発を行われている方であればイメージできることですが、APIで提供する処理はしっかりと設計を行いテストを実施したものです。外部から利用できるAPIは、特に細心の注意を払って作成されています。また、サービスを直接利用することは、更新頻度の高いブラウザーによる画面制御が含まれないため、実際の画面よりも安定した動作が可能です。Power Automateのコネクタも、サービス側で提供しているAPIを利用してアクションやトリガーを用意しています。

図2.1　アクション

図2.2　トリガー

DPAのメリット

DPAの一番のメリットは、前述の通り安定して処理を行うことが可能な点です。ブラウザーやアプリケーションを通して処理を行う場合、それらのバージョンや実行しているPCの環境など、処理を不安定にする要素が多くなります。しかし、Power AutomateからAPIを利用すれば、画面にかかわる要素をほぼ考慮しなくてよくなるのもあり安定度が高まります。一般的にシステムに求められるものの1つにも安定性があり、安定度が高いことは各処理を数多く実行することができる点でもメリットが大きいです。インターネットを経由する仕組みの場合、安定度を高めるためには考慮する必要があるものが数多くあります。たとえば、「処理を行う際に相手システム側からエラーが返却された際にどう対応するか」「処理途中でシステム内部のエラーが発生した場合にどう対応するか」といった点です。これらの課題に対して実際のシステム開発では、システム上でどう対応するかを設計し組み込むことになります。そのような対応もDPAではある程度盛り込み済みになっているので、安定性は向上できています。

もう1つのメリットも安定性に関連します。Power Automateで作成したワークフローが動作するのはAzureのデータセンター内であり、一般ユーザーや企業の環境よりも高いレベルで管理運用されている環境にある点です。たとえば企業の事務所で何かしらのサービスを操作した場合は、企業の事務所から社内ネットワークを経由してインターネットプロバイダーへと通信を行います。そこから対象となるサービスへと通信を経由させていきます。一般的なユーザーや企業が構築するネットワークよりも、データセンターのネットワークは非常に高速で安定性が高くなるように構築されています。そのため通信でエラーが発生する率も下がり、最終的には処理が安定して実行できることにつながります。現在のシステム開発では、ネットワークは避けて通ることのできない要素です。インターネットを経由しない場合でも社内のネットワークを利用することがほとんどであり、ネットワークを利用しないシステムはごくごく少数です。そのため必然的にネットワークへの対応は重要度が高く、多くの準備をしておかなければなりません。DPAでは完全ではなくとも、ある程度の対応が盛り込まれた形で提供されています。

DPAのデメリット

反対にデメリットとしては、APIで提供されていない処理は行うことができない、という点です。多くのサービスでは、画面上で操作して実行できる処理の多くをAPIとして利用できるようにしていますが、全ての機能を利用できるようにはなかなかできません。手動操作で実現できていることを全てAPI経由で置き換えることができるかは、利用しているサービスに依存しますが、ほぼ置き換えられないのが現状です。そのため、DPAのみではどうしても自動化できない作業が発生するのは避けられません。そこを補う手段がRPAになります。

3 RPA

RPAは、Robotic Process Automationの言葉が表す通り、ロボットが自動で動くようにPCやサーバーを「自動で操作」する方法です。つまりRPAでは、手動操作をPC上で再現することにより処理の自動化を行います。そのため、サービス側がAPIを提供しているかどうかといった難しい条件を考慮する必要がありません。手作業で行えているならば自動化が行える、とシンプルに考えることができます。

RPAのメリット

一番のメリットは導入がしやすい点にあります。DPAを利用する場合は、どのAPIを利用してどのようなワークフローを作成するかを設計し構築していくことと、利用するAPIに対しての知識が必要です。対してRPAではすでに手作業で実施している作業を置き換えるので、この作業をそのまま自動化しよう、とイメージしやすく実施しやすいのは大きなポイントになります。またRPAを導入するにあたり、一般的なシステムを開発する際のように多くの費用や時間を用意しなくてもよいこともメリットといえます。部門内やチーム内などの人数が限られた場面でとりあえずやってみよう、と行動を先に起こしやすいのも大きなポイントです。

RPAのデメリット

デメリットはRPAを実行する環境にまつわるものが多いです。たとえば、操作を再現させるものである以上どうしても実行するための環境が必要になります。お店で購入したPCであったりクラウド上に構築した仮想マシンであったり、用意する方法はさまざまですが、どちらにも共通するのは操作を実行するためにデスクトップ環境が必要な点です。デスクトップ環境を必要としないDPAとは異なり、実際の操作が必要なRPAではPC上で発生するトラブルがついてまわります。たとえば、Windows Updateのような何かしらの更新処理が背後で自動的に動作し、PC全体の反応が重くなったために操作が想定よりも時間がかかり処理が失敗扱いとなるケースです。他にも利用しているアプリケーションの更新によって画面レイアウトが変更され、作成していた操作が通用しなくなるケースもあります。

このような場面では、作成していたワークフローを修正、場合によっては再作成を行うことになります。更新頻度が高いアプリケーションを利用しているのであれば、修正や再作成が発生するリスクを抱え込むことになるので注意が必要です。RPAが操作する対象とする画面は、提供されるAPIが変更されるよりも修正が行われる確率が高いものです。ワークフローを作成し運用を開始した後で、問題となりやすい点ですので覚えておくとよいでしょう。

4 どちらを利用するべきか

DPAとRPAのそれぞれにメリット・デメリットがあることを理解できたと思います。では、Power Automateを利用し実際に何らかの自動化を行う場合に、どちらをメインに考えるのがよいのでしょうか。実際に検討する前に、対象の処理を自動化できるかを検討します。以下のポイントをおさえておくことが重要です。

- Power Automateでコネクタが公開されているか
- 公開されているコネクタに必要なアクションやトリガーが用意されているか
- コネクタが未提供の場合、利用したい機能のAPIは公開されているか

利用する環境やかかわる人々のスキルなど、考慮する必要のある要素は多々あります。まずは、DPAを利用するのが自動化を行う上ではベターです。DPAは安定性が特長の1つですので、RPAを利用するよりも問題が起きる場面は少なくできます。APIが公開されていてPower Automateのコネクタが対応しているのであれば、RPAを選択する必要性は低いです。自動化したい内容がDPAで解決できるかを、最初に検討するのがよいでしょう。検討した結果DPAでは解決できない、APIが公開されていないと判明してからRPAを検討することが、後々問題が発生しにくい流れになります。

DPAを利用すると決めたとして、全ての処理をDPAで解決するかどうかも検討する必要のあるポイントです。自動化を検討している作業の中で、「ほとんどの処理はDPAで対応が行えるのに、1つの処理だけはRPAでなくては対応が行えない」というケースに遭遇することがあります。このケースにはシンプルに解決できない問題が含まれています。

シンプルには解決できない問題

「ある処理をRPAで作成し、それ以外の処理をDPAで作成する」と考えるのも1つの方法です。この場合は、作成するワークフローがクラウドフローとデスクトップフローに分かれます。そして問題が発生した際には、処理を行っているワークフローを特定することから始める必要があります。それがクラウドフローだった場合は、Power AutomateのWebポータルを確認します。デスクトップフローだった場合は、Power Automate for desktopのツールを確認します。作成するワークフローの数が少数であれば、ツールが2

種類であってもそれほど負担にはなりません。しかし、これが数十～数百となった場合は、2種類のツールであっても非常に負担が大きくなります。

この負担を考え、どちらかのワークフローに処理を全て寄せてしまおう、という考え方も1つの方針として間違っていません。これは、自分たちが運用を行う上での負担を少なくすることを最重要と考えた場面で選択する方針です。記事や書籍では業務をシステムに寄せることだけを正しいとするものもありますが、システムを利用する側に立って方針を決めることも間違いではありません。重要なのは、何が自分たちにとって最も重要視しなくてはいけないのかを明確にすることです。ここがぼやけている状態では、自動化を進めていったとしてもあまり効果を発揮することはありません。

DPAとRPAどちらかを利用するのがよいのか

DPAとRPAの関係は、一概にこちらを利用するべき、と断言できるものではありません。Power Automateで作成するクラウドフローは、開発者のように学習を行いフローを組み立てるスキルを身に着けた方がより多くの作業を自動化することに役立ちます。この学習のための負担は、人によって重かったり軽かったりするもので、それまでの経験なども関連して向き不向きがどうしても発生します。デスクトップフローではクラウドフローよりも負担は少ないので、負担を重く見る環境ではまずRPAを利用して自動化を行う方針は適しています。また、RPAで作業を自動化し運用を続けていく中で、不安定さを解決するためにDPAを採用することもよいでしょう。

自動化の仕組みに安定性を求める場合は、DPAを利用することが最善です。DPAもRPAも基本的には近い仕組みであり、「操作を実行する環境を自分で用意しメンテナンスも行う」RPAに対し、「環境はサービスとして提供しそこで動作する処理も一緒に提供するのでメンテナンスなどはありません」というのがDPAです。動作する環境を用意しメンテナンスも行っていくというのは、かなりの負担と費用が発生します。また、専門のスキルを必要とする場面も多く、RPAを行う環境をメンテナンスするために人を増員しなくてはいけないケースもありえます。稼働開始のころは問題なく動作していても、日数が経過して環境が不安定になり自動化した処理が動作しなくなってしまった、というケースもあります。

解答を出すには難しい問題が多いです。以下のポイントをおさえて、「まずは、どのようにどこまでの自動化を行っていくか」を決めておくことは重要です。

- 最初から多くの作業を自動化しようとしない
- 仕組みの面倒を見ることができる人を確保する
- RPAはワークフロー作成までは取り組みやすいが運用してから大変
- DPAはワークフロー作成まで学習が大変だが運用してからのトラブルは少ない

これらのポイントに対して方針を決めたうえで、最初に書いたDPA／RPAの違いに基づき処理への対応方法を決めていくのがよいでしょう。現場の環境と併せて検討することで、どの部分にRPA／DPAを用いるか、といった自動化を検討し始めた際の問題や、稼働してからの体制をどうするかというような、ワークフローを作成し稼働させてからの問題にも事前に手を打てるのではないでしょうか。どのような方針となるかは、それぞれの現場に左右されます。ですが、どの現場でも共通しているのは、「ワークフローを作成して終わりではなく、作成したワークフローが稼働してからがスタートだ」という点です。ぜひ安定した稼働を行えるように、色々な問題点に自分たちなりの答えを見つけていってください。

第3章

Power Automateとは

コーディングの知識が不要で、誰でもアプリケーションを開発したり業務自動化ができるノーコード／ローコードサービスが多く出てきています。

本書で取り上げるPower Automateも、Microsoftが提供するノーコード／ローコードサービスに分類されるものです。

Power Automateは、クラウドフロー（DPA：Digital Process Automation）とデスクトップフロー（RPA：Robotic Process Automation）両方の機能を併せ持つプロセスオートメーションサービスです。

ここでは、Power Automateが「どのようなサービスなのか」を基礎から学んでいきましょう。

アクセスキー 7 (数字のなな)

1 Power Automateとは

皆さんは、日々の業務で以下のような作業を行っていませんか？

- クライアントからメールで届いた内容を、Microsoft TeamsやSlackなどのチャットツールに手動でコピペしてチーム内で共有する
- 問い合わせメールを逐一チェックして返信する
- アンケートの回答を手動で集計する
- アンケートの自由回答部分をExcelなどに手作業で入力する
- イベントの開催日時など、決まった内容の文言を毎日手作業でツイートする

こうした作業は、1回あたりの作業時間は数分程度で、毎日行うルーチン化作業になっているのであれば、習慣になっていて気にならないものだと思います。

ただし、毎日何回も繰り返し作業を行っている場合は、総合的に見ると非常に多くの時間を費やしていることになります。また、人が行う作業にはミスがつきものです。

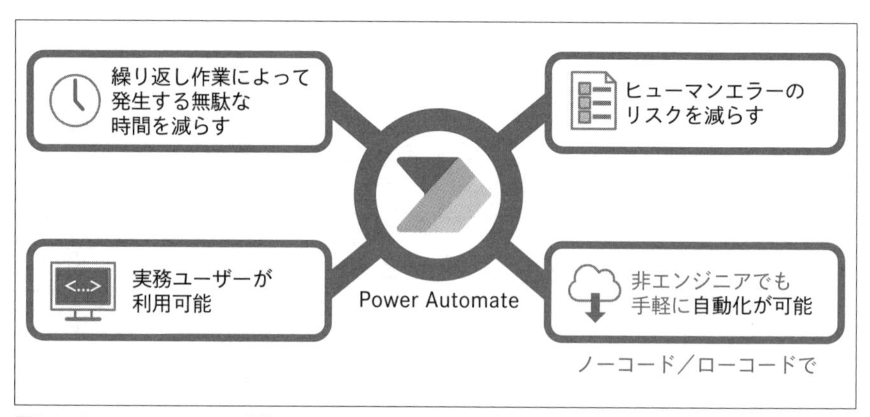

図3.1 Power Automateの特徴

Power Automateは、どんな企業でも毎日発生している上記のような問題を自動化し、解決するのに非常に有効なサービスであると考えます。

2 Power Automateの特徴

Power Automateは、以前は「Microsoft Flow」と呼ばれていたサービスです。Microsoft Flowは、各種クラウドサービスを「流れるように」自動化させるためのDPA（Digital Process Automation）でした。

2019年10月、そこにRPA（Robotic Process Automation）機能である「デスクトップフロー（旧UIフロー）」が加わり、「全ての業務を自動化（Automate）し、全てのユーザーに力を与える（Power）」という意味合いを込めた「Power Automate」へと名称が変更されました。

Power Automateは、DPAとRPA両方の機能を併せ持つプロセスオートメーションサービスです。上記のような企業内で日々発生する繰り返し作業の自動化から、セキュリティとコンプライアンスの提供、ITエコシステム全体のフローの使用と実行の制御まで提供します。

ビジネスユーザーでも利用できる操作性

Power Automateは、ブラウザー上で直感的に操作できるGUIの「デザイナー画面」を利用するサービスなので、IT管理者や開発者からIT知識を持たないビジネスユーザーまで組織内の全ての人が使えるサービスになっています。

図3.2　全てのユーザー

このため、組織内の全てのユーザーが、必要であればオンプレミスおよびクラウドベースのWebサービスをつなぐ仕組みを作成し自動化できます。

多くのクラウドサービスやデータと連携

Microsoftが提供している各種サービスはもちろん、Twitterなどのソーシャルメディアサービス、Gmailなどの Google系のサービス、kintoneやSalesforceなどビジネスでよく使われているサードパーティ製サービスとの連携もコネクタを利用することで簡単に実現できます。

生産性を加速し、より戦略的な作業に集中

繰り返しの作業を自動化し手動で行う作業を最小限にすることで、ヒューマンエラーの発生を抑えることができます。これは結果的に、企画や営業などビジネス推進を進めるための業務に割く時間を増やすことにつながります。

AIを活用した作業の自動化

AI Builderを活用することで、AI関係の専門知識を持つ開発者がいない環境でもテキストの読み取り（OCR）やデータ予測などのAI機能を組み込んだ仕組みを作成し、自動化できます。

3 Power Automateで利用できるフローの種類

Power Automateには3種類のフローが提供されており、そのフローの中には2種類のプロセスオートメーションが含まれます。

2種類のプロセスオートメーション

Power Automateには、APIベースのDPA（Digital Process Automation）の「クラウドフロー」と、デスクトップ環境のプロセスを自動化するRPA（Robotic Process Automation）の「デスクトップフロー」があります。

図3.3　クラウドフローとデスクトップフロー

左メニューの［作成］をクリックすると、画面の上部に表示されます。

▶ クラウドフロー

クラウドフローには、以下の種類があります。

- 自動化したクラウドフロー
  特定の人からのメールの受信やOneDriveの特定のフォルダーに画像を入れた場合などのイベントをきっかけにして起動する自動化の仕組みを作成できます。クラウドサービスのコネクタをトリガーとして使用する場合は、対象サービスのアカウントを接続するだけで利用できます。
- インスタントクラウドフロー
  Power Automateアプリで利用できるボタンコネクタをクリックして起動する自動化の仕組みを作成できます。たとえば、モバイルデバイスのボタンを押すことでチームにリマインダーを送信するなどが行えます。
- スケジュール済みクラウドフロー
  スケジュールに従って自動化する仕組みを作成できます。たとえば、データベースへの日次のデータアップロードなどの自動化処理を行う場合などに有効です。

▶ デスクトップフロー

デスクトップフローは、RPA機能です。Power Automate for desktopを使用すると、デスクトップ上およびWebアプリケーションの繰り返しタスクを自動化するための仕組みが作成できます。Power Automate for desktopを利用するには、Windows 10 Home、Windows 10 Pro、Windows 10 Enterprise、Windows 11 Home、Windows 11 Pro、Windows 11 Enterprise、Windows Server 2016、Windows Server 2019またはWindows Server 2022を実行するデバイスが必要です。ARMデバイスはサポートされていません。

この機能については、第5章で詳しく説明します。

- デスクトップ用 Power Automate の前提条件と制限
  https://docs.microsoft.com/ja-jp/power-automate/desktop-flows/setup

ビジネスプロセスフロー

ビジネスプロセスフローは、決められた流れに沿って行う必要のある一連の業務フローを管理します。通常、一連の業務フローをサポートに入った人や新人に共有する場合、個別のトレーニングが必要になりますが、ビジネスプロセスフローは視覚的にどのステージまで進んでいるかがわかるので、個別のトレーニングが不要になります。

図3.4　ビジネスプロセスフロー

営業のサポートや、サービス業であれば新しいスタッフが迅速に対応できるようになり、顧客の不満を招く可能性のあるミスを回避することにつなげることができます。

ユーザーの時間を節約し、トレーニングコストを削減してユーザーの成功を高める重要な役割を果たすことができます。

4 Power Automateのライセンス

Power Automateを利用する場合、用途に合わせたライセンスが必要になります。個人学習用か業務用かで利用可能なライセンスが異なるので注意してください。

Power Apps開発者向けプラン

Power Automateには、個人の学習目的で利用できる無料のプランが用意されています。「Power Apps開発者向けプラン（https://powerapps.microsoft.com/ja-jp/developerplan/）」は、職場または学校のメールアドレスを持っていれば、サイトからサインインすることで無料での利用が可能です。

図3.5　Power Apps開発者向けプラン

以前は「Power Appsコミュニティプラン」という名称でしたが、開発者のニーズに合わせて機能を拡張したことに合わせて、2021年5月から「Power Apps開発者向けプラン」に名称変更されました。

この「Power Apps開発者向けプラン」は現時点では永続的に（期間制限なしで）利用できますが、あくまでも「個人学習用の無料環境」と位置づけられており、上記サインインページにも「公開前の検証を目的としたアプリの構築とテストに制限」と明記されています（一部容量制限あり）。

企業内で公開したり実運用を行う場合には、必ず適切なライセンスを購入してください。

Microsoftアカウントと職場または学校アカウントの違い

Microsoftには「Microsoftアカウント」と「職場または学校アカウント」がありますが、「Power Apps開発者プラン」を利用する場合には「職場または学校アカウント」が必要になります。それぞれのアカウントの違いについて、簡単にご紹介します。

- Microsoftアカウント
  Microsoftアカウントは「ユーザー自身で作成したアカウント」です。企業や学校などで管理者から配布されるアカウントではありません。そのため「個人アカウント」と呼ばれることもあります。
- 職場または学校アカウント
  Microsoftアカウントとは異なり、ユーザー自身でアカウントを作成しておらず、企業や学校など所属する組織の管理者がアカウントを作成するものです。

Power Automateのプラン

Power Automateは、スタンドアロンライセンスで提供されます。限定的な機能は、Power Apps、Dynamics 365、Office 365のライセンスにも含まれます。また、Power Apps、Power AutomateおよびSharePointを含む、いくつかのMicrosoft製品を通じて利用できる「アドオン」という拡張機能があります。

- AI Builder
- RPA（アテンド型、非アテンド型）

表3.1　ライセンス方法と金額

Power Automate	Per user（ユーザーごとのプラン）	Per user（有人RPAを含む）（アテンド型RPAのユーザーごとのプラン）	Per flow（フローごとのプラン）
ライセンス方法	ユーザー単位	ユーザー単位	フロー単位 (最小購入要件：5フロー)
金額	1,630円／月	4,350円／月	10,870円／月
説明	個々のユーザーが独自のニーズに基づいて、**無制限の数のフロー**を作成できる。	個々のユーザーが無制限の数のフローを作成し、**ロボティックプロセスオートメーション（RPA）とAIを通じてレガシアプリケーションを自動化**できる。	フローと予約済みキャパシティを実装し、組織全体で**無制限の数のユーザー**が利用できるようにする。

▶ Power Automateのスタンドアロンライセンス

ワークフロー／ビジネスプロセス自動化やロボティックプロセスオートメーション（RPA）の機能の全てが必要な場合は、Power Automateのスタンドアロンライセンスの購入を検討してください。ライセンス方法は、「ユーザー単位」と「フロー単位」の両方がサポートされています。

全てのスタンドアロンライセンスには、Power Automateのフル機能が含まれています（ただし、アテンド型RPAを含むPower Automate per userプランのみに含まれるRPA機能を除く）。

- Power Automate per userプラン
  個々のユーザーが独自のニーズに基づいて、無制限の数のワークフローとビジネスプロセスを作成・実行できます。
  このプランは、自動化という文化の全社的な導入をサポートすることを目的としています。

●Power Automate per flowプラン
フロー単位でライセンスが提供され、利用者は重要なビジネスプロセスとキャパシティを実装して、チーム部門・組織全体が利用できるようになります。そのため、ライセンスを取得したフローをトリガーするエンドユーザーごとに個別にライセンスを取得する必要はありません。
このプランは、通常は部門内の1人のパワーユーザーがフローをセットアップし、そのフローをグループ内で共有するといったシナリオに最適です。

アテンド型RPAと非アテンド型RPAの違い

Power AutomateのRPA機能である「デスクトップフロー」は、アテンド型RPAと非アテンド型RPAの2種類があります。

表3.2 Power AutomateのRPA機能の種類

アテンド型（有人）	非アテンド型（無人）
手動でトリガー	自動的にトリガー
サインインは不要（すでにログインしていると想定）	Windows サインインは、前定義されたユーザー資格情報を使用して自動化
個々のレベルでタスクとプロセスを自動化する場合に適している	指定されたコンピューターまたはサーバーを、ユーザーに代わって自動化を実行するように設定することが可能

●アテンド型（有人）RPAを含むPower Automate per userプラン
レガシアプリとモダンアプリのいずれにも対応します。個々のユーザーがAPIに基づく自動化のために無制限の数のフローを作成し、ロボティックプロセスオートメーション（RPA）とAIを通じたデスクトップフローによるレガシアプリの自動化を実現できます。
このプランはPower Automate per userプランをベースに構築されており、ユーザーはアテンド型（有人）RPAボットをワークステーションで実行できます。さらに、アテンド型（有人）RPAボットにはフォーム処理、物体検出、予測、テキスト分類、テキスト認識といったシナリオをサポートするAI Builder機能へのアクセスが含まれます。

● Power Automate無人RPAアドオン

ボットを自律的に、つまり、ユーザーから独立して実行できるようにして、デスクトップベースの自動化を拡張します。非アテンド型（無人）ボットは、ローカル、リモートデスクトップといった仮想化環境で展開できます。基本ライセンスであるアテンド型（有人）RPAを含むPower Automate per userプランまたはPower Automate per flowプランを保有している場合に、非アテンド型（無人）RPA アドオンを購入できます。

複数の非アテンド型（無人）RPAアドオンは、対象の基本ライセンスに対して適用することができます。

注：Power Automate非アテンド型（無人）RPAアドオンは、ボットを実行するライセンスです。単一のプロセスで複数のインスタンスを並行して実行するには、インスタンスごとに追加の無人ボットが必要になります。

表3.3　プランと機能

プランと機能		Power Automate per user プラン	有人RPAを含む Power Automate per user プラン	Power Automate per flow プラン
基本事項	最小購入要件	なし	なし	5つ
	ユーザー単位のライセンス	●	●	―
フローの実行	クラウドフロー (自動化／インスタント／スケジュール済みのフロー)	●	●	●
	ビジネスプロセスフロー	●	●	●
	アテンド型（有人）デスクトップフロー	―	●	―
	非アテンド型（無人）デスクトップフロー	―	有償	有償
	WinAutomationクライアント機能	―	●	―
プロセスの視覚化と分析	Process Advisor	●	●	―

共有と共同作業	ライセンスに含まれるフローが対象	●	●	−
データへの接続	標準コネクタ	●	●	●
	プレミアムコネクタ、カスタムコネクタ	●	●	●
	オンプレミスデータゲートウェイ	●	●	●
データの保存と管理	Dataverse（旧称Common Data Service）の使用権	●	●	●
エンタープライズレベルの管理とセキュリティ	Power Platform管理センターでの一元管理	●	●	●
ライセンスあたりのキャパシティ	Dataverseのデータベースキャパシティ	250MB	250MB	50MB
	Dataverseのファイルキャパシティ	2GB	2GB	200MB
AIの組み込み	AI Builderサービスクレジット	有償	5,000	有償

その他のライセンスに含まれるPower Automateの使用権

すでに以下のプランのいずれかを取得している場合にも、限定的な機能でPower Automateを使用することができます（シードプラン）。

- Microsoft 365（以前はOffice 365）
- Dynamics 365 Enterprise
- Dynamics 365 Professional
- Dynamics 365 Team Member
- Power Apps（キャンバスとモデル駆動型アプリ）—アプリごとプラン
- Power Appsユーザーごと
- Windowsライセンス
- Power Appsプラン1（適用除外）
- Power Apps プラン2（適用除外）

▶ Power Automate P1およびP2プラン（適用外）について

これらのプランは、2020年12月31日以降、購入も自動更新も利用できなくなりました。

これらのプランのライセンスを持つ組織は、Microsoft Power Platformのサービスを継続して利用するため、ユーザーごとまたはフロープランごとのPower Automateか、ユーザーごとまたはアプリ プランごとのPower Appsに移行する必要があります。2021年1月1日より前に開始され、有効な適用除外ライセンス契約をお持ちの場合は、契約終了日まで引き続きサポートされます。

詳細やライセンスの購入については、Microsoftアカウント担当者にお問い合わせください。

表3.4　Power Automate オファーの使用権の概要

プランと機能		Power Automate有料オファー				含まれるPower Automateの使用権			
		per user プラン	有人RPAを含む per user プラン	Per flow プラン（最低5つから）	無人RPA アドオン	Office 365	Windows	Power Apps	Dynamics 365
フローの実行	クラウドフロー（自動化／インスタント／スケジュール済みのフロー）	●	●	●	－	●	－	●	●
	ビジネスプロセスフロー	●	●	●	－	－	－	●	●
	有人デスクトップフロー	－	●	－	●	－	●	－	－
	無人デスクトップフロー	－	－	－	●	－	－	－	－

フローの実行	WinAutomationクライアント機能	—	●	—	—	—	—	—	—
プロセスの視覚化と分析	Process Advisor	●	●	—	—	—	—	—	—
共有と共同作業	ライセンスに含まれるフローが対象	●	●	—	—	●	—	●	●
データへの接続	標準コネクタ	●	●	●	—	●	—	●	●
	プレミアムコネクタ、カスタムコネクタ	●	●	●	—	—	—	●	●
	オンプレミスデータゲートウェイ	●	●	●	—	—	—	●	●
データの保存と管理	Dataverseの使用権	●	●	●	—	—	—	●	●
	Dataverse for Teams (Teams内のフローでのみ利用可)	—	—	—	—	一部のOffice 365 ライセンス	—	—	—
エンタープライズレベルの管理とセキュリティ	ライセンスに含まれるフローが対象	●	●	●	●	●	基本的なレポート	●	●
ライセンスあたりのキャパシティ	Dataverseのデータベースキャパシティ	250MB	250MB	50MB	—	—	—	—	—
	Dataverseのファイルキャパシティ	2GB	2GB	200MB	—	—	—	—	—

AIの組み込み	AI Builderサービスクレジット	有償	5,000	有償	―	―	―	―	―

ライセンスや価格情報は都度更新されますので、最新情報は公式ドキュメントを必ず確認してください。

またMicrosoft365プランのライセンスは、プレミアムコネクタの使用ができないなどの制限があります。すでにMicrosoft365やDynamics365を契約中の場合、ライセンスの詳細に関してはMicrosoftの営業担当者に確認してください（2022年4月現在）。

5 AI Builderとは

AI Builderは、Power Platformのアドオンの1つです。

図3.6　AI Builder

たとえば、取引先相手の名刺内容を社内指定の名簿（Excelファイル）に入力する作業があるとしましょう。

通常は一枚ずつ内容を確認して手入力で該当のExcelファイルに入力していくと思いますが、数が多くなれば時間もかかり入力ミスも増える可能性があります。

このような場合にAI Builderを利用すると、名刺の文字を自動で読み取ってテキスト化し必要な項目の内容を指定のExcelファイルに記載する、という一連の作業を自動化することも可能になります。現在はSansanが提供する名刺情報を読み取るサービスなどがありますが、このサービスと同じような仕組みを自分で作ることができるイメージです。

本節では、このように便利なアドオンであるAI Builderについて説明していきます。

AI Builderの画面

AI Builderは、ユーザー体験を改善するために画面の大幅な変更が行われました。2021年10月からランダムに適用されていき、2021年中に全てのユーザーが利用できる予定となっています。

旧画面

新画面

図3.7　AI Builderの画面の変化

本書では、新しいAI Builderの画面で機能紹介を行います。

AI Builderのメニュー

Power Automateポータル画面の左メニューの［AI Builder］をクリックするとメニューが開きます。

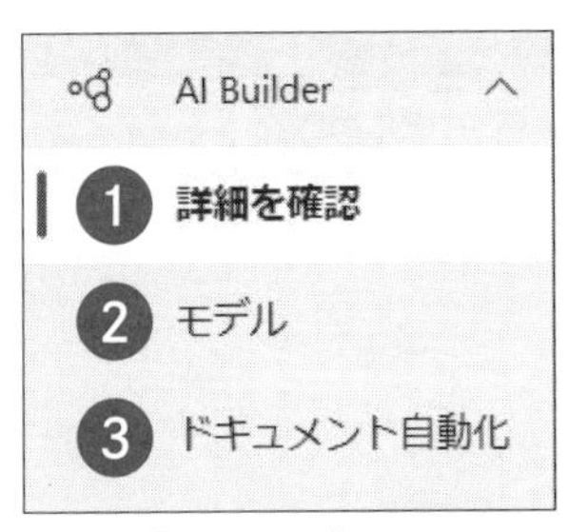

図3.8 ［AI Builder］メニュー

① ［詳細を確認］
AIモデルの選択や作成をします。

② ［モデル］
作成した「自分のモデル」と共有したモデルの一覧が確認できます。

③ ［ドキュメント自動化］
AIを活用したデータ抽出・手動検証・プロセス調整・パイプライン監視など、ドキュメントを大規模に処理するソリューションを提供します。

モデルの種類

AI Builderには、「事前構築済みAIモデル」と「カスタムAIモデル」の2つがあります。

● 事前構築済みAIモデル
ユーザーは事前に用意されているモデルタイプを選択するだけで、アプリ（Power Apps）やワークフロー（Power Automate）にAI機能を追加することができます。トレーニングなどの手順が不要です。

●カスタムAIモデル

ユーザー自身がビジネスの要件に合わせて1からモデルを作成する必要があります。モデルのトレーニング後に、アプリ（Power Apps）やワークフロー（Power Automate）で利用できます。

図3.9　モデルの種類

ビルドタイプは、使用目的のためにビルド／トレーニング／公開する必要があるカスタマイズ可能なモデルであるか、すぐに使用できるビルド済みモデルであるかを示します。ビジネスに固有のデータを操作するときには、「カスタムAIモデル」を使用します。

さまざまなタイプのビジネスに共通するシナリオには、事前に構築された「事前構築済みAIモデル」を使用します。

Power Automateポータル画面では、図3.9のようにモデルの種類が記載されているので利用前に確認できます。

ビルド：それぞれのデータ型でAI機能を試す

ビルド画面で「事前構築済みAIモデル」か「カスタムAIモデル」を利用する準備を行いますが、ビルド画面ではカテゴリ分けがされています。

図3.10 ［詳細を確認］の種類

それぞれのカテゴリごとに、できることを確認していきましょう

▶［ドキュメント］カテゴリ

［ドキュメント］カテゴリには、5つの事前構築済みAIモデル、1つのカスタムAIモデルと6つのモデルタイプが用意されています。

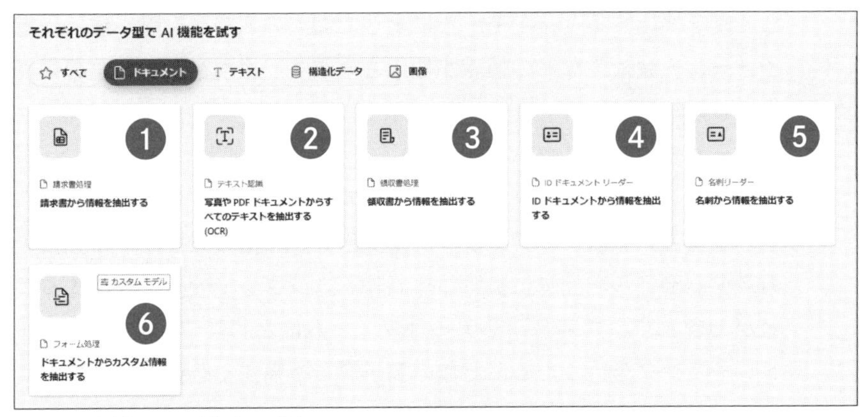

図3.11 ［ドキュメント］カテゴリ

①請求書処理（事前構築済みAIモデル）

請求書から情報を抽出する：請求書の処理を自動化するために、主要な請求書データを抽出します。請求書処理モデルは、請求書ID、請求

日、合計金額などの一般的な請求書要素を認識するように最適化されます（※現在は、英語の請求書のみサポート）。

②テキスト認識（事前構築済みAIモデル）

写真やPDFドキュメントから全てのテキストを抽出する（OCR）：写真やPDFドキュメントから全てのテキストを抽出します。印字および手書きのテキストを画像（JPG、PNG、BMP、PDF）から抽出し、コンピューターで読み取り可能な文字に変換します。

③領収書処理（事前構築済みAIモデル）

領収書から情報を抽出する：領収書から重要な情報を抽出します。店舗名、住所、電話番号、購入品目の一覧などの情報を抽出できます（※現在は、オーストラリア、カナダ、米国、英国、インドからの英語の領収書のみサポート）。

④IDドキュメントリーダー（事前構築済みAIモデル）

IDドキュメントから情報を抽出する：パスポートおよび米国の運転免許証から情報を抽出します。

⑤名刺リーダー（事前構築済みAIモデル）

名刺から情報を抽出する：名刺の画像から情報を抽出します。画像から名刺を検出すると、AIモデルによって個人の名前、役職、住所、電子メール、会社名などの情報が抽出されます（※現在は、英語のみサポート）。

⑥フォーム処理（カスタムAIモデル）

ドキュメントからカスタム情報を抽出する：テキスト、テーブル、数値、手書きテキスト、チェックボックスなどの情報を抽出する独自のカスタムモデルを簡単に構築し、トレーニングして公開・利用することができます。カスタムモデルはフォームに合わせて調整するため、トレーニングを行うために自作のデータを準備する必要があります。

▶［テキスト］カテゴリ

［テキスト］カテゴリには、6つの事前構築済みAIモデル、2つのカスタムAIモデルと8つのモデルタイプが用意されています。

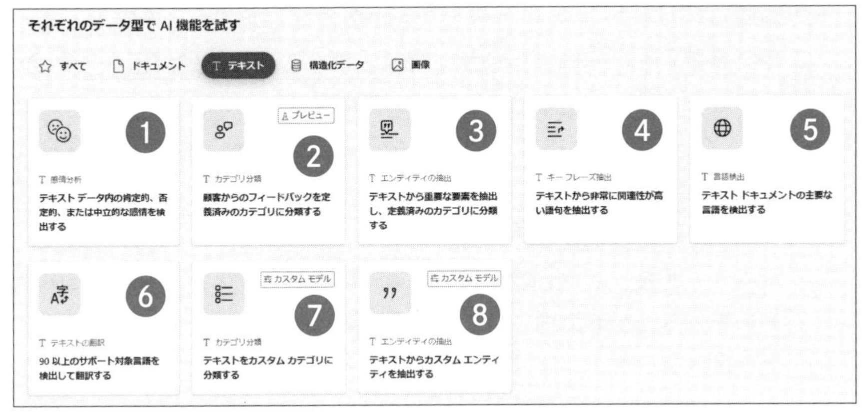

図3.12 ［テキスト］カテゴリ

①感情分析（事前構築済みAIモデル）

テキストデータ内の肯定的、否定的、または中立的な感情を検出する：テキストデータから肯定的、否定的、または中立的な感情を検出します。ソーシャルメディア、顧客レビュー、その他あらゆるテキストデータの分析に使用することができます。ドキュメントの感情は、スコアを集計することで判断されます。

②カテゴリ分類（事前構築済みAIモデル）

顧客からのフィードバックを定義済みのカテゴリに分類する：顧客からのフィードバックテキストを、苦情、賛辞、顧客サービス、ドキュメント、価格および請求、スタッフなどの定義済みカテゴリに分類するように構成されたモデルです。

③エンティティの抽出（事前構築済みAIモデル）

テキストから重要な要素を抽出し、定義済みのカテゴリに分類する：テキストから重要な要素を識別し、それらを年齢、都市、日時、組織、個人名などの定義済みカテゴリに分類する、そのまま使用できるモデルです（※現在、日本語はサポートされていません。またドキュメントは5,000文字を超えることはできません）。

④キーフレーズ抽出（事前構築済みAIモデル）

テキストから非常に関連性が高い語句を抽出する：テキストドキュメントから要点を識別します。たとえば、「食事が美味しくサービスも素晴らしかった。」というテキストが入力された場合、モデルによって「食事」や「素晴らしいサービス」などの主な話題が返されます。このモデルは、構造化されていないテキストドキュメントからキーフレーズの一覧を抽出することができます。また、ドキュメントは5,120文字を超えることはできません。

⑤言語検出（事前構築済みAIモデル）

テキストドキュメントの主要な言語を検出する：テキストドキュメントの主要な言語を識別します。テキストを分析し、検出された言語と信頼度スコアを返します。また、ドキュメントは5,120文字を超えることはできません。

⑥テキストの翻訳（事前構築済みAIモデル）

90以上のサポート対象言語を検出して翻訳する：テキストデータを90言語以上の言語でリアルタイムに翻訳します。また、翻訳するテキストデータの言語を検出することもできます。

⑦カテゴリ分類（カスタムAIモデル）

テキストをカスタムカテゴリに分類する：テキストデータを分類する機械学習モデルを簡単に構築し、トレーニングして公開・利用することができます。ビジネスの要件に合わせて調整するため、自作のテキストデータやカテゴリを使用してトレーニングを行う必要があります。

⑧エンティティの抽出（カスタムAIモデル）

テキストからカスタムエンティティを抽出する：テキストから特定のデータを識別するエンティティ抽出モデルを簡単に構築し、トレーニングして公開・利用することができます。現在は「事前構築済みAIモデルのエンティティの抽出」が日本語に対応していないため、日本語に対応するモデルはカスタムAIモデルとして構築する必要があります。

▶［構造化データ］カテゴリ

［構造化データ］カテゴリには、1つのカスタムAIモデルが用意されています。

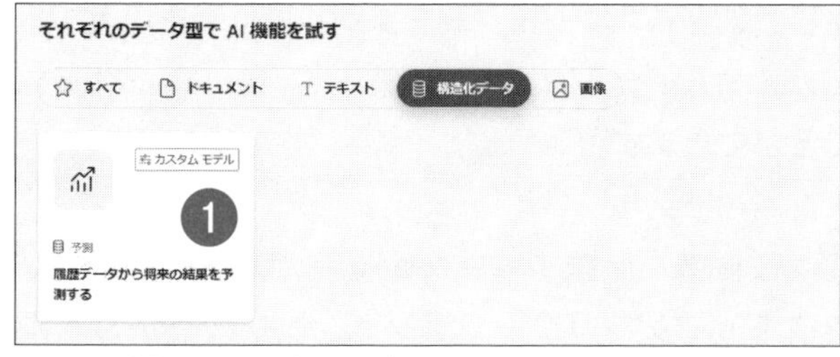

図3.13 ［構造化データ］カテゴリ

①予測（カスタムAIモデル）

履歴データから将来の結果を予測する：履歴データを使用して、新しいデータから結果を予測するカスタムモデルを簡単に構築し、トレーニングして公開・利用することができます。この予測モデルを使用すると、機械のメンテナンスをして故障を防ぐ、顧客の離反件数を減らすなど、あらゆる目的で予測を行うことができます。

［画像］カテゴリ

［画像］カテゴリには、1つの事前構築済みAIモデル、2つのカスタムAIモデルと3つのモデルタイプが用意されています。

図3.14 ［画像］カテゴリ

①テキスト認識（事前構築済みAIモデル）

ドキュメントカテゴリの「テキスト認識」と同じです。

②物体検出（カスタムAIモデル）

画像内のカスタムオブジェクトを検出するオブジェクト検出モデルを

作成する：画像からカスタムオブジェクトを識別して位置を認識するオブジェクト検出カスタムモデルを簡単に構築し、トレーニングして公開・利用することができます。

③画像の分類（カスタムAIモデル）

コンテンツに基づいて画像を分類する（Lobeを利用）：Microsoftが提供しているデスクトップアプリケーション「Lobe」で作成した画像分類モデルが利用できます。

● Lobe

https://www.lobe.ai/

モデル画面

左メニューの、①［モデル］をクリックすると作成したモデルが一覧表示されます。

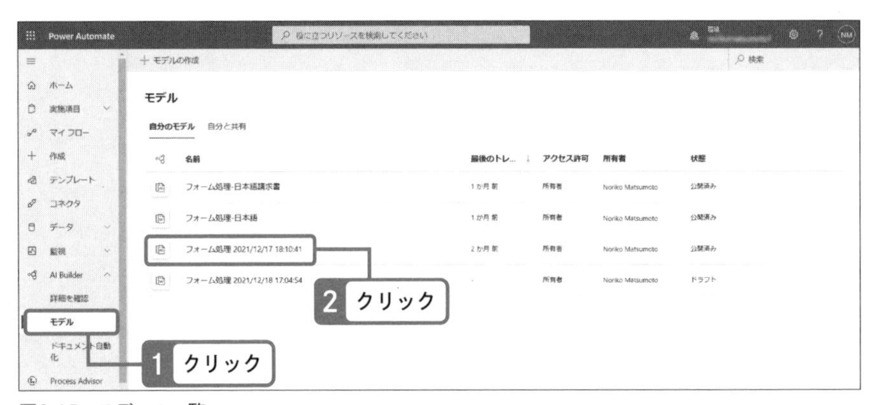

図3.15　モデルの一覧

②「モデルの名前」をクリックすると、図3.16のように詳細を確認できます。

図3.16　モデルの詳細

図3.16の画面上のモデルは、ドキュメントカテゴリの「フォーム処理」を利用して、名刺情報を読み取るため日本語に対応するよう独自に作成したカスタムAIモデルです。第8章では、このカスタムAIモデルの作成方法と簡易的な名刺リーダーを作成する方法に関して紹介します。

ビジネスシナリオに適切なモデルタイプを選ぶ

AI Builderには、さまざまなビジネスシナリオに適したモデルタイプが用意されており、「どのモデルタイプが適切か？」を見極めるのは難しいかもしれません。そこで、一般的なビジネスシナリオの対処するのに適したモデルタイプの例をご紹介します。

表3.5　モデルタイプの例

ビジネスシナリオ	モデルタイプ
顧客の請求書処理を自動化	フォーム処理
経費精算書の自動化	領収書処理
顧客のフィードバックを特定して分類	センチメント分析
メールなどを自分の言語に翻訳する	テキストの翻訳
取引先担当者のリスト化	名刺リーダー
棚卸の自動化	物体検出
画像内のテキストを抽出する	テキスト認識

表の中に含まれている「事前構築済みAIモデル」でも、現時点では日本語対応がされていないものがありますが、随時対応されていっています。最新情報はMicrosoft公式のドキュメントを参照してください。

- AIモデルとビジネスシナリオ
  https://docs.microsoft.com/ja-jp/ai-builder/model-types#common-business-scenarios

AI Builderの試用版ライセンス

AI Builderは、正式なライセンスを購入する前に「どのような機能なのか」を実際に触って確認できるよう、30日間の試用期間が用意されています。

AI Builderを利用するには、Microsoft Dataverse環境が必要になります。試用版ライセンスは、すでにPower Appsライセンス、Power Automateライセンス、またはDynamics 365ライセンスを取得済みであれば、利用を開始できます。

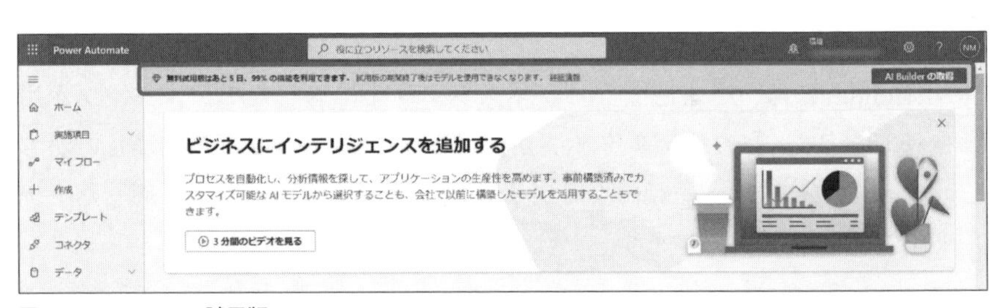

図3.17　AI Builder試用版

該当期間は期間限定のPremium機能を含む、全ての機能が利用できます。無料試用版を利用している場合、AI Builderのページ上部に無料試用版の残り日数が表示されるようになります。

▶試用版の有効期限が失効した場合

AI Builder試用版ライセンスの有効期限は30日で切れますが、試用期間は制限付きで延長できます。これは試用期間が終了した後にのみ発生します。

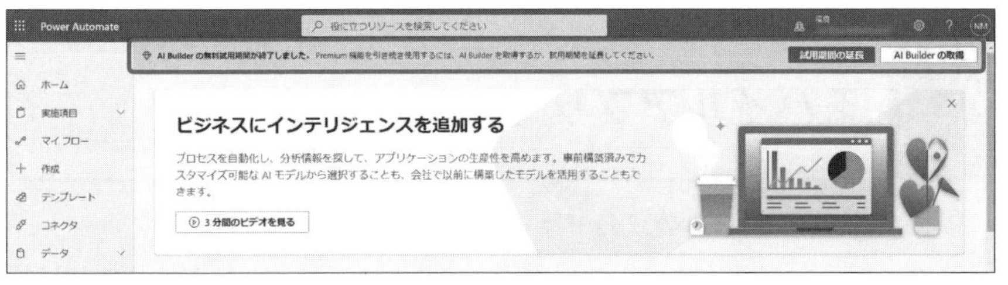

図3.18　有効期限が失効

AI Builder試用版ライセンスを更新するには、AI Builderの［詳細を確認］画面の上部に表示されるバナーの［試用期間の延長］ボタンをクリックします。

試用期間中に機能の確認ができて業務で引き続きAI Builderを使用したい場合は、AI Builderアドオン容量を購入し、AI Builder容量を環境に割り当てます。

容量の環境の割り当て方法やご自身が利用可能な容量に関しては、公式ドキュメントの内容を参考にしてください。

▶試用版の容量

モデルを実行またはトレーニングするときに容量を使用します。AI Builderの試用版ライセンスは限られた容量が事前に割り当てられていますが、この容量を超えると容量超過の通知が届きます。

これらの通知は、AI Builderのページまたはモデルの使用時にバナーとして表示され、以下の機能は使用できなくなります。

- モデルまたはモデルの新しいバージョンの作成
- Power Apps内またはPower Automateフロー内でモデル実行
- スケジュールされたモデルの実行または再トレーニング

容量を超えてもAI Builderを引き続き使用するには、AI Builderアドオン容量を購入し、環境に割り当てる必要があります。

このように機能が充実しているAI Builderですが、利用時にはデータに関しての専門知識やコーディング知識は不要なサービスです。AI Builderには、「誰でも手軽に利用できる」という利点があります。

6 モバイルアプリ

Power Automateは、公式のモバイルアプリが提供されています。

このアプリをデバイスに入れておくと、Power Automateをより便利に利用することができるので、インストールすることをお勧めします。

モバイルアプリのインストール方法とサインイン

Power Automateのモバイルアプリは、パソコンのPower Automateポータルのフッター部分に誘導があります。

図3.19　モバイルアプリ

URLを入力するか、各種公式ストアの検索に「Power Automate」と入力するとアプリが表示されるのでインストールしてください。

- App Store
  https://apps.apple.com/us/app/microsoft-flow/id1094928825
- Google Play
  https://play.google.com/store/apps/details?id=com.microsoft.flow&hl=en&utm_source=global_co&utm_medium=prtnr&utm_content=Mar2515&utm_campaign=PartBadge&pcampaignid=MKT-Other-global-all-co-prtnr-py-PartBadge-Mar2515-1
- Microsoft
  https://www.microsoft.com/ja-jp/p/microsoft-flow/9nkn0p5l9n84?rtc=1&activetab=pivot:overviewtab

インストール後、サインイン画面が表示されます。

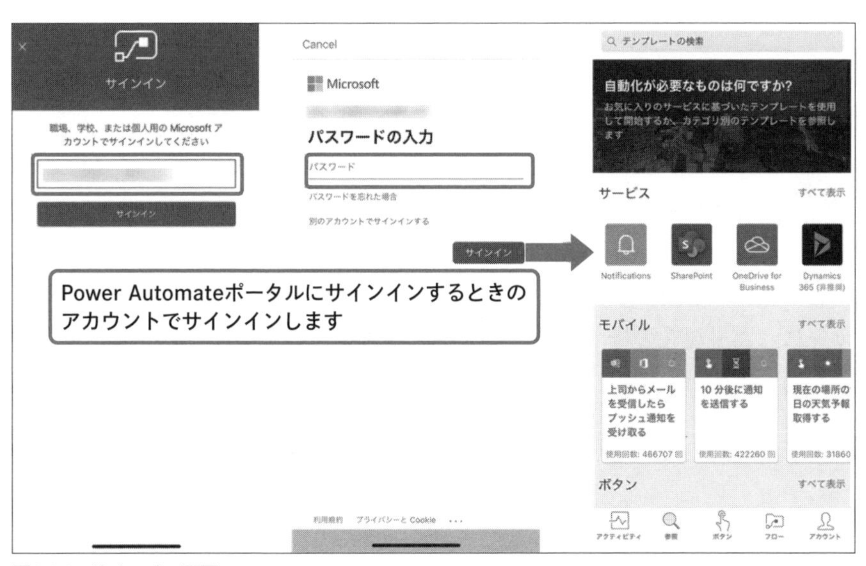

図3.20 サインイン画面

アカウントは、Power Automateポータルにサインインするときと同じアカウントでサインインします。このとき、別のアカウントでサインインしてしまうと、パソコンのPower Automateポータル側で作成したワークフローが表示されませんので注意してください。

ワークフロー作成時にモバイルアプリが必要なコネクタ

モバイルアプリはサブ的な使い方だけではなく、パソコンのPower Automateポータル画面で作成するワークフローにも大きくかかわるものがあります。以下のコネクタを利用するには、モバイルアプリが必須です。

● トリガーコネクタ

・場所

自分が領域に入った、または出たときを検知してワークフローを開始します。

・モバイルのFlowボタン

ボタンを押したのをきっかけとしてワークフローを開始します。

● アクションコネクタ

・Notification

Power Automateのモバイルアプリが入っているデバイスへ通知を出します。

どのようにモバイルアプリを利用するかについて、ボタンコネクタをトリガーにした［現在の場所を含むプッシュ通知を送信する］というワークフローを例に説明します。

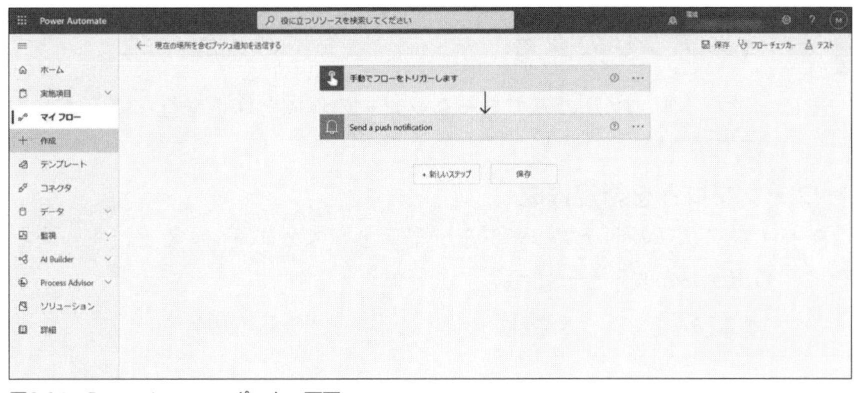

図3.21　Power Automateポータル画面

パソコンのPower Automateポータル画面にアクセスします。［作成］から、トリガーに［モバイルのFlowボタン］コネクタを利用するワークフローを作成し保存します。

モバイルアプリで該当のワークフローを実行してみましょう。デバイス上のPower Automateモバイルアプリをタップして起動します。メニューにある［ボタン］をタップすると、ワークフローと同じ名前のボタンが表示されるのでタップすると実行できます。

図3.22　モバイルアプリでワークフローを実行

モバイルアプリの画面

では、モバイルアプリのみでワークフローの作成と修正を行ってみます。

ワークフローを新規作成

モバイルアプリのトップページを一番下までスクロールすると［+一から作成］のボタンが表示されます。

図3.23　［+一から作成］

モバイルアプリもパソコン版のPower Automateポータルと同じように、テンプレートからワークフローを選んだり、一からコネクタを選んでワークフローの作成ができます。

図3.24　パソコン版と同様のことができる

▶既存のワークフローを修正

パソコン版のPower Automateポータルと同じアカウントでサインインすると、作成済みのワークフローをモバイルアプリからでも編集できるようになります。

①［フローの編集］をタップすると、パソコンのデザイン画面のようにコネクタが並んだ画面に切り替わります。
②「コネクタ」をタップすると、図3.26のようにパソコン版と同様の見た目で項目の修正が行えます。

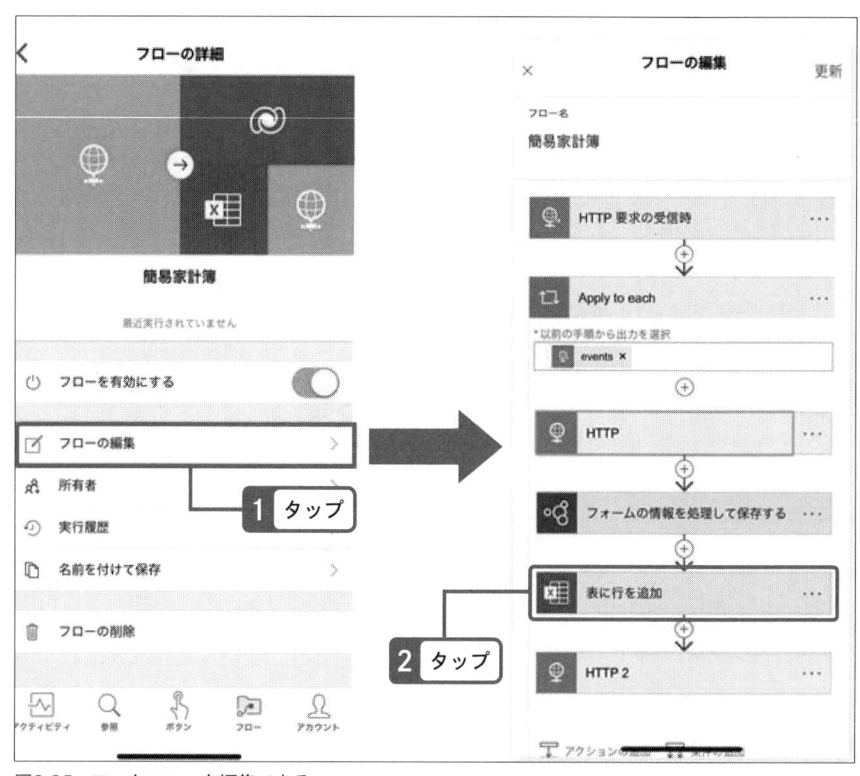

図3.25　ワークフローを編集できる

図3.26 ［フローの編集］

このようにモバイルアプリをデバイスにダウンロードしておくと、パソコンがない場合でも新規のワークフローの作成やアクティビティの監視が可能になります。

第4章

Power Automateで作るワークフロー

Power Automateは、DPA（Digital Process Automation）機能の「Power Automate」とRPA（Robotic Process Automation）機能の「Power Automate for desktop」両方の機能を併せ持つプロセスオートメーションサービスです。

アクセスキー **f**（小文字のエフ）

1 自動化の種類

DPA機能である「クラウドフロー」のPower Automateの基本操作は、ブラウザー上のPower Automateポータル画面でコネクタをパズルのようにつなぎ合わせることでワークフローを作成し自動化を行います。

一方、RPA機能である「デスクトップフロー」のPower Automate for desktopは、クラウドフローとつないで利用したい場合、事前にオンプレミスデータゲートウェイをパソコンにインストールし設定することが必要になるという違いがあります。

Power Automateを利用する場合、「どのような結果を望み、ゴールとするのか？」を事前に決めておくことは大切です。

ですが、実際にPower Automateを利用するときに「自分がやりたい作業の自動化はクラウドフローとデスクトップフローのどちらが適切なのか？」がわかりにくいという場合もあるでしょう。

そのときは、図4.1のチャートを参考にして、作りたいと思っているワークフローの内容がどれに当てはまるのか、を事前に確認するのがお勧めです。

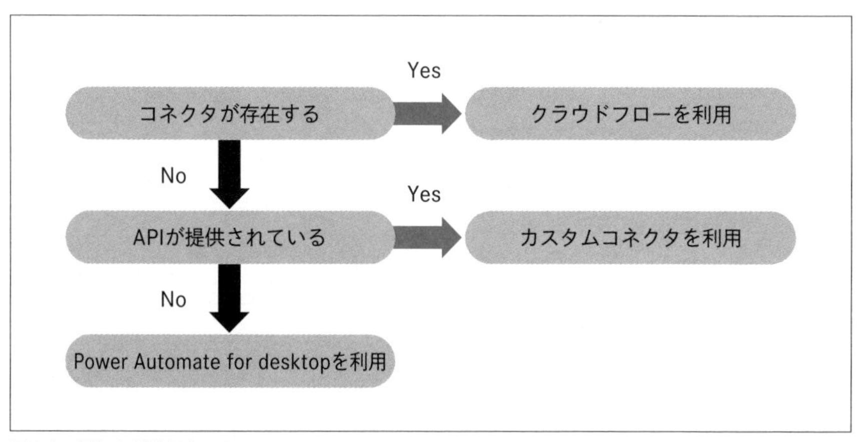

図4.1　どちらが適切なのか？

2 自動化したい処理を「見える化」する

Power Automateは、さまざまなサービスのコネクタがあるためワークフローの作成時にコネクタを探し、1つ1つの機能を確認しながらというのはとても非効率的です。

そのため、ワークフローの作成に慣れるまでは、事前に以下の手順で自動化したい処理を「見える化」してみることをお勧めします。

1. 自動化したい一連の作業を書き出す（箇条書き、フローチャートなど）
2. それぞれの作業に利用できるコネクタがあるかどうかを確認

この一手間を行うことで、利用するコネクタのワークフローをスムーズに作成することができます。

これらの内容を、Power Automateで構築するためにブラウザー上で利用する画面が「デザイナー画面」です。

デザイナー画面とは

Power Automateの「クラウドフロー」は、ブラウザー上のPower Automateポータル画面で「デザイナー画面」を使ってコネクタを選択してつなぎ「ワークフロー」を作成します。

①左メニューの［＋作成］をクリックすると図4.2の画面が表示されます
②［自動化したクラウドフロー］をクリックします

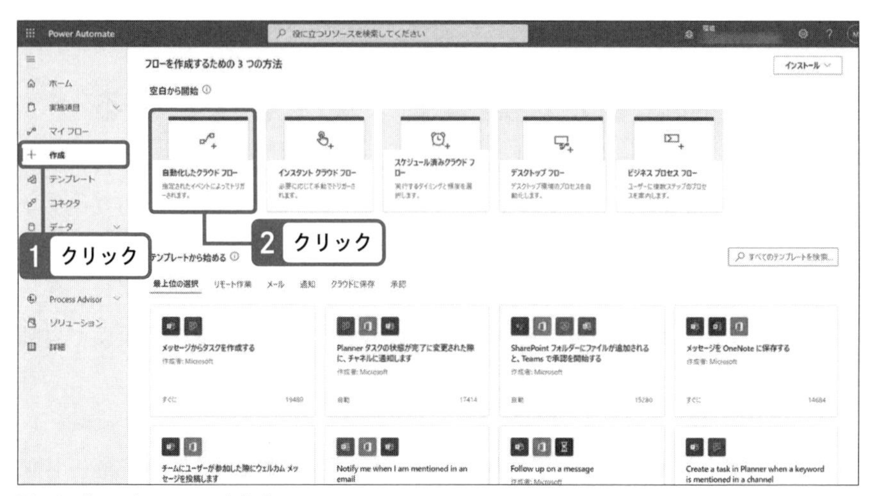

図4.2 「ワークフロー」を作成

①［フロー名］と［フローのトリガーを選択］はこの画面で選ばなくてもデザイナー画面に進めます。

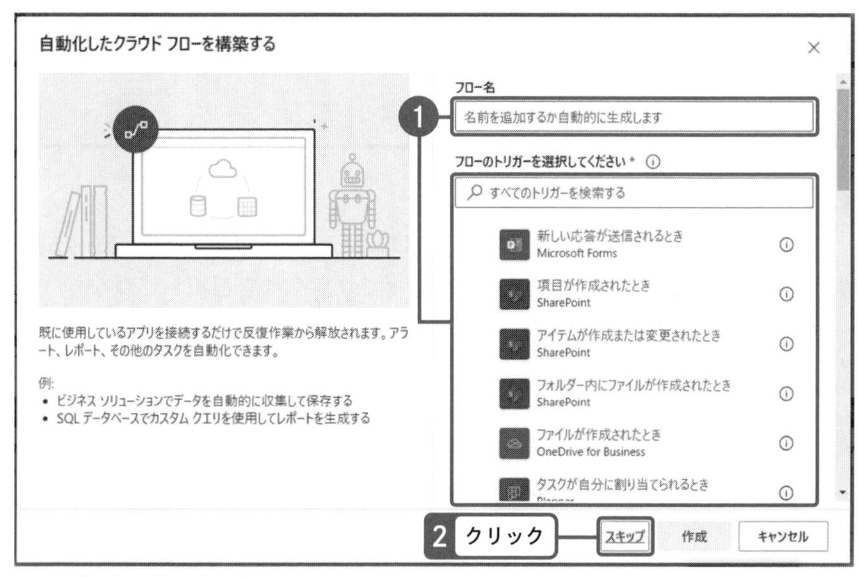

図4.3 ［スキップ］ボタンをクリック

②今回は［スキップ］ボタンをクリックしてデザイナー画面表示にします。

何もコネクタを選んでいない状態は、図4.4のような画面になります。

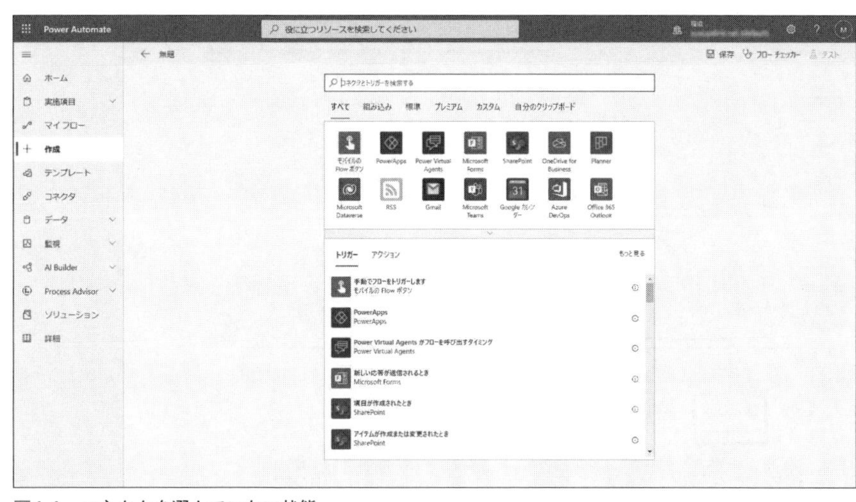

図4.4　コネクタを選んでいない状態

デザイナー画面の各項目

［現在の場所を含むプッシュ通知を送信する］というワークフローを例に説明します。トリガーは「モバイルのフローボタン」、アクションは「モバイルに通知を出す」という、トリガーとアクションが1つずつのワークフローです。

①コネクタの見つけ方

トリガーで使用する「モバイルのフローボタン」は、検索窓にキーワードを入力しても出てこない場合があります。

図4.6のようにタブ部分を［組み込み］に変更すると「モバイルのフローボタン」（英語名で表示されている場合もあります）が表示されるので、クリックして選択します。

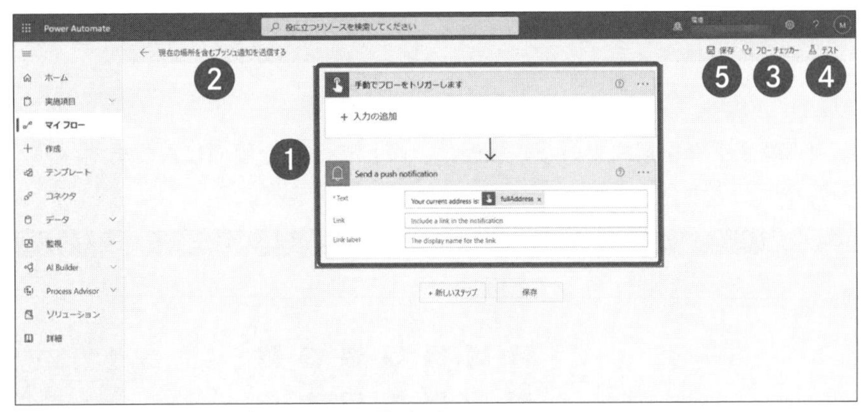

図4.5 ［現在の場所を含むプッシュ通知を送信する］ワークフロー

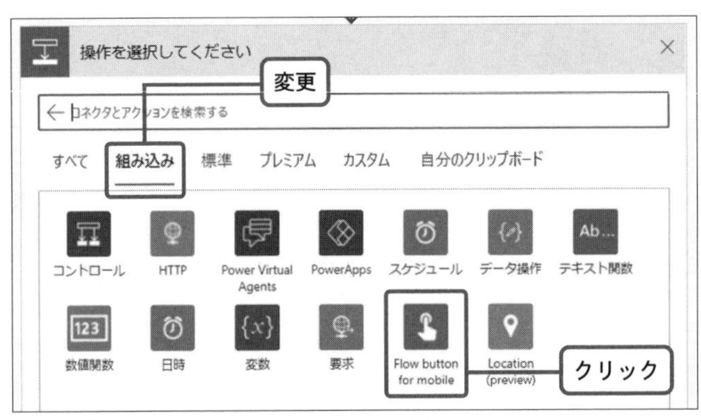

図4.6 「モバイルのフローボタン」が表示される

アクションは、［＋新しいステップ］をクリックして追加します。タブを「すべて」に変更した後、検索窓に「Notifications」と入力すると［Notifications］が表示されるのでクリックして選択します。

②ワークフローの名前変更

作成したワークフローは、都度名前の変更ができます。ダブルクリックすることで名前の入力に切り替わります。

③フローチェッカー

フローチェッカーを選択すると、チェッカーが起動してワークフローに問題があった場合はエラーと警告が表示されます。

図4.7　エラーと警告が表示される

チェッカーが開かれると、ワークフロー内の全てのエラーと警告が表示されます。「どのコネクタのどの部分に問題があるのか」を確認しやすいので、該当箇所の修正が速やかに行えます。

④テスト

実際にワークフローを稼働させる前に、手動か自動を選んでテストができます。

フローのテスト
手動
自動

図4.8　テスト

［繰り返し］は、毎時実行するワークフローの場合、テストのために手動で実行したいときや、決まった日に作成しているレポートを臨時で作成したい場合などに利用できます。

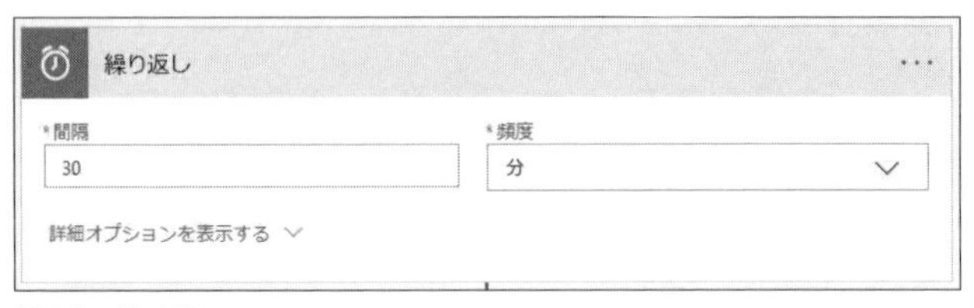

図4.9　繰り返し

⑤保存

実際にワークフローを実行するためには［保存］をクリックする必要があります。

3 コネクタとは

コネクタとは、Power Automateがノーコードでwebサービスやデータベースなどとサービス連携を行うための「コンポーネント（部品）」と考えてください。

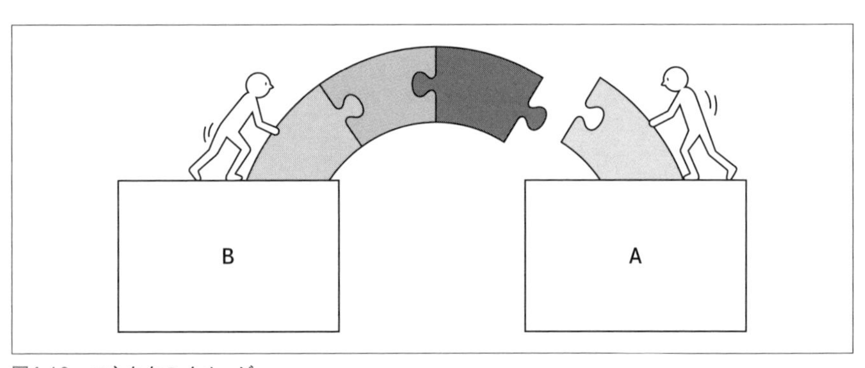

図4.10　コネクタのイメージ

「Webサービス［A］で○○だったら→Webサービス［B］を使って△△する」という一連の流れを従来の方法で作ろうとした場合、何かしらのプログラム言語でコーディングする必要があります。

たとえば、「メール（Outlook）の受信をイベント起動のきっかけとして、メールの添付ファイルを指定したOneDriveフォルダーに自動的に保存する」という一連の処理を作るとします。Power Automateの場合は、コネクタを利用することで一行もコードを書くことなく（ノーコード）誰でも一連の流れを作成することができます。

Power Automateは、Microsoftのサービスなので提供されているコネクタもMicrosoft系のサービスのみと思われがちですが、さまざまな企業のサービスに対応したコネクタが550種類以上提供されています（執筆時点）。

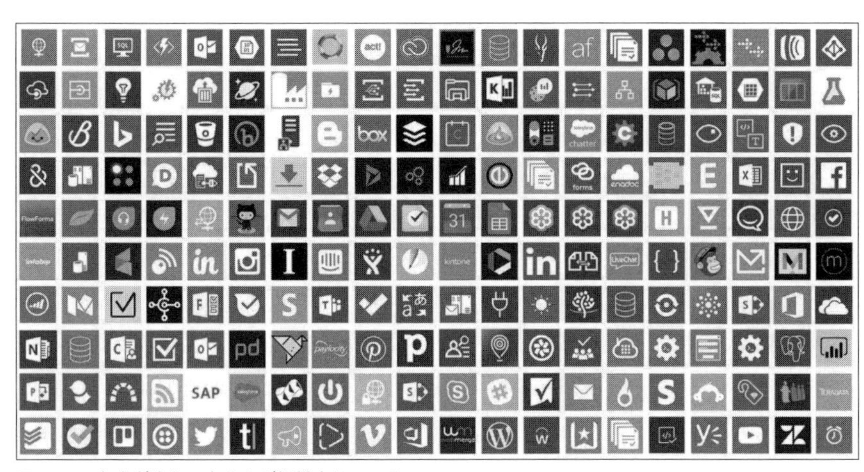

図4.11　さまざまなコネクタが提供されている

利用頻度の高いサービスのコネクタ

毎日の業務の中で、利用頻度の高いサービスがあると思います。ここでは、Power Automateで提供されている500種類以上のコネクタのうち、一般的に利用頻度が高いと思われるコネクタを一部ご紹介します。

▶ Microsoft系サービスのコネクタ

Microsoft系のサービスは、Office製品やOutlookなど、営業やバックオフィス業務などで利用している方も多いのではないでしょうか？

Power Automateには、Office 365 Outlook、Microsoft Teams、OneDrive for Business、Excel Online、SharePoint Onlineなどのコネクタが提供されています。

Office 365 Outlookコネクタを利用すると、法人アカウントで送受信するメールに対する作業を自動化できます。

図4.12　Office 365 Outlookコネクタ

たとえば、お問い合わせメールの内容をチーム内で共有したい場合は、「Microsoft Teamsコネクタと組み合わせて、お問い合わせメールが来たらMicrosoft Teamsの関連チャンネルに投稿する」といったワークフローを作成することができます。

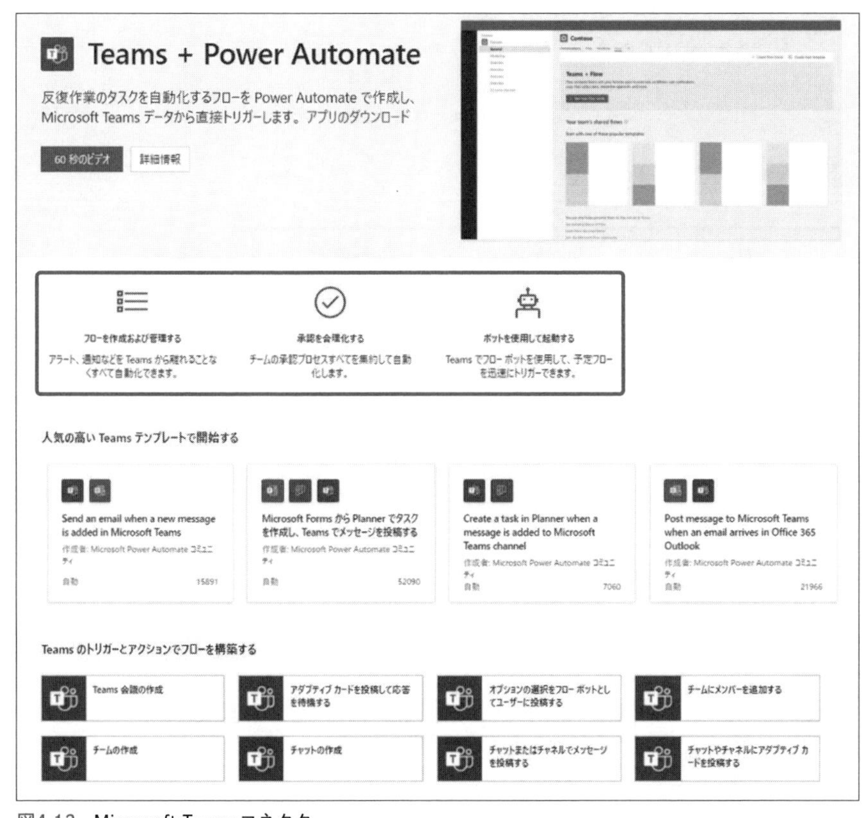

図4.13 Microsoft Teamsコネクタ

また、OneDrive for Businessコネクタを利用すると、請求書や見積書などクライアントから送られてくる添付ファイルを指定したフォルダーに自動で保存する、というワークフローも作成できます。

図4.14　OneDrive for Businessコネクタ

クラウド版のOffice製品のExcel Onlineには、法人アカウントをサポートするExcel Online（Business）と、個人（MSA）アカウントのみをサポートするExcel Online（OneDrive）の2種類があります。

用途によって使い分けてください。

図4.15　Excel Onlineコネクタ

ご紹介したPower Automateのコネクタは、クラウド版のExcelのみ操作できます。デスクトップ上にあるExcelの処理を行いたい場合は、RPA機能のPower Automate for desktopで行います。

▶ Google系サービスのコネクタ

Google系のサービスは、GmailをはじめGoogleカレンダーやGoogleスプレッドシートなどのコネクタが提供されています。

Gmailコネクタを使用すると、Office 365 Outlookコネクタのように、メールの受信をトリガーにしたワークフローの作成ができます。

図4.16　Gmailコネクタ

Googleカレンダーコネクタを使用して、たとえば、Outlookの予定表に入ったスケジュールをGoogleカレンダーの方にも入力するワークフローの作成もできます。

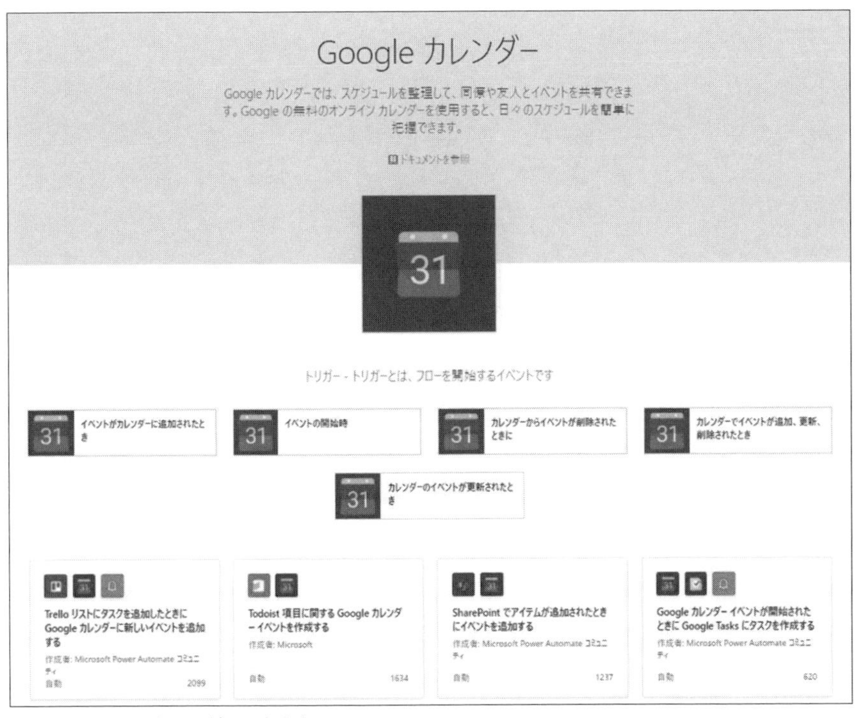

図4.17　Googleカレンダーコネクタ

▶ソーシャルメディア系のコネクタ

Power Automateには、TwitterやInstagram、YouTubeといったソーシャルメディアとの連携も可能なコネクタが提供されています。

企業の広報活動の一環でTwitterアカウントを運営したり、YouTubeに動画投稿を行う施策を行っているところも増えていると思います。Twitterコネクタと YouTubeコネクタを組み合わせて使えば、自動で動画投稿のお知らせ告知をツイートするワークフローの作成もできます。

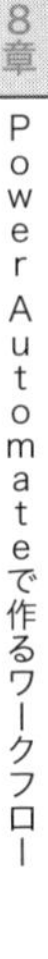

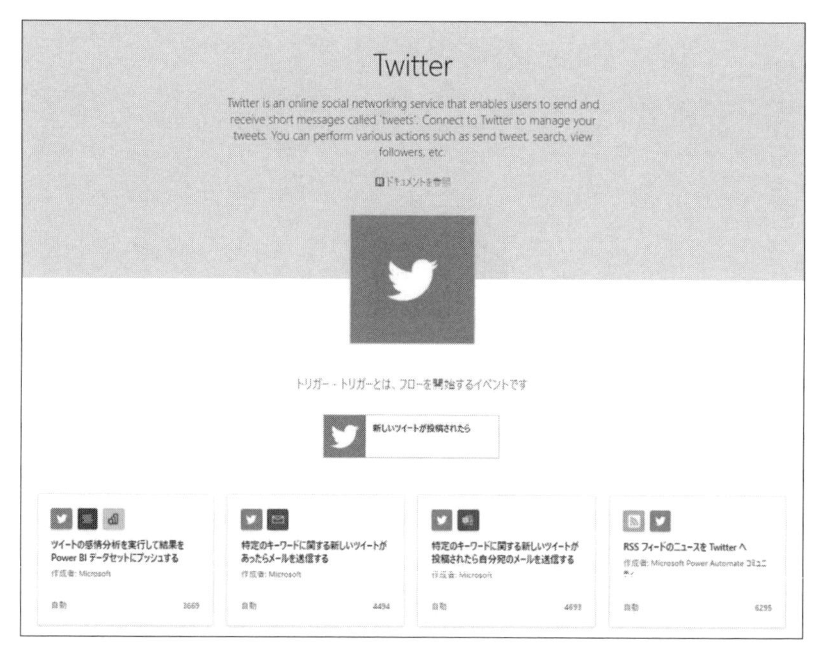

図4.18　Twitterコネクタ

図4.19　YouTubeコネクタ

このように、一般的によく使うサービスのコネクタも充実しているのがPower Automateの強みです。

Power Automate特有のコネクタ

Azure Logic AppsとPower Automateは、操作性も同じでコネクタもほぼ同じものが提供されいるので、両方のサービスで同じワークフローを作ることは可能です。しかし、以下に紹介する一部のコネクタはPower Automate特有のコネクタとなり、Azure Logic Appsには実装されていません。

- モバイルのFlowボタン
- 場所（プレビュー）
- AI Builder
- Power Apps
- 承認
- デスクトップフロー

これらに該当するコネクタを利用するワークフローを作成したい場合は、Power Automateを利用しましょう。

コネクタの一覧

Power Automateのコネクタには「標準コネクタ」と「プレミアムコネクタ」という区分が存在します（図4.20）。

左メニューの①［コネクタ］をクリックすると、コネクタの一覧を表示できます。検索窓の横にある②［すべてのコネクタ］をクリックし選択することで、「Standard（標準）コネクタ」と「Premium（プレミアム）コネクタ」の種類を一覧で確認できます。

図4.20　コネクタの一覧

▶標準（Standard）コネクタ

標準コネクタには、Microsoft製品のコネクタや、Twitterなどのソーシャルサービスのコネクタが含まれます。「利用頻度の高いサービスのコネクタ」で紹介したコネクタは全て標準コネクタです。

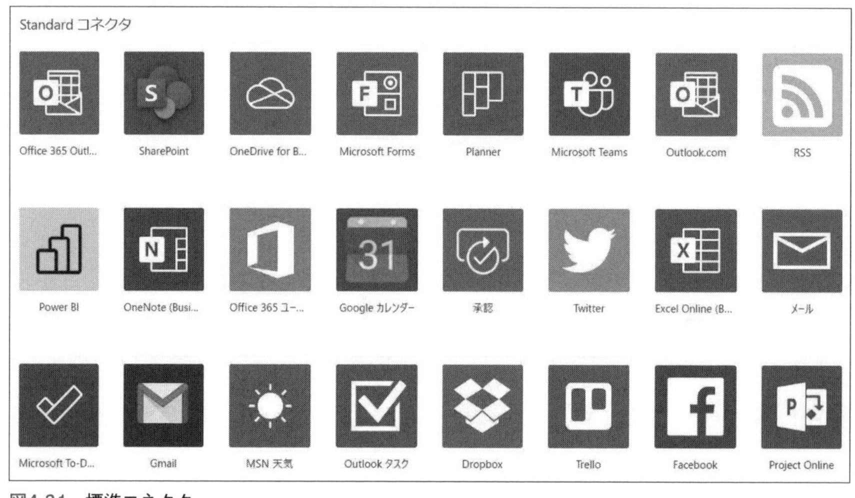

図4.21　標準コネクタ

Microsoft 365プランのライセンスでPower Automateを利用する場合、標準コネクタの利用はできますが、プレミアムコネクタの利用はできません。

▶プレミアム（Premium）コネクタ

プレミアムコネクタは、コネクタ名のところに「プレミアム（Premium）」の表記があるので、利用時に見分けられます。たとえば、クラウド版のOffice製品の1つであるWord Online（Business）はExcel Onlineと違ってプレミアムコネクタ扱いになっています。

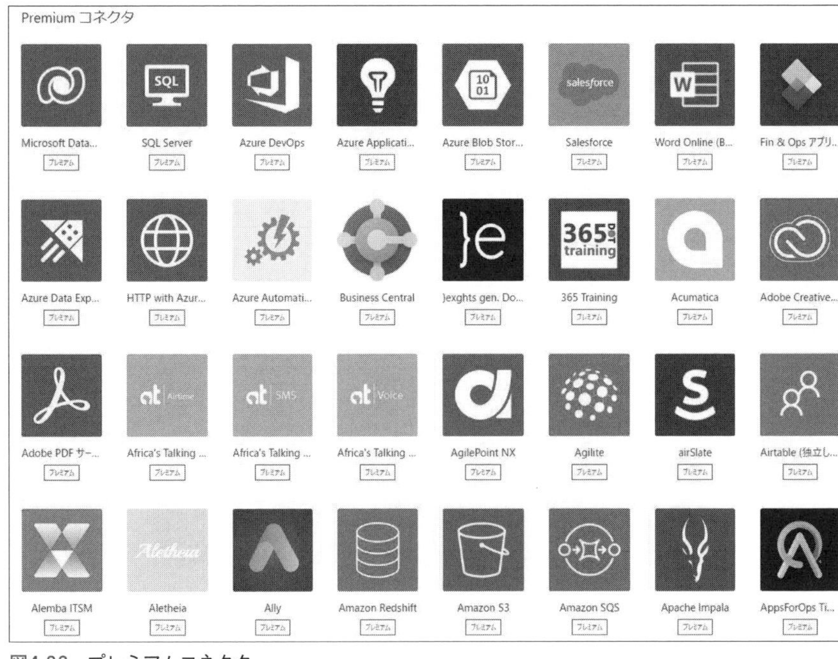

図4.22　プレミアムコネクタ

RPA機能を「クラウドフロー」と連携するために必要な「デスクトップフロー」のコネクタはプレミアムコネクタになります。

図4.23 「デスクトップフロー」のコネクタ

プレミアムコネクタを使用するには、有償ライセンス（Standalone Power AppsまたはPower Automateライセンス）を取得している必要があります。

▶ 組み込みコネクタ

組み込みコネクタは、別のWebサービスなどとの連携を行うのが目的ではなくワークフローのスケジュールと構造の制御、独自のコードの実行、データの管理または操作と、ワークフロー内の他のタスクの実行を行うコネクタです。

図4.24 組み込みコネクタ

▶ 要求コネクタ・HTTPコネクタの注意点

組み込みコネクタに含まれているコネクタの中には、APIを直接呼び出してトリガーやアクションコネクタとして利用できる要求コネクタとHTTPコネクタがあります。

要求コネクタは、別のワークフロー、アプリ、またはサービスからの要求を待機します。

図4.25　要求コネクタ

HTTPコネクタは、HTTPトリガーまたはアクションを使用して、HTTPまたはHTTPSエンドポイントを呼び出します。

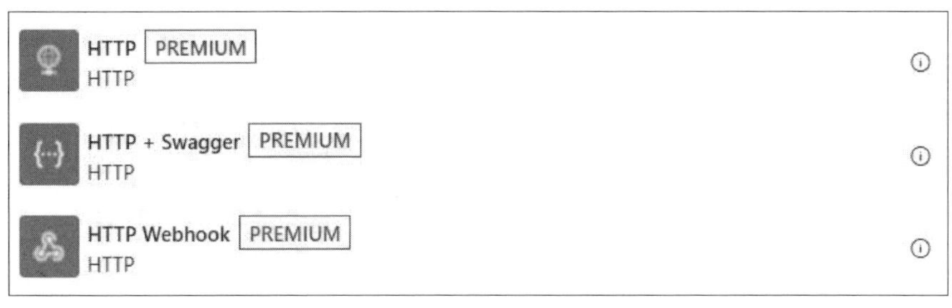

図4.26　HTTPコネクタ

これらは、コネクタが提供されていないWebサービスをPower Automateで利用する場合に必要となるコネクタです。プレミアムコネクタの扱いになっているので注意してください。

このように、契約したライセンスの種類によってはプレミアムコネクタを利用できないため、想定しているワークフローが作成できない場合もあります。しかし、一般的に利用頻度の高いサービスのコネクタの多くは標準コネクタで利用できるので、業務を自動化するワークフローの作成は可能です。

有償ライセンスを取得すれば全てのコネクタを利用することが可能ですが、まずは標準コネクタでできる範囲からでもワークフローを作ってみることをお勧めします。

なお、第3章の「3　Power Automateのライセンス」でご紹介した「Power Apps開発者プラン」であれば、標準コネクタとプレミアムコネクタの両方を利用することができます。

コネクタを使いこなすには、利用するコネクタのWebサービスのことを知る必要もあります。各コネクタの詳細な情報はMicrosoftの公式ドキュメントに掲載されているので適宜確認してください。

- コネクタ参照の概要
  https://docs.microsoft.com/ja-jp/connectors/connector-reference/
- Azure Logic Apps の組み込みのトリガーとアクション
  https://docs.microsoft.com/ja-jp/azure/connectors/built-in

4 トリガーとアクション、ワークフロー

Power Automateで提供されているコネクタを利用できるのは、DPA（Digital Process Automation）機能である「クラウドフロー」の場合になります。

そして、このコネクタには「トリガー」と「アクション」という2つの概念があります。

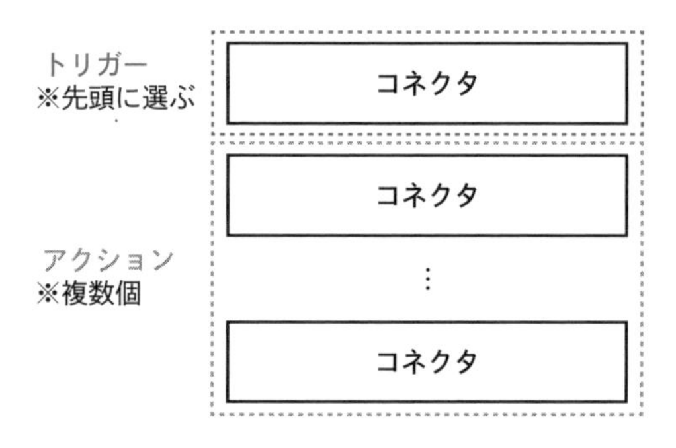

図4.27　トリガーとアクション

トリガー

ワークフローの先頭（1番目）に必ず1つ選ぶ必要があり、どのワークフローでも常に最初のステップになる自動実行の「きっかけ」になる条件を指定するコネクタです。指定したアプリケーションで、指定した条件が満たされるとワークフローが自動的に動き、後続のコネクタ（アクション）が実行されます。

通常、トリガーは「ポーリング」パターンまたは「プッシュ」パターンに従いますが、トリガーを両方のバージョンで使用できる場合もあります。

▶ポーリングトリガー

定期的に起動して、新しいイベントが発生したかどうかを確認します。新しいデータが利用可能な場合や特定のイベントが発生した場合、ワークフローがこのトリガーによって実行されます。

トリガーの起動時間は、ワークフローが実行されるライセンスプランによって異なります。

たとえば、無料ライセンスプランの場合、ワークフローを実行できるのは15分ごとになります。また無料ライセンスプランで、前回の実行から15分が経過しないうちにクラウドフローがトリガーされた場合、ワークフローは15分が経過するまで待ち状態になります。

ライセンスがOffice 365用フロープラン（EnterpriseライセンスE3、E5など)、またはDynamics 365用フロープランの場合、ワークフローは5分が経過するまで再び実行されません。したがって、トリガーイベントが発生する時間からフローが開始する時間まで、数分かかることがあります。

▶プッシュトリガー

このトリガーは、ポーリングトリガーのように定期的なチェックは行いません。新しいデータが使用可能になった場合、またはイベントが発生した場合、ワークフローがこのトリガーによって実行されます。

たとえば、Office 365 Outlookのトリガーで「新しいメールが届いたとき(V3)」を使うとします。このトリガーは、新しい電子メールを受信するとワークフローが実行される「プッシュトリガー」です。メールの内容に沿って、送信者・件名・本文・添付ファイルなど後続のコネクタ（アクション）を渡すように構成できます。ワークフローでは、他のアクションでこれらの内容を使用して自動化処理ができます。

アクション

ワークフローの2番目以降に選び、トリガーに従ってワークフローで何らかのタスクを実行するコネクタです。

複数個のアクションをつなげた場合は、前のアクションが完了したときに実行されます。「特定の条件が満たされた場合のみ実行する」「繰り返し実行する」といった設定もできます。

また、全てのコネクタにトリガーとアクションがあるわけではなく、トリガーだけのコネクタやアクションだけのコネクタがあります。

トリガーがないコネクタ

コネクタ一覧から確認すると、図4.28の枠内のように表示されます。使いたいコネクタを調べるときは注意して見てください。

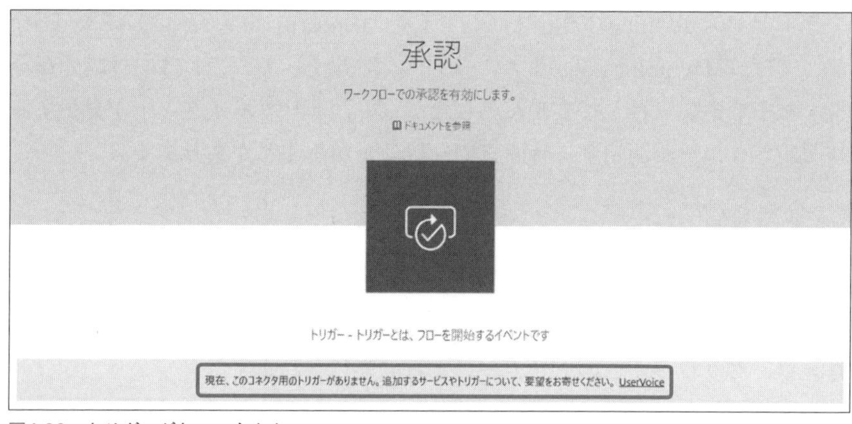

図4.28　トリガーがないコネクタ

アクションがないコネクタ

コネクタのトリガー・アクションの有無は、デザイナー画面からも確認できます。

「モバイルのFlowボタン」はPower Automate特有のコネクタです。このコネクタは、図4.29のようにトリガーのみ提供されています。

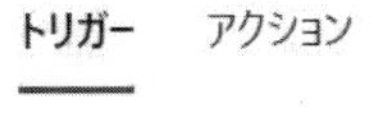

図4.29 アクションがないコネクタ

デザイナー画面では、タブのトリガーとアクションを切り替えることで手軽に確認することができます。

ワークフローとは

トリガーとアクションをつなぎ合わせた一連の流れのことを「ワークフロー」と呼びます。このワークフローには、「○○だったら～する」のように条件で処理を分けるようなフローも含めることができます。

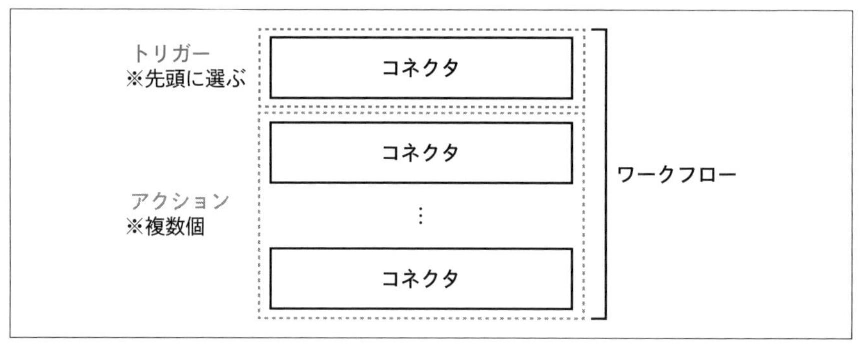

図4.30　ワークフロー

図4.31のようにPower Automateは、「トリガーで指定した条件を満たす場合、後続のコネクタ（アクション）が自動で処理を行う」という仕組みを手軽に作成できます。

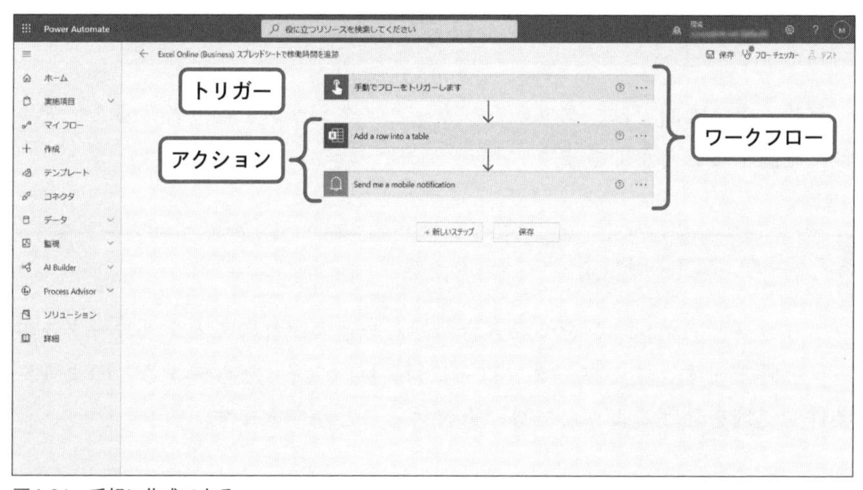

図4.31　手軽に作成できる

これらの操作は全てプログラムを書くことなく利用できるため（ノーコード）、バックオフィス担当のようなビジネスユーザーや営業、普段コーディングすることでシステム開発を行うエンジニアまで、あらゆるスキルレベルのユーザーが利用できます。

作成が手軽にできるということは、ワークフローの修正や改修も手軽にできるということです。

実際に利用するユーザー自身がワークフローを作成し、日々の業務で利用しながら現場のニーズに合うものへと変更していくことで、業務の効率化につながっていきます。

また、ほとんどのコネクタはワークフローでコネクタを使用するときに、まず利用するサービスまたはシステムへの接続を作成しておく必要があります。接続を作成するにはアカウントの資格情報と、場合によっては利用するサービス側の接続情報を使用してご自分のIDを認証する必要があります。

たとえば、ワークフローでOffice 365 Outlookを利用したい場合、電子メールアカウントにアクセスしてそれを操作するには、そのアカウントへの接続を認可しておく必要があります。

- トリガーでの一般的な問題のトラブルシューティング
  https://docs.microsoft.com/ja-jp/azure/connectors/apis-list

5 カスタムコネクタ

Power Automateには、さまざまなサービスに対応したコネクタが現時点で500種類以上提供されていますが、コネクタの中に使いたいサービスがない場合や、独自サービスのコネクタを作成したい場合もあると思います。

このような要望に応えるため、独自のトリガーとアクションを備えたコネクタを作成・共有できるようにする「カスタムコネクタ」という機能が用意されています。

カスタムコネクタとは

カスタムコネクタは、REST API（RESTful API）のラッパーで、Logic Apps、Power Automate、またはPower AppsにRESTまたはSOAP APIとの通信を許可します。

ラッパーとは、wrap（包む）の意味で、「プログラムが提供するクラスや関数、データ型などを本来とは異なる環境や方法で利用できるようにしたもの」と考えてください。

たとえば、次のようなものです。

- Spotify、Slackまたはユーザーが管理するAPIなどのパブリック（パブリックインターネットで表示可能なもの）
- ユーザーのネットワークでのみ表示可能なもの（プライベート）

カスタムコネクタの作成手順

カスタムコネクタは、以下の手順で作成し利用します。

1. APIをビルド
2. 標準的な認証方法のいずれかを使用してAPIのセキュリティを確保
3. APIについて記述しカスタムコネクタを定義（OpenAPI定義やPostmanコレクション）
4. Power Automateのワークフローでカスタムコネクタを使用

カスタムコネクタの作成方法

Power Automateポータル画面の左メニューにある［データ］から［カスタムコネクタ］をクリックすると表示されます。

図4.32　カスタムコネクタ

コネクタのアクションおよびトリガーを定義するには、必要な記述があります。カスタムコネクタは必要なAPIトリガーとアクションだけを記述することで定義できます。

たとえば、コネクタ化したいAPIに10のトリガーと100のアクションが用意されている場合は、単一のアクションでカスタムコネクタを作成できます。内容に変更が必要になれば、後でさらに記述することもできます。

カスタムコネクタを作成する場合は、次の方法のうち少なくとも1つを使用します。

● 一から作成

ポータルを利用して手動で作成する方法です。このアプローチを使用する場合、APIドキュメントと入力および出力の例を使用して、それぞれのアクションとトリガーを定義します。このアプローチは、Open API定義またはPostmanコレクションをインポートできないようなシンプルなAPIを利用してカスタムコネクタを作りたい場合に適しています。

● Azureから作成する（プレビュー）

APIがAzure App Service、Microsoft Azure Functionsとして構築されている場合、またはMicrosoft Azure API Managementとして管理されている場合、ユーザーはそれらのサービスからエクスポートすることで初期のカスタムコネクタ定義を自動的に作成します。

● Open API定義をインポートします

事前に作成済みのOpen API定義をインポートすることでカスタムコネクタを作成します。Open API定義は、バージョン2.0はサポート対象ですが、バージョン3.0は現在のサポート対象ではないので作成時には注意してください。

また［URLからOpen API定義をインポートします］は、URL経由でOpen API定義をインポートする方法です。

● Postmanコレクションをインポートします

Postman（https://www.postman.com/）は、REST APIをテストするツールです。このツールを使用して記述するAPIのアクションを実行し「Postmanコレクション」として保存できます。このコレクションはインポートすることでカスタムコネクタを作成できます。現在、v1コレクションが使用できます。

● GitHubからインポートする

Microsoft Power PlatformConnectorsオープンソースリポジトリからインポートしてカスタムコネクタを作成できます。

コネクタの認定

カスタムコネクタは定義が存在する環境でのみ使用できるため、他の環境のユーザーは使用できませんが「コネクタの認定」があれば、オープンソースとして共有し他のユーザーも自分の環境で利用できます。

コネクタの認定には、APIを所有しているか、API所有者からコネクタを公開するための明示的なアクセス許可を得ている必要があります。

詳細については、公式ドキュメントを参照してください。

- コネクタの認定を受ける
  https://docs.microsoft.com/ja-jp/connectors/custom-connectors/submit-certification

なお、内部向けコネクタの場合は、認定プロセスを完了する必要はありません。コネクタを共有し、認定済みとして記載する場合にのみ必要です。

カスタムコネクタをワークフローで利用する

今回は［Open API定義をインポート］を利用して「PATestConnector」というカスタムコネクタを作成してみました。そのコネクタを、ワークフロー内で利用する方法を紹介します。

デザイナー画面のタブで［カスタム］をクリックすると作成したカスタムコネクタが表示されます。

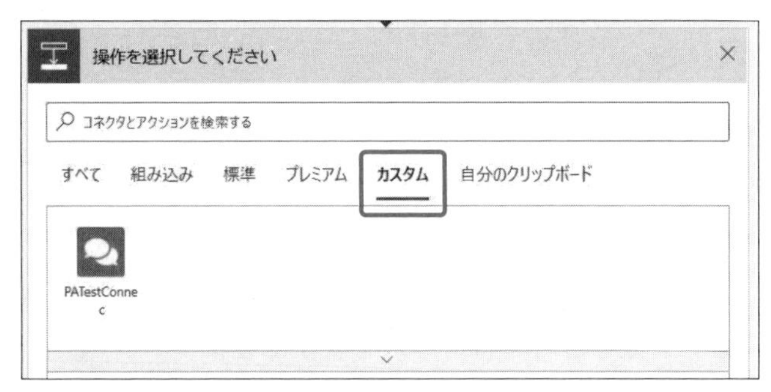

図4.33　カスタムコネクタが表示される

今回はトリガーがなくアクションのみのコネクタです。利用したい操作をクリックします。

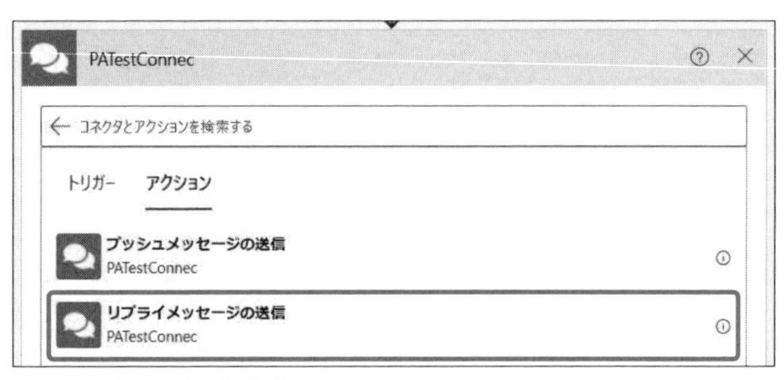

図4.34　利用したい操作をクリック

図4.35のようにカスタムコネクタは作成済みであれば、通常のコネクタと同じように利用できます。

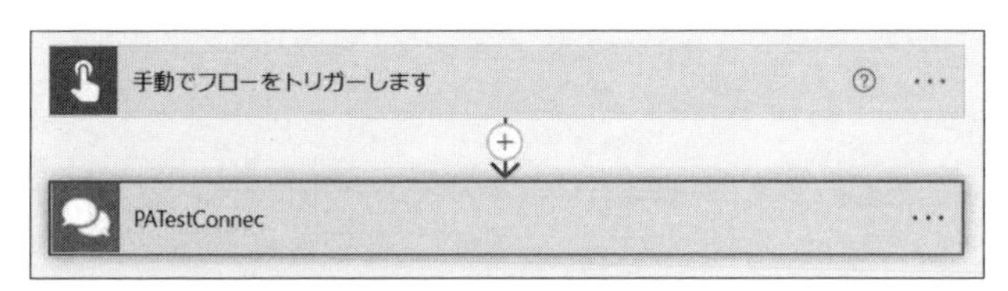

図4.35　通常のコネクタと同じように利用できた

ただしカスタムコネクタの作成には、APIやセキュリティの知識などが必用です。この部分をビジネスユーザーが使いこなすにはハードルが高い機能になると思いますので、開発者に協力を求めるのが適切だと思います。

6 テンプレート

Power Automateは、さまざまなサービスに対応したコネクタをノーコードで利用できるのが魅力のサービスです。しかし、実際にワークフローを作成しようと思っても「どのコネクタをどのように使えばよいか」がわかりにくい、という声もよく聞きます。

この問題の解決方法として、Power Automateには利用頻度の高い人気コネクタを中心にMicrosoftが作成した「ワークフローのひな形」を提供する「テンプレート」という機能があります。

図4.36　テンプレート

初めてワークフローを作成する場合は、このテンプレートを活用して作成するのをお勧めします。

テンプレートの探し方

Power Automateのホーム画面には、テンプレートがいくつか表示されていますが全体の一部です。

図4.37　テンプレートの一部が表示されている

全てのテンプレートから目的のものを探したい場合には、以下の方法で探すことができます。

①左メニューの［テンプレート］をクリックして一覧ページを開きます（上に示した画面）
②検索窓に、使いたいサービスコネクタ名やキーワード（例：Outlookなど）を入力すると、該当のコネクタを利用したテンプレートのみ表示されます
③タブをクリックすることで、カテゴリごとにテンプレートを表示できます

図4.38　目的のテンプレートを探す

「すべてのフロー」タブを開くと、全てのテンプレートが一覧表示されます

テンプレートの使い方

今回は［Outlook.comのメールの添付ファイルをOneDriveに保存する］というテンプレートを利用してみます。これは、Outlook.comで受信したメールの添付ファイルをOneDrive内の指定のフォルダーに自動で保存するワークフローです。

①検索窓に「outlook」と入力すると図4.39のようなテンプレート一覧が表示されます

②［Outlook.comのメールの添付ファイルをOneDriveに保存する］をクリックします

図4.39　検索窓に「outlook」と入力

「フローの接続先」を設定します。サインインが必要な場合は、図4.40のような表示になるので適切なアカウントでサインインしてください。

図4.40　サインイン

アカウントの接続に問題なければ、緑色のチェックが表示され、［フローの作成］ボタンがクリックできるようになります。

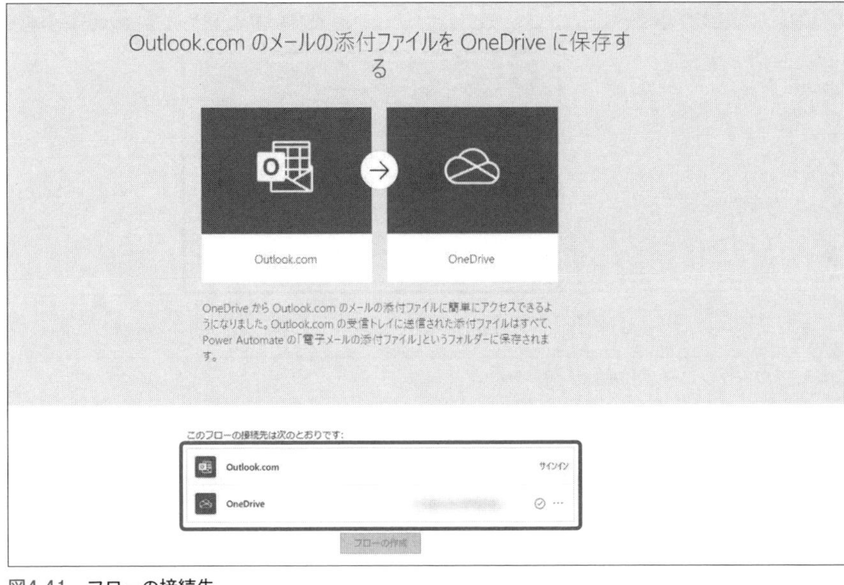

図4.41　フローの接続先

図4.42の画面が表示されたら、上部のタブの［編集］をクリックします。

図4.42　［編集］をクリック

図4.43のように、必要なトリガーとアクションのコネクタが選択済みのワークフローが出来上がった状態になります。

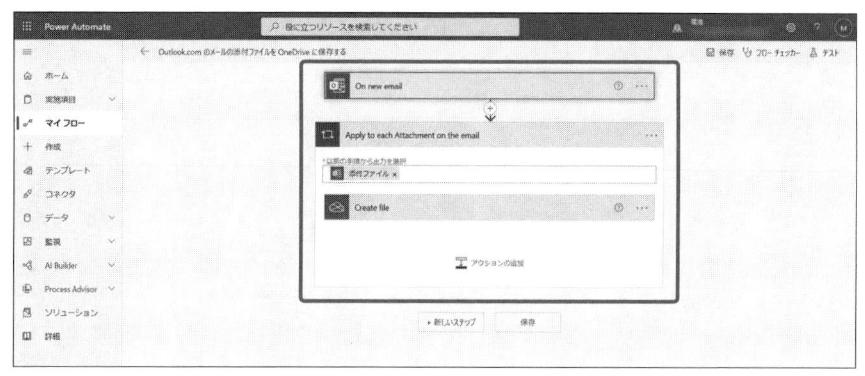

図4.43　ワークフローが出来上がった状態

テンプレートを利用したワークフローの設定

テンプレートは、デフォルトのまま利用することもできますが、図4.44の色枠内の部分を独自のパスに変更することもできます。

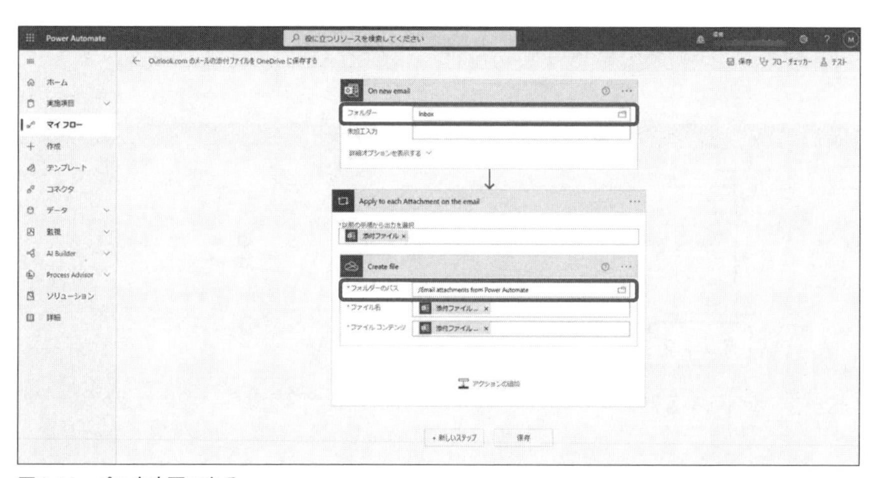

図4.44　パスを変更できる

また、テンプレートのトリガーやアクションを変更／追加／削除して独自のワークフローを作成することもできます。

「どのようなコネクタをつなげばいいか？」がパッと浮かばない場合でも、テンプレートを眺めることでアイデアが浮かびやすくなるので、テンプレートを活用するのはお勧めです。

7 ソリューション

Power Automateは、コネクタをシンプルにつなぐだけのシンプルなワークフローだけでなく、条件分岐を含めた複雑なワークフローも作成できます。

ですが、何百ものステップを必要とする巨大なフローを構築するために、全てのアクションを1つのワークフローに入れようとすると、フロー自体の維持と管理が難しくなってしまいます。

このような問題を解決する方法として、ワークフローを「親フロー」と「子フロー」に分け、ソリューションを利用して管理する方法があります。

- 親フロー
  このフローは任意の種類のトリガーを含むことができ、他のフロー（子フロー）を呼び出します。
- 子フロー
  他のフロー内で入れ子にされるフローです。実行する小さなタスクが含まれています。

子フローを使用することで、1つのフローに数百のステップを持たせることを回避できる上、役割ごとのフローとして分けることで管理が簡単になります。

ソリューションとは

フローをソリューションで管理すると、フローが移植可能になり、フローを含む全てのコンポーネントをある環境から別の環境に移動させることが簡単になります。

ソリューションに作成されるPower Automateのフローは、「ソリューション対応フロー」と呼ばれます。ソリューション内に新しいフローを直接作成したり、編集や削除をすることもできます。

また、1つのソリューションに複数のフローを追加することができます。ただし、ソリューションに対応していないフロー（ソリューションで作成されたものではないフロー）を別のソリューションに移動することはできません。

ソリューションのメニュー

Power Automateポータル画面の左メニューにある［ソリューション］をクリックすると、ソリューションの一覧ページが開きます。

図4.45　ソリューションの一覧ページ

ソリューションのメニューは、図4.46の7つです。

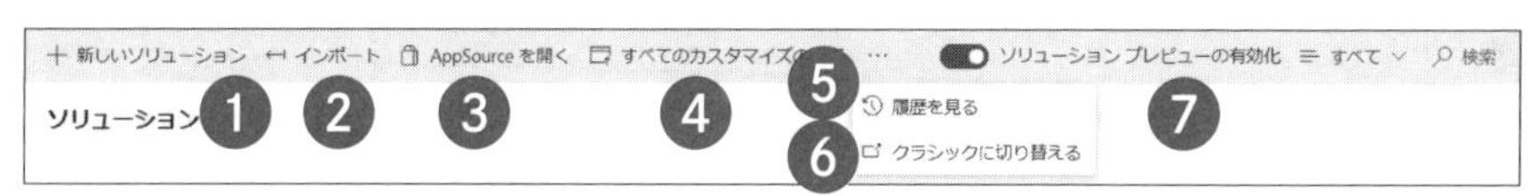

図4.46　ソリューションのメニュー

①新しいソリューション

ソリューションの作成を新規で行います。作成後は、全てのカスタマイズを行います。その後、ソリューションを他の環境に簡単に配布できます。

②インポート

他の環境で作成したソリューションファイルを、指定の環境にインポートします。

③AppSourceを開く

Microsoft AppSource（https://appsource.microsoft.com/ja-jp/）は、何千ものビジネスアプリケーションやサービスを含むオンラインストアを提供しています。AppSourceを使用することで、ビジネスの運営に役立つビジネスソフトウェアやサービスを試用・購入・展開することができます。

④すべてのカスタマイズを公開する

環境内の全てのアクティブなカスタマイズを公開します。メニューをクリックすると確認項目などは表示されず「公開」になります。

⑤履歴を見る

インポート、エクスポート、アンインストールなど、時間の経過に伴うソリューション操作の詳細を表示します。

⑥クラシックに切り替える

クラシックソリューションエクスプローラーを開きます。

⑦ソリューションプレビューの有効化

ソリューションプレビューの有効・無効の切り替えを行います。

ソリューションの新規作成

ソリューション画面、上部のタブの［+新しいソリューション］をクリックすると、右側にウィンドウが開きます。

図4.47　ソリューションの新規作成

①表示名

ソリューションの一覧に表示される名前です。この項目は後で変更できます。

②名前

ソリューションの一意の名前です。これは新規作成時に表示名の列に入力した値を使用して作成されます。表示名の項目と違い、ソリューションを保存する前に編集できますが保存後は変更できません。

③公開元

既定の発行者を選択するか、または新しい公開元を作成できます。ソリューションを使用する環境全体で一貫して使用できるように、組織で使用する公開元を作成することをお勧めします。

④バージョン

ソリューションのバージョン番号を入力します。これは、ソリューションをエクスポートしたときファイル名に含まれ、ソリューションをエクスポートする場合にのみ重要になります。

⑤説明

ソリューションの説明を入力します。上記の項目の記入が終わったら、作成ボタンをクリックします。図4.48のように、新しいソリューションが作成されます。

ソリューション

表示名		名前	作成済み ↓	バージョン	外部で管理?	ソリューションの...
newsolution	···	newsolution	2021/9/9	1.0.0.0	🔒	実行されていま...

図4.48　新しいソリューションが作成される

ソリューションに子フローと親フローを新規作成する

ここでは、親フローを実行するとGoogleスプレッドシートに必要な項目が入力される仕組みをソリューション内に作成します。

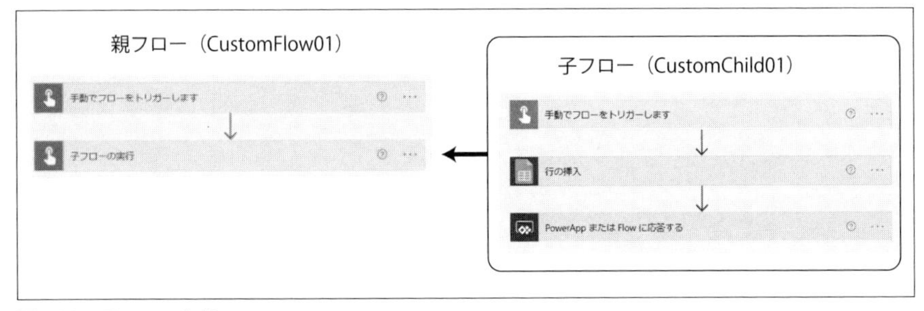

図4.49　子フローと親フロー

▶ 事前準備

今回はGoogleスプレッドシートを利用するため、Googleアカウントの取得などを個別に完了させ、図4.50のような「顧客名」と「メールアドレス」を入力するためのファイルを作成しておきます。今回は「sample-顧客リスト」という名前にしました。

sample-顧客リスト

ファイル　編集　表示　挿入　表示形式　データ　ツール　アドオン　ヘルプ　最終編集: 数秒前

100%　¥　%　.0　.00　123　デフォルト...　10　B　I　S　A

A2　fx

	A	B	C	D	E	F	G
1	顧客名	メールアドレス					
2							
3							
4							
5							
6							
7							
8							
9							
10							

図4.50　ファイルを作成

この部分はExcel Onlineでも代用可能です。

▶ソリューションにフローを新規作成する

ソリューション一覧画面で、フローを新規追加したいソリューション名をクリックし［クラウドフロー］を選択します。

上部のタブの①［新規］をクリックするとメニューが開くので②［クラウドフロー］をクリックします。

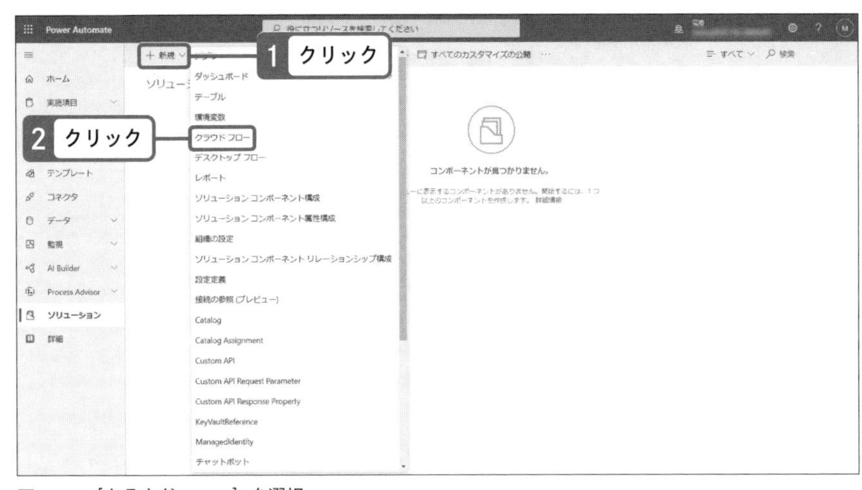

図4.51 ［クラウドフロー］を選択

▶子フローの作成

別のタブでデザイナー画面が開くので「子フロー」を作成します。今回は「CustomChild01」という名前にしました。子フローを実行するロジックには、必要なだけの数のステップを含めることができます。

子フローのトリガーに利用できるコネクタは以下の種類です。

- モバイルのFlowボタン
- Power Apps
- プレミアムコネクタのHTTP要求 / 応答コネクタのみ使用可能

タブを①［組み込み］に切り替えて、②［モバイルのFlowボタン］コネクタをクリックします。

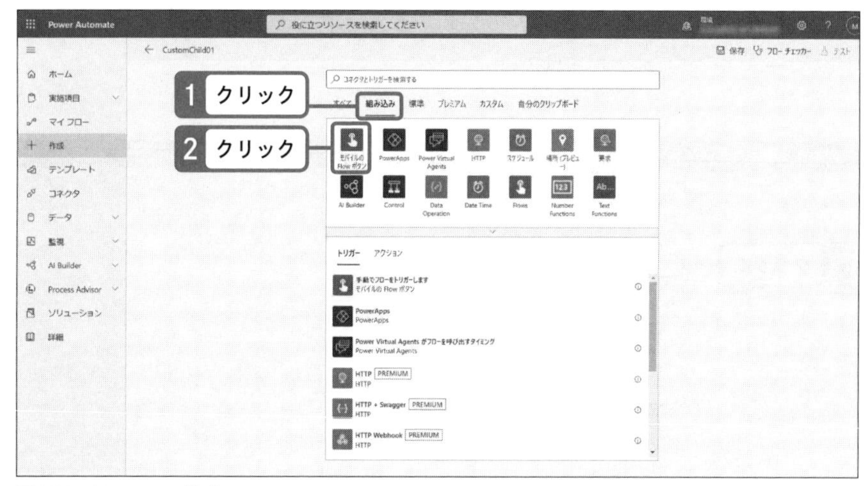

図4.52　子フローの作成

［手動でフローをトリガーします］をクリックしてトリガーにします。

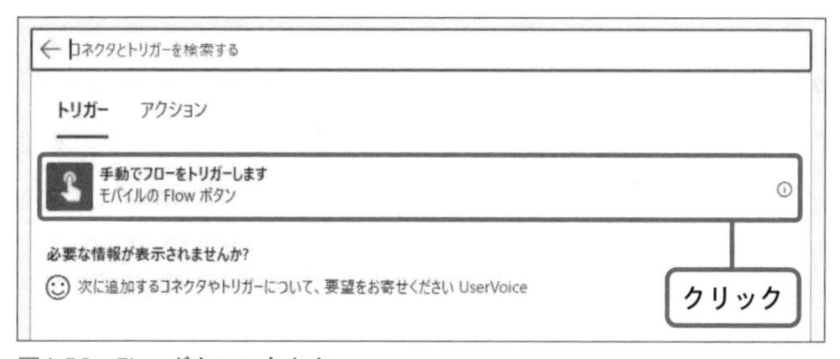

図4.53　Flowボタンコネクタ

①［＋入力の追加］をクリックすると、ユーザー入力の種類を選択できます。②［テキスト］を選んで③［顧客名］と［メールアドレス］の2つを追加してください。

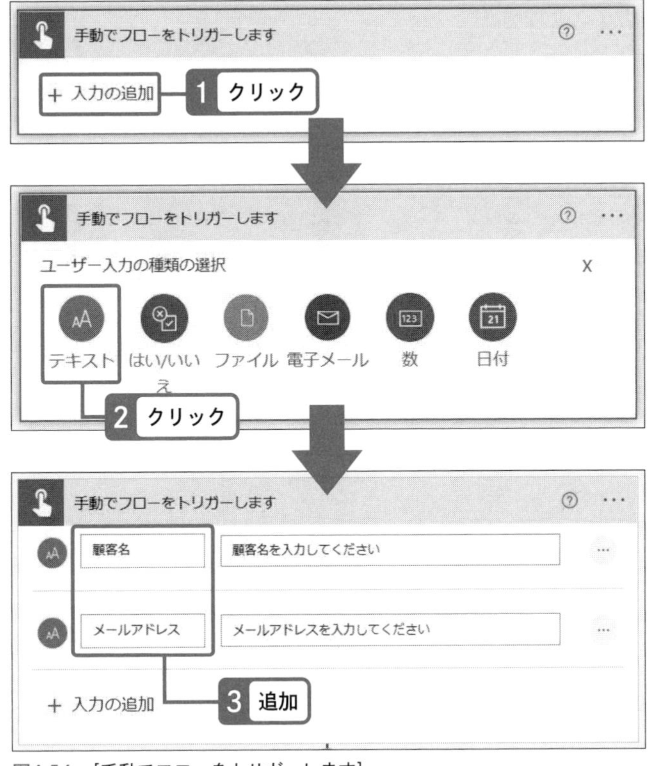

図4.54 ［手動でフローをトリガーします］

次に［+新しいステップ］をクリックし、①検索窓に「Google」と入力します。②［Googleスプレッドシート］が表示されるのでクリックします。

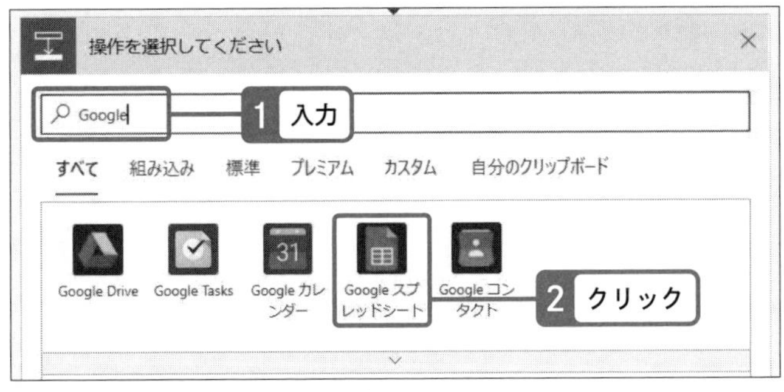

図4.55 検索窓に「Google」と入力

［行の挿入］をクリックします。

図4.56 ［行の挿入］

初めてコネクタを利用するときは「サインイン」を求められます。事前に作成したGoogleスプレッドシートがあるGoogleアカウントを利用してサインインを完了させてください。

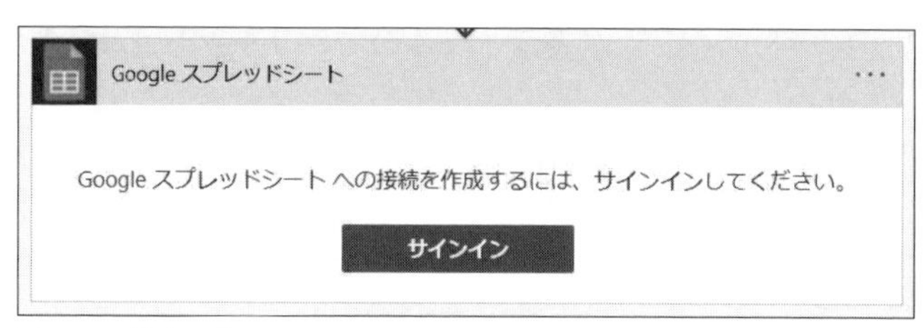

図4.57 サインイン

図4.58のように必要な項目を選択・入力します。顧客名とメールアドレスは、[手動でフローをトリガーします] 内の動的なコンテンツからそれぞれ選択します。

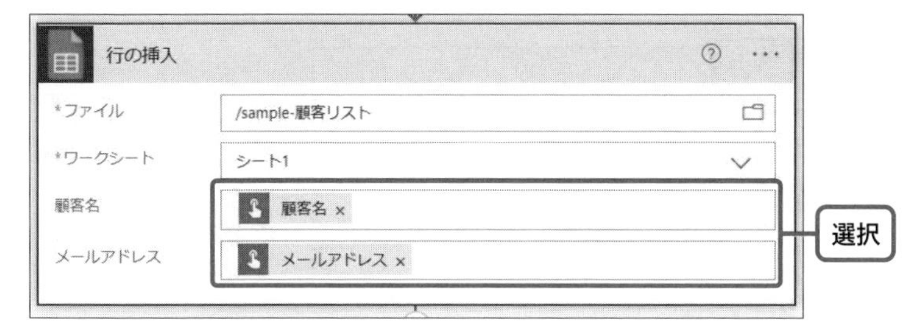

図4.58　必要な項目を選択・入力

ステップの完了後は、データを親フローに返す必要があります。この場合、次の2つのアクションのいずれかを使用できます。

- Power Appsまたはフローに応答する（Power Appsコネクタ配下）
- 応答（プレミアムコネクタのHTTP要求 / 応答コネクタ）

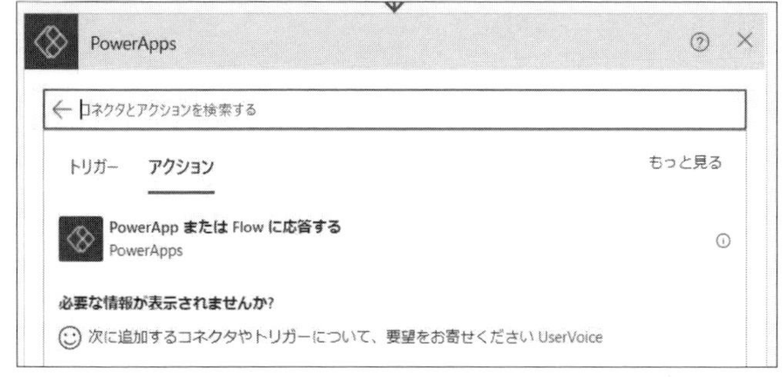

図4.59　[Power Appsまたはフローに応答する] コネクタ

今回は［Power Appsまたはフローに応答する］コネクタを利用するので、①検索窓に「Power App」と入力し、②［Power Apps］をクリックします。

図4.60 ［Power Apps］をクリック

テキストを選択し、図4.61のように入力しておきます。
最後に［保存］をクリックしておいてください。

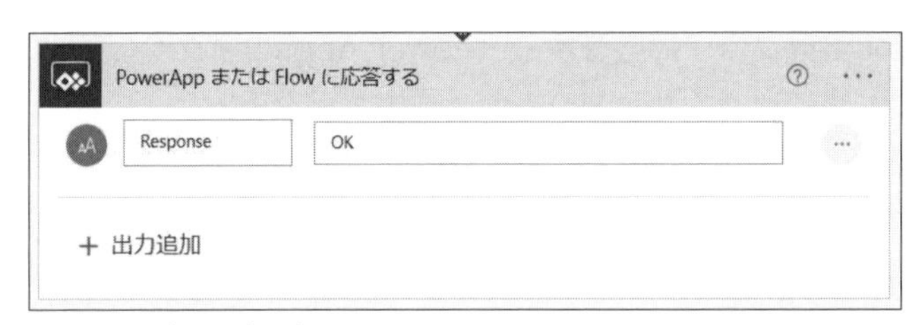

図4.61 テキストを入力

図4.62のようなワークフローが子フローとして出来上がりました。

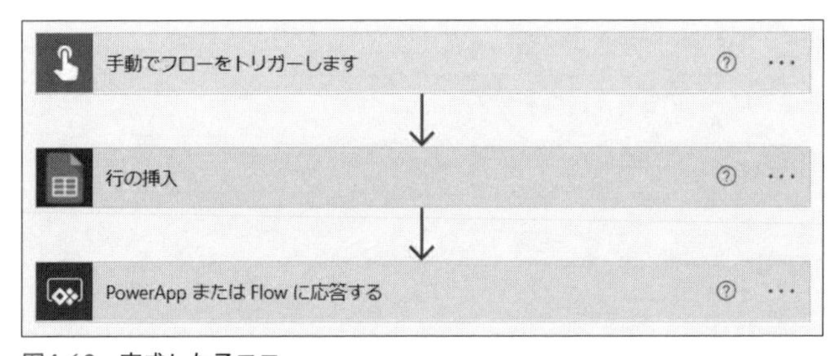

図4.62 完成した子フロー

▶ 子フローのテスト

子フローのワークフローのテストを行います。上部メニュータブの［テスト］をクリックし［手動］を選択、［保存＆テスト］ボタンをクリックします。初めてテストを行う場合、接続が含まれている（今回はGoogleスプレッドシート）ときは、その接続が完了しているかどうかが表示されます（図4.63①）。

②［顧客名］と［メールアドレス］にそれぞれ入力したら、③［フローの実行］ボタンをクリックします。

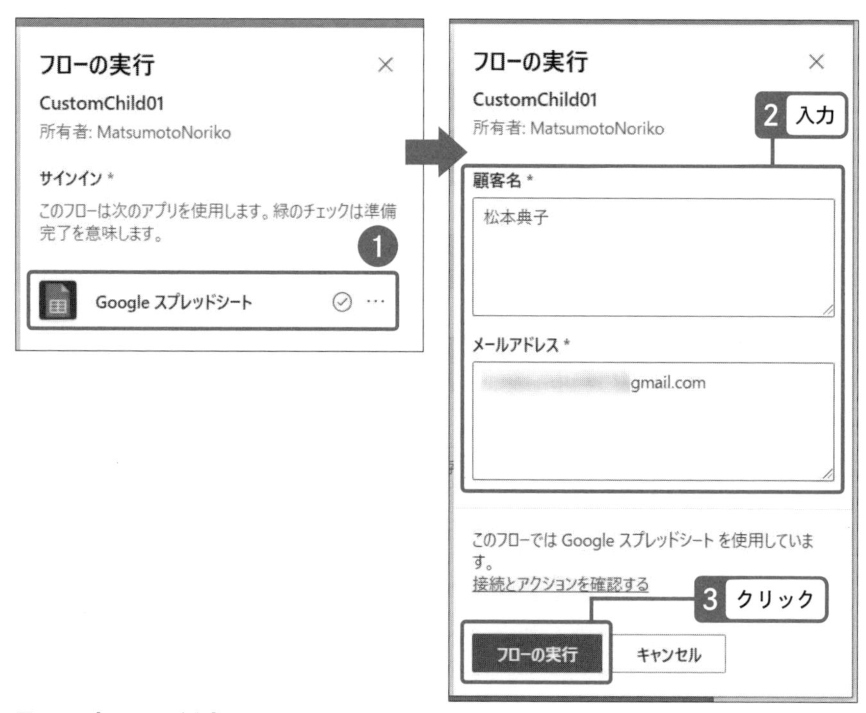

図4.63 ［フローの実行］

テスト後、Googleスプレッドシートを確認すると、テストで入力した内容が書き込まれているのが確認できます。

sample-顧客リスト

ファイル 編集 表示 挿入 表示形式 データ ツール アドオン ヘルプ

	A	B	C	D	E
1	顧客名	メールアドレス	__PowerAppsId__		
2	松本典子	2@gmail.com	5a9b068a2a7949a5a9bc034393600a29		
3					
4					
5					
6					

図4.64 Googleスプレッドシートを確認

▶ 子フローの接続の変更

今回のGoogleスプレッドシートなど、子フローで接続を使用するには、フローに埋め込まれた接続を更新する必要があります。

［実行のみのユーザー］の［編集］をクリックします。

図4.65 ［実行のみのユーザー］の［編集］

［使用する接続］の部分を、①［この接続（接続したアカウント名）を使用する］に変更して②［保存］します。

図4.66 「使用する接続」を変更

この変更を行わずに親フローを作成し子フローを呼ぶワークフローを作成すると、エラーが出て親フローが保存できなくなるので注意してください。

ソリューション画面を確認すると、新規作成した子フローとGoogleスプレッドシートの接続が確認できます。

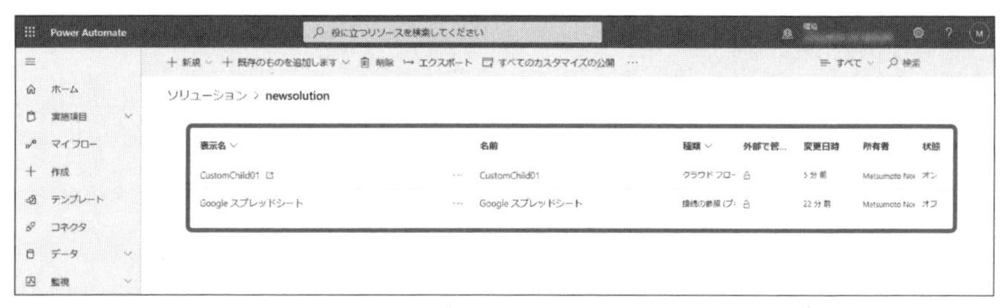

図4.67　新規作成した子フローとGoogleスプレッドシートの接続を確認

以上で子フローの作成が完了しました。

▶ 親フローの作成

子フローを利用するには、親フローも同じソリューション内に作成する必要があります。

ここでは、子フローと同様の方法で、デザイナー画面で「親フロー」を作成します。今回は「CustomFlow01」という名前にしました。

トリガーは［手動でフローをトリガーします］を利用します。タブを［組み込み］に切り替えて、モバイルのFlowボタンコネクタをクリックします。

子フローのトリガーのときと同様の方法で、［顧客名］と［メールアドレス］の追加を設定します。

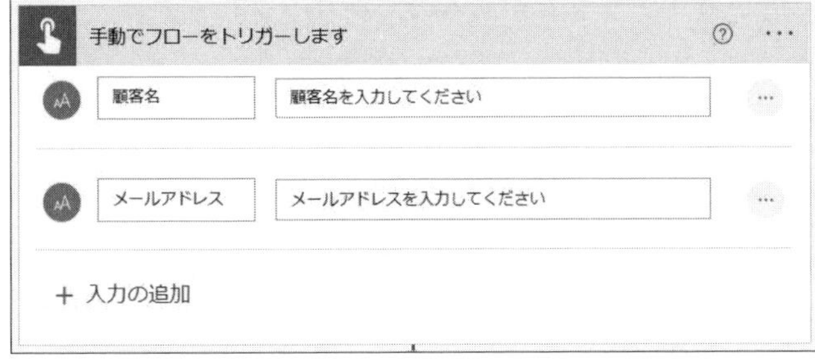

図4.68 ［顧客名］と［メールアドレス］の追加

アクションの設定をします。

タブの①［組み込み］を確認すると、②［フロー］というコネクタが表示されているのでクリックします。

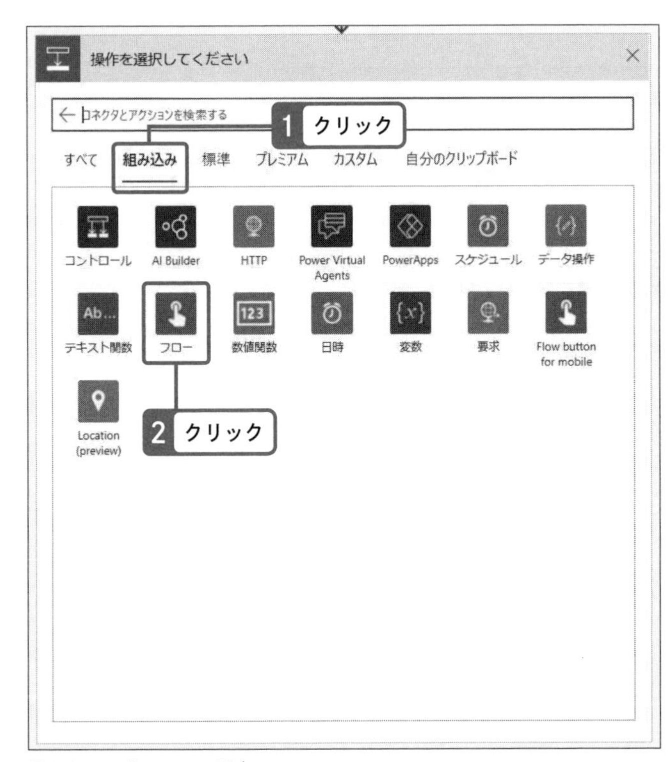

図4.69 アクションの設定

［子フローの実行］というアクションがあるのでクリックします。

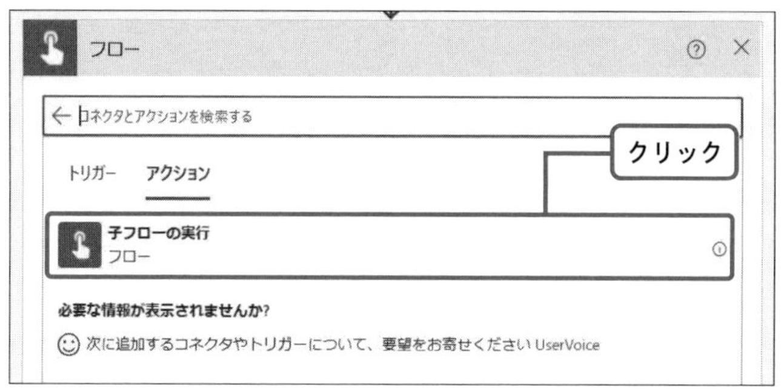

図4.70 ［子フローの実行］

先に作成しておいた子フロー［CustomChild01］が表示されるのでクリックします。

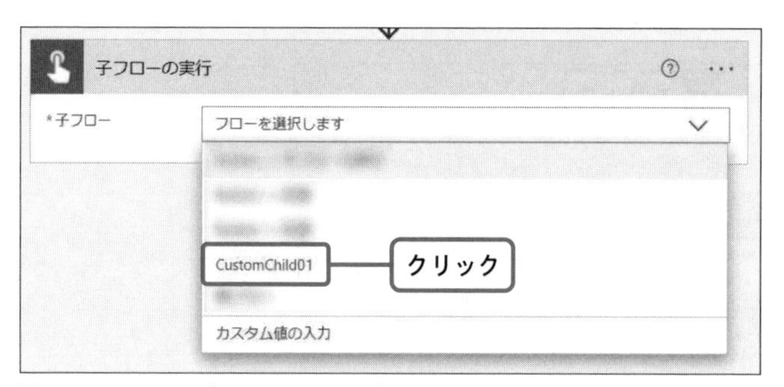

図4.71 子フロー［CustomChild01］を選択

子のフローを選択すると、定義した入力値が表示されます。[手動でフローをトリガーします]の動的なコンテンツに[顧客名]と[メールアドレス]の項目があるので、それぞれ選択します。

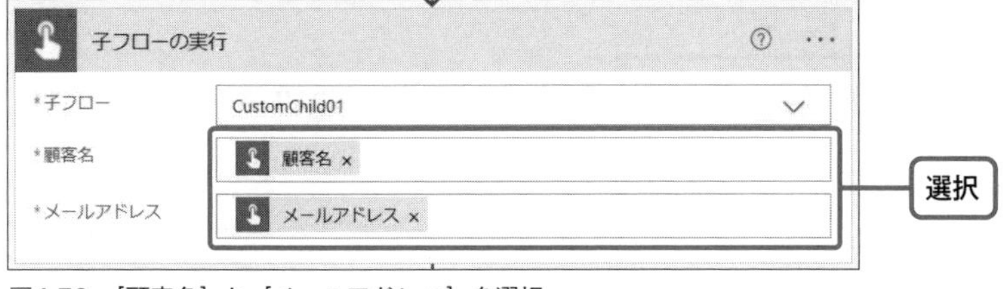

図4.72 [顧客名]と[メールアドレス]を選択

図4.73のようなワークフローが親フローとして出来上がりました。保存をクリックしておきます。

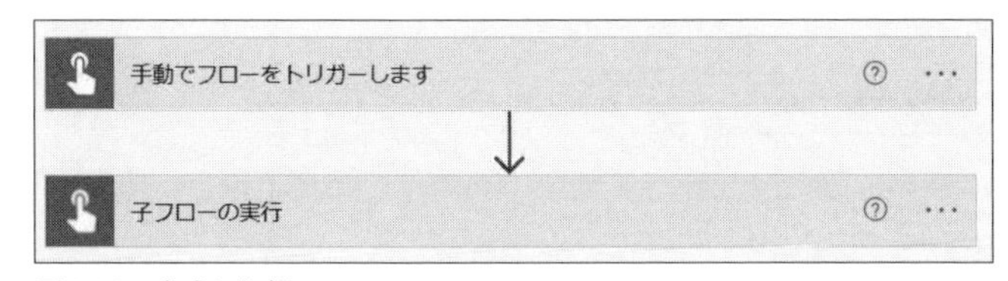

図4.73 完成した親フロー

▶親フローのテスト

親フローのワークフローのテストを行います。上部メニュータブの［テスト］をクリックし［手動］を選択します。

項目を入力し、［保存&テスト］ボタンをクリックします。

図4.74　項目を入力

テスト後、Googleスプレッドシートを確認すると、テストで入力した内容が書き込まれているのが確認できます。

図4.75　Googleスプレッドシートを確認

このようにソリューションを利用すると、親フロー内に処理を入れなくても子フローを呼ぶことで処理を行うことができます。

この方法は、クラウドフロー内の複数の場所でタスクを再利用する場合や、複数のフローにわたってタスクを再利用する場合に特に便利です。

ソリューションでフローを作成した場合の注意点

通常のクラウドフローと比べて、以下のような違いがあるので利用時は注意してください。

- ソリューションから作成されたフローは、［マイフロー］一覧に表示されません。ソリューションを使用してアクセスする必要があります。
- 現時点では、Power Automateモバイルアプリはソリューションで作成されたフローはサポートしていません。
- ExcelなどMicrosoft 365アプリケーションからトリガーされたフローは、ソリューションで使用できません。
- 親フローと全ての子フローを同じソリューションで直接作成する必要があります。フローをソリューションにインポートすると、予期しない結果が発生します。
- 親フローで子フローを実行する場合、完了するまで待機します。子フローの存続期間は、組み込み接続とDataverseを使用するフローの場合は1年、それ以外のフローの場合は30日です。

8 オンプレミスデータゲートウェイ

オンプレミスデータゲートウェイは、クラウドとオンプレミス環境の「橋渡し」をします。オンプレミスデータと複数のMicrosoftクラウドサービス（Power BI、Power Apps、Power Automate、Azure Analysis Services、Azure Logic Appsなど）との安全なデータ転送を実現するソフトウェアです。

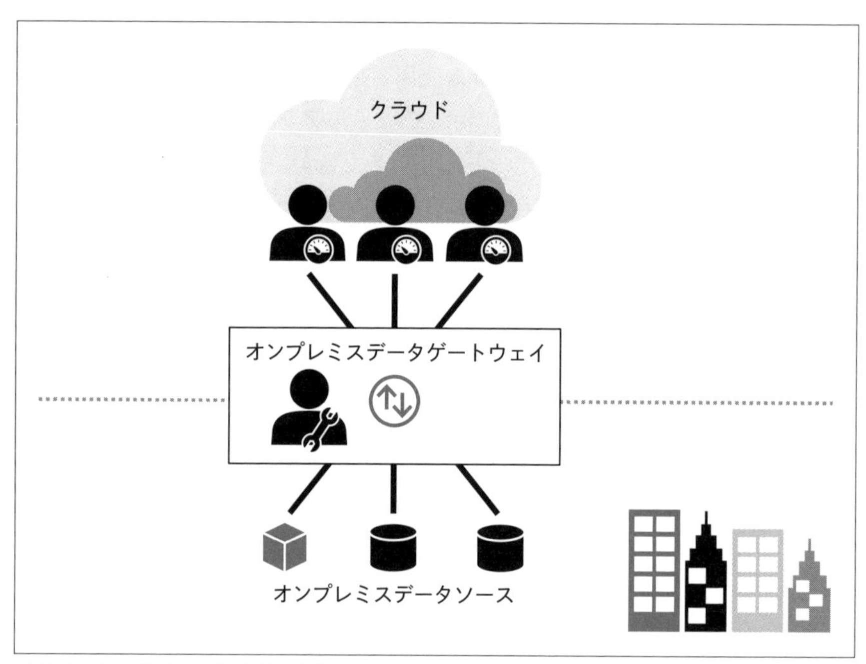

図4.76　オンプレミスデータゲートウェイ

RPA機能であるPower Automate for desktopを利用する場合や、ファイルコネクタを利用する場合にはオンプレミスデータゲートウェイの設定をする必要があります。

オンプレミスデータゲートウェイの種類

オンプレミスデータゲートウェイには、次の2種類があります。

▶ 標準モード

複数のユーザーが複数のオンプレミスのデータソースに接続できるようにします。

単一のインストールで、サポートされている全てのサービスでオンプレミスデータゲートウェイを使用できます。複数のユーザーが複数のデータソースにアクセスする複雑なシナリオの場合に適しており、Power Automate for desktopではこちらを利用します。

▶ 個人用モード

1人のユーザーがデータソースに接続できますが、他のユーザーと共有できません。オンプレミスのデータゲートウェイ（個人用モード）は、Power BIでのみ使用できます。このゲートウェイは、レポートを作成するユーザーが1人だけで、データソースを他のユーザーと共有する必要がないシナリオの場合に適しています。

リージョン（地域）情報の確認

オンプレミスデータゲートウェイの設定をするときに「リージョン（地域）情報」が必要になるので、事前に確認をしてください。

Power Automateポータル画面の上部メニューにある、①歯車アイコンをクリックするとメニューが表示されます。②［管理センター］をクリックします。

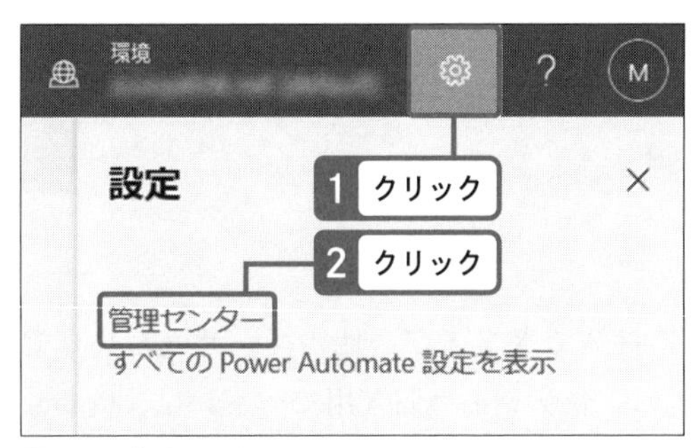

図4.77　管理センター

Power Platform管理センター画面が表示されます。該当の［環境］をクリックします。

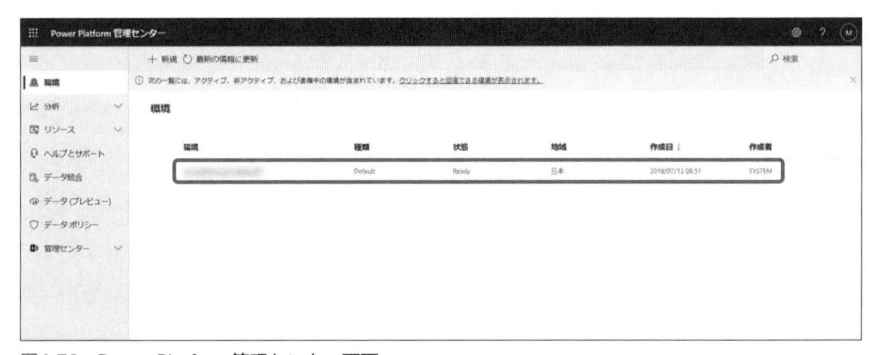

図4.78　Power Platform管理センター画面

［地域］の部分に表示されている場所を確認してください。この内容が必要になります。

図4.79 ［地域］の部分

またご自身に権限がなく、Power Apps管理センターにアクセスできないなどで確認ができない場合は、管理者に確認してください。

オンプレミスデータゲートウェイの設定

オンプレミスデータゲートウェイをインストールするパソコンは、以下の要件（執筆時点）を満たしている必要があるので事前に確認してください。

表5.1　要件と推奨ハードウェア

要件	.NET Framework 4.7.2（2020年12月以前のゲートウェイ リリース）
	.NET Framework 4.8（2021年2月以降のゲートウェイ リリース）
	現在のTLS1.2と、暗号スイートを備えた64ビットバージョンのWindows 8または64ビットバージョンのWindows Server2012 R2
	パフォーマンス監視ログ用の4GBのディスク容量（既定の構成）
	オンプレミスデータゲートウェイでサポートされている最小画面解像度は1280 x 800
推奨	8コアCPU
	8GBメモリ
	Windows Server 2012 R2以降の64ビット バージョン
	スプール用のソリッド ステート ドライブ（SSD）ストレージ

オンプレミスデータゲートウェイは、インストール先のコンピューターで実行されます。ですので、常に起動しているコンピューターにインストールしてください。

▶ インストールと設定

Power Appsサイト「場所を問わないアプリケーションの作成と使用」（https://powerapps.microsoft.com/ja-jp/downloads/）にオンプレミスデータゲートウェイの［ダウンロード］ボタンがあります。クリックしてダウンロードします。

図4.80　オンプレミスデータゲートウェイの［ダウンロード］

「GatewayInstall.exe」という名前のファイルがインストールされるのでクリックして実行すると、図4.81のようなウィンドウが表示されます。

枠内の［次のものに同意します］部分のチェックボックスにチェックを入れると、インストールボタンがクリックできるようになります。

図4.81　GatewayInstall.exeを実行

［このゲートウェイを使用する電子メールアドレス］は、Power Automateのサインイン時に利用する「職場アカウントまたは学校アカウント」を①入力します。入力したら②［サインイン］ボタンをクリックします。

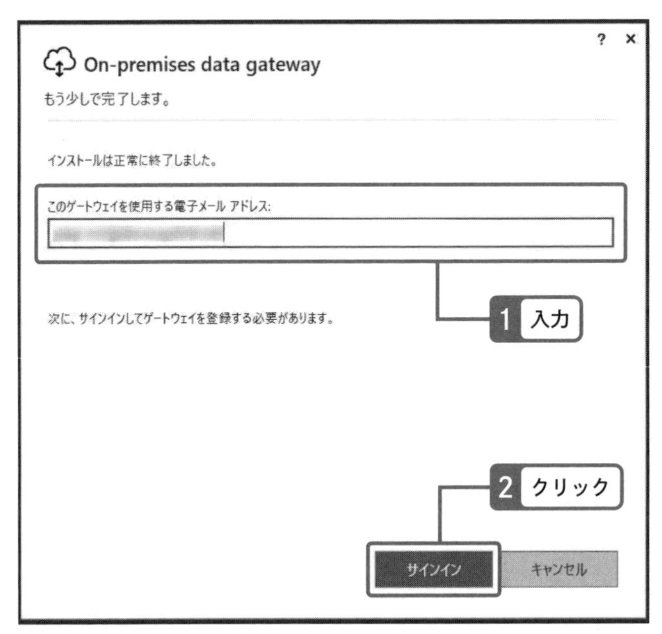

図4.82　サインイン

サインイン画面が表示されたら、Power Automateのサインイン時に利用する「職場アカウントまたは学校アカウント」とパスワードでサインインを完了させます。

図4.83　サインインを完了

①［このコンピューターに新しいゲートウェイを登録します。］にチェックを入れ、②［次へ］をクリックします。

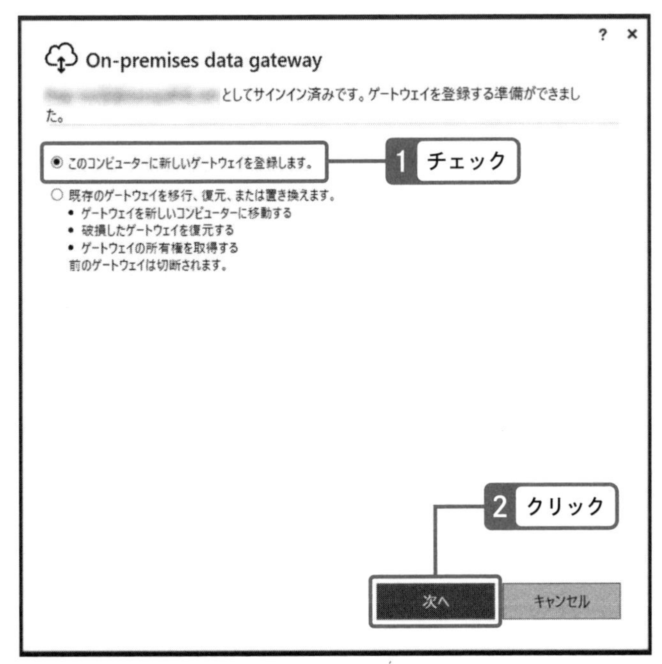

図4.84　［このコンピューターに新しいゲートウェイを登録します。］

①オンプレミスデータゲートウェイの名前を入力します。名前はテナント全体で一意である必要があります。

②回復キーを入力します。ゲートウェイを復旧または移動する場合に、回復キーが必要になるので紛失しないように管理してください。

③[リージョンの変更] をクリックします

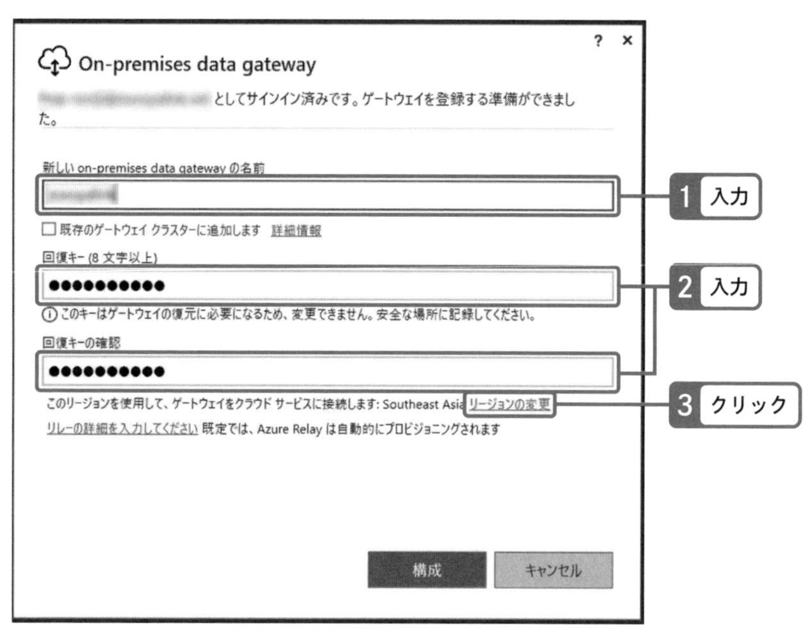

図4.85　登録情報の入力

Power Platform管理センターで確認したリージョン（地域）に合うように① ［リージョンの選択：］欄で選択します。地域が日本の場合は「Japan East」を選択し、② ［実行済み］ボタンをクリックします。

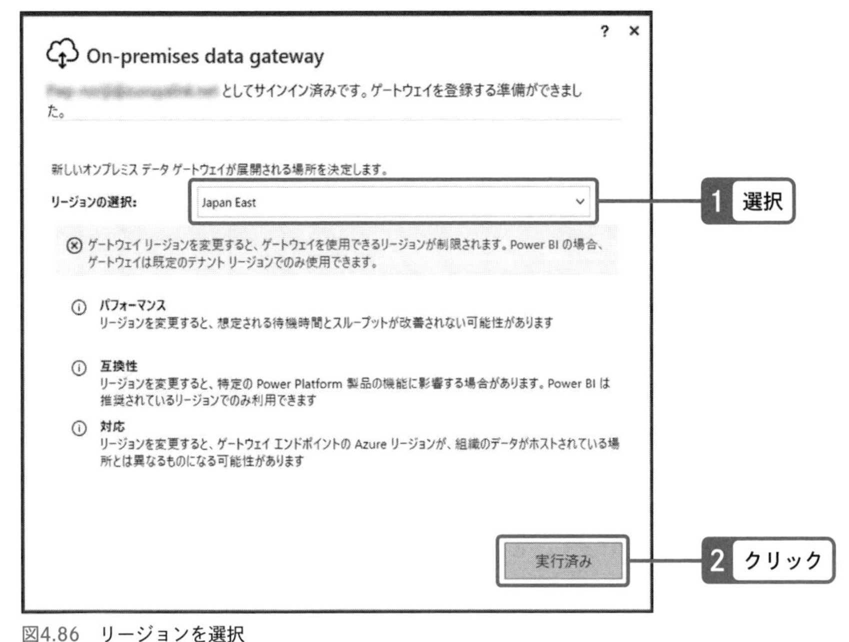

図4.86　リージョンを選択

画面が戻るので、［構成］ボタンをクリックします。

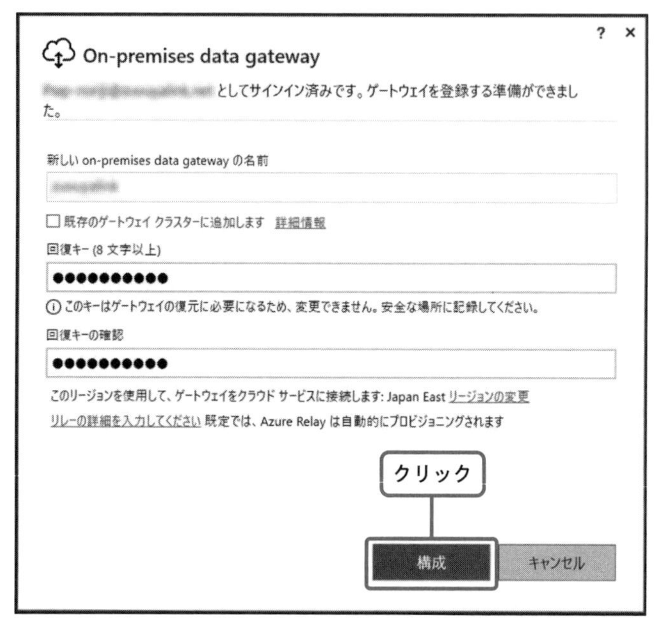

図4.87 ［構成］ボタンをクリック

図4.88のような表示になれば、オンプレミスゲートウェイのインストールと設定の完了です。［閉じる］ボタンでウィンドウを閉じて構いません。

図4.88　設定の完了

利用可能なゲートウェイを確認する

Power Automateポータル画面の左メニューの［データ］にある［ゲートウェイ］をクリックします。

図4.89 ［ゲートウェイ］をクリック

このように、設定したオンプレミスゲートデータウェイの名前が表示されます。

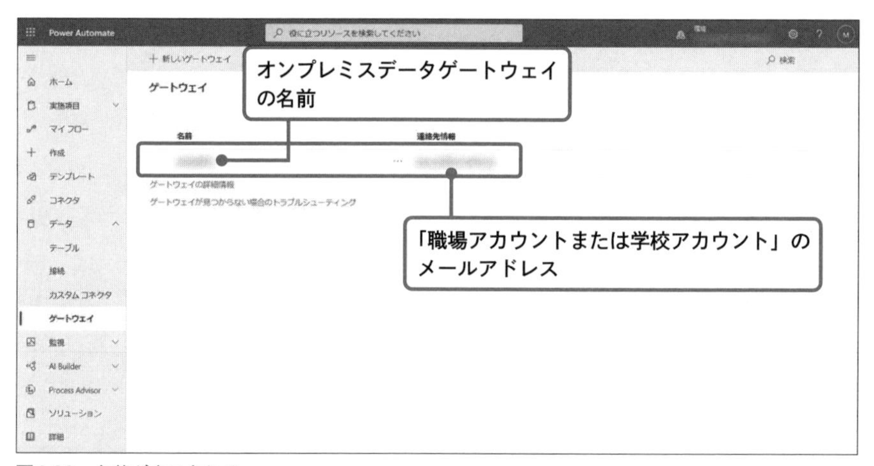

図4.90 名前が表示される

第5章

Power Automate for desktopとは

Power Automate for desktopは、Power Automateに付属するRPAを行うためのツールです。単体でも、Power Automateと連携しても利用することもできます。リリースされてから継続的にアップデートが行われています。Windows 11ではOSに標準で付属するツールとなり、利用するまでの敷居もかなり下がっています。この章では、このPower Automate for desktopの利用方法について解説します。

アクセスキー 2 (数字のに)

1 Power Automate for desktopとは

Power Automate for desktopでは、Power Automateと同様にワークフローを作成して処理を実行しますが、このワークフローは「デスクトップフロー」と呼ばれています。

ワークフローの違い

同じフローという名前になっていますが、クラウドフローとデスクトップフローには別々の技術が利用されています。クラウドフローはクラウドサービスであるMicrosoft Azureで提供されるLogic Appsをベースにした、全てクラウド環境で動作するサービスです。対してデスクトップフローはRobinという言語を利用して作成されている、デスクトップアプリケーションです。Power Automateは、これら異なる2つのワークフローを統合・連携したサービスです。

ライセンス

Power Automateのライセンスを保有していなくてもPower Automate for desktopは利用可能です。その場合、作成したデスクトップフローは個人用アカウントに紐付けられたOneDriveクラウドストレージ上に保存されます。Power Automateのライセンスを保有している場合は、Power Automateのサービス内部で保持され、別ユーザーとの共有も行うことが可能になります。Power Automate for desktopを単体で利用している場合は共有することができませんので注意してください。

試用も含め、最初のうちはライセンスを保有せずに、Power Automate for desktopを単体で利用しても十分メリットを感じられますが、ユーザー間での共有もできるようになるとさらに大きなメリットも得ることができますので、ライセンス購入を検討する価値はあると考えます。

特徴

Power Automate for desktopは、RPAを手軽に実現できるのが、ツールとして最大の特徴です。同様の製品やサービスは多数存在していますが、その中でもWindows 11の標準機能に含まれている点は最も大きなポイントです。Windows 10の場合は、Power AutomateのWebサイト（https://flow.microsoft.com/）からダウンロードします。利用を開始するためにはMicrosoftアカウントを用意する必要はありますが、それ以外に準備するものはありません。

ワークフロー

ワークフローの作成画面もシンプルに構成されています。図5.1のように左側にはアクションと呼ばれる操作を行う部品が一覧で表示されています。たくさんのアクションの中から、利用するものを中央のフローデザイナーにドラッグ&ドロップすることで、追加できます。これを繰り返し行うことでワークフローを構築します。設置したアクションの設定は、フローデザイナ

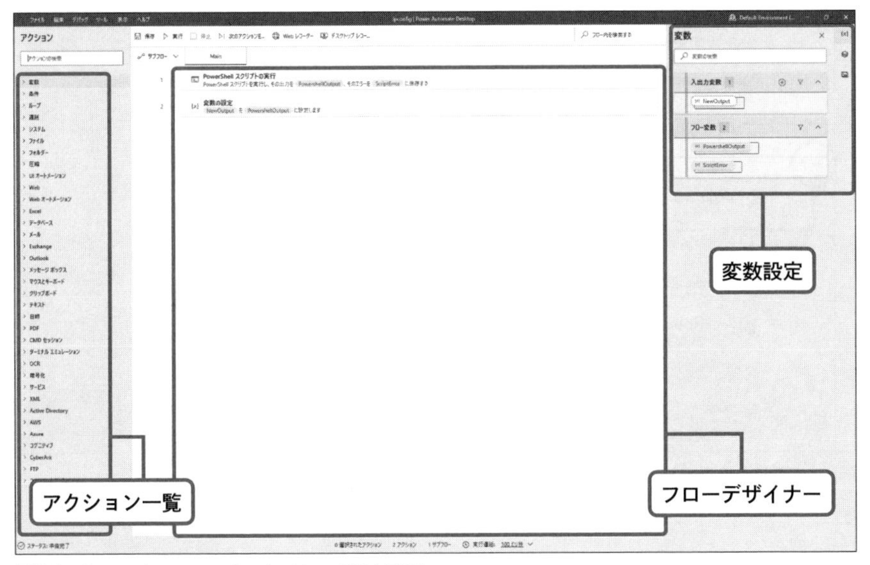

図5.1　Power Automate for desktopの基本画面

ーに設置したアクションをクリックすることで値の設定や動作の指定を行います。デスクトップフローを作成する場面では、これら左側のアクション一覧と中央のフローデザイナーを主に利用していきます。右側には変数と呼ばれる、値を保持したり外部と連携するために用意したものを操作する部分があります。ここは連携を意識したときによく利用します。

ブレークポイント

デスクトップフローをある程度組み上げたら、想定した通りに動作するか試験をする意味を込めて実行を行います。このとき、ブレークポイントと呼ばれる制御を利用することができます。ブレークポイントは、設定したアクションまで制御が到達したときに、実行を一時停止する仕組みです。ワークフローの開発では何度もテスト実行を行うことがありますので、ブレークポイントを設定してから実行を行うことに慣れておくのがよいでしょう。

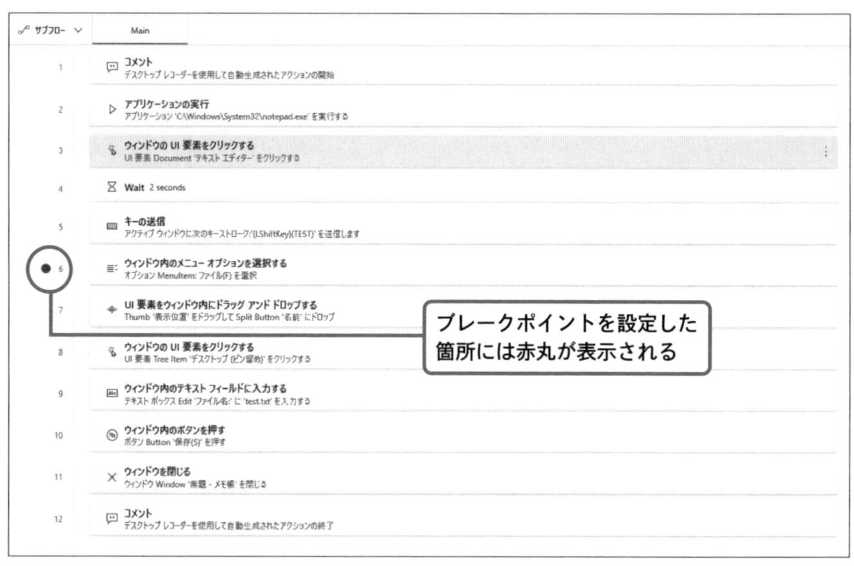

図5.2　ブレークポイントの設定

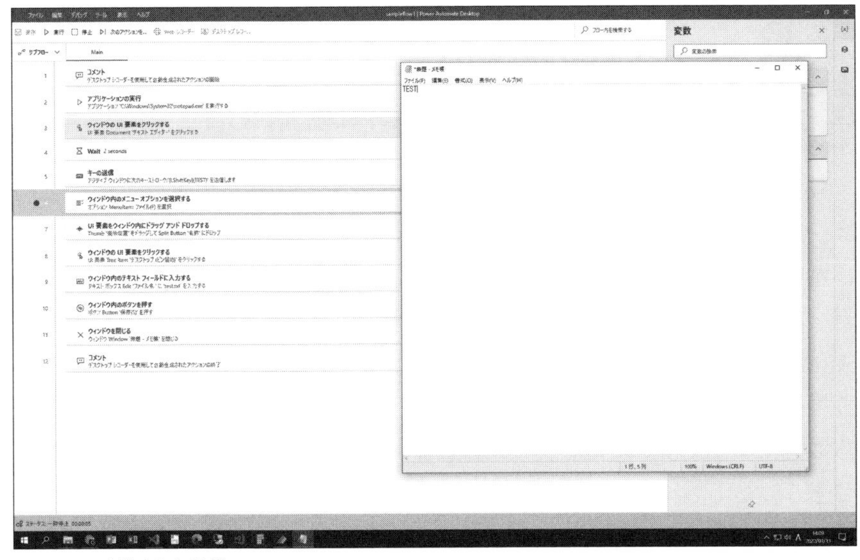

図5.3　一時停止した状態

Power Automate for desktopはRPAか？

Power Automate for desktopでRPAを行う場合は、このようにアクションを設置し実行結果を確認しながらワークフローの作成を行います。Power Automateのライセンスを持たずPower Automate for desktop単体で利用している場合は、Power Automate for desktopを起動した状態でなければデスクトップフローは実行できません。そのため純粋にRPAかどうかといわれると難しいところではありますが、定型的な処理を実行することには変わりありませんので、色々と自動化を行ってみるのがよいでしょう。

ここからは、デスクトップでの自動化、Webブラウザーでの自動化のケースそれぞれについて説明いたします。

2 デスクトップでのPower Automate for desktop

Power Automate for desktopの利用シーンとして、まず思い浮かべるのは、PCにインストールしているアプリケーションを自動で操縦することではないでしょうか。自動化したい処理としても、インストールされている独自アプリケーションを用いた処理を検討することは非常に多いです。Power Automate for desktopでこれらのアプリケーションを対象にした自動化を行う場合、基本としては実際に手で操作を行った場合と同様の動きを再現させることになります。ただしツールの仕組み上、私たちが特に意識せずに操作できることであっても、簡単に同じ操作を行えるというものではありません。

デスクトップフローの例

Power Automate for desktopの機能として、まず対象とするアプリケーションを起動させることができます。起動させる方法も複数用意されており、マウス操作でショートカットをダブルクリックさせることや、ファイルを直接指定して実行させる［アプリケーションの実行］を利用した起動が行えます。ここでは、Excelを起動して値を入力し、ブックを保存してExcelを終了するだけの、簡単なデスクトップフローを作成してみます。

▶［Excelの起動］

Excelだけは、独自の起動アクション［Excelの起動］が用意されています Excel以外のアプリケーションを起動する場合には［アプリケーションの実行］アクションを、Excelを起動する場合には［Excelを起動］アクションを利用するように使い分けるのが便利です。［Excelを起動］アクションでは、設定する項目が［アプリケーションの実行］アクションよりも少ないため、利用しやすいものとなっています。

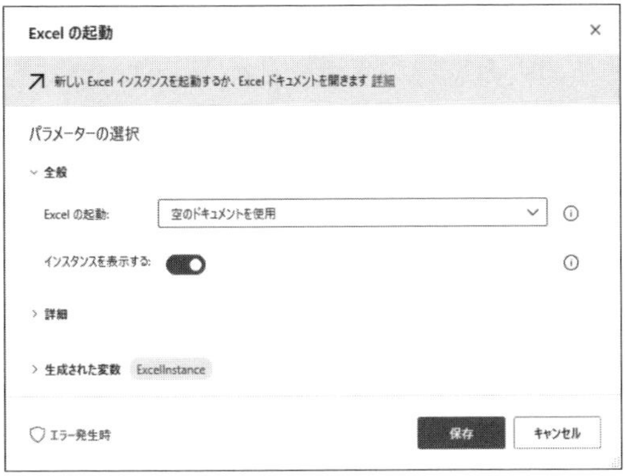

図5.4 Excelの起動

図5.5 アプリケーションの実行

RPAの場合、フローにマウスやキーボードの操作をできるだけ含めないことが、安定して動作するために必要な条件です。アプリケーションの実行アクションのように、マウスやキーボードの操作以外で実行できる処理を利用するのが適しています。アプリケーションの起動までは、アプリケーションの実行アクションを利用するように意識しましょう。

▶ [Excelワークシートに書き込み]

次は、起動したExcelに対して値の入力を行います。値の入力についても専用のアクションが用意されているので、[Excelワークシートに書き込み] アクションを利用します。アクションでは書き込む値や、セルの座標を指定します。

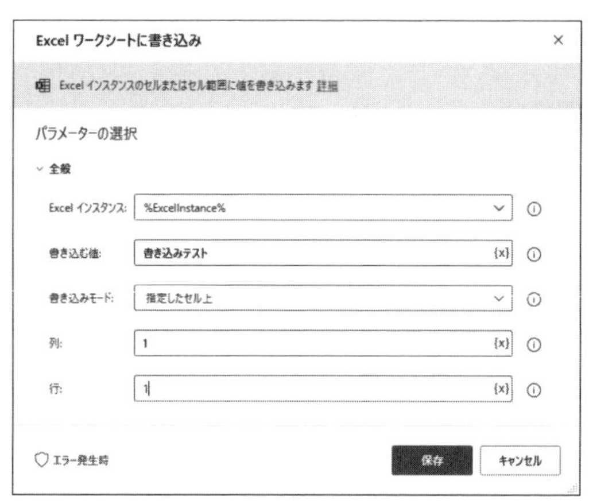

図5.6 [Excelワークシートに書き込み]

▶ [Excelの保存]

値の入力が終わったらブックの保存を行います。これも専用アクションである [Excelの保存] アクションを利用します。

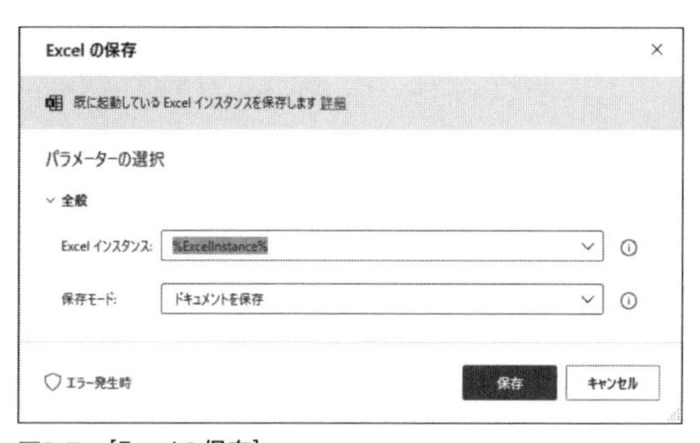

図5.7 [Excelの保存]

▶ [Excelを閉じる]

保存が行えたらExcelを終了してデスクトップフローは終了です。[Excelを閉じる] アクションで、起動したExcelを終了させます。これを行わないと起動したExcelが残ったままとなり、他の処理に影響が出ることがあります。起動したものはそのワークフローの中で終了させるのは、Excelに限った話ではないので覚えておくとよいでしょう。

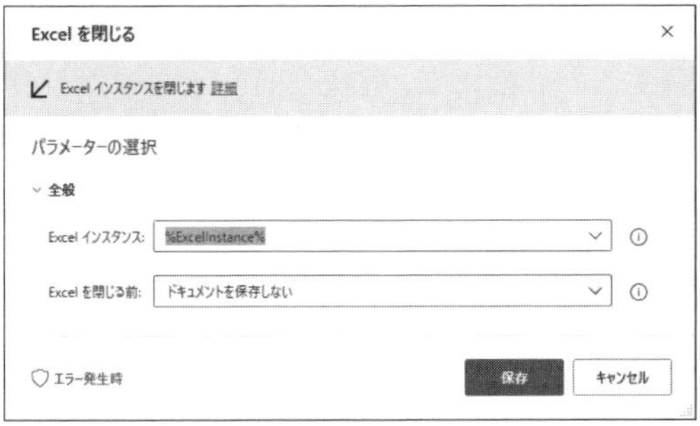

Excel を閉じる
Excel インスタンスを閉じます 詳細
パラメーターの選択
全般
Excel インスタンス:
%ExcelInstance%
Excel を閉じる前:
ドキュメントを保存しない
エラー発生時
保存
キャンセル

図5.8 [Excelを閉じる]

Book1
ファイル
ホーム
挿入
ページレイアウト
数式
データ
校閲
表示
ヘルプ
A3
書き込みテスト

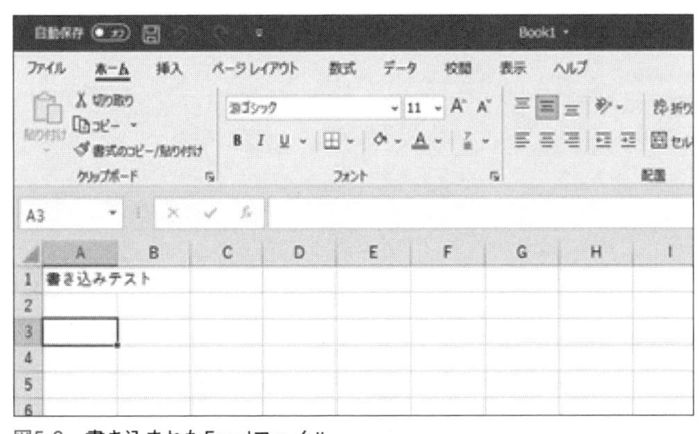

図5.9 書き込まれたExcelファイル

デスクトップレコーダー

このような手順でデスクトップフローを作成できます。しかし、一から手動でフローを作成する際に、最初のうちはアクションの設定に戸惑ったりすることも多いです。Power Automateには、デスクトップで行った操作を自動的にデスクトップフローとして記録するレコーダーが提供されています。これを利用するとデスクトップフロー作成時間の短縮が行えます。また、どのようにワークフローを作成すればよいのかという指針にもなりますので、レコーダーを利用した結果を解読するのも役に立つでしょう。どのアクションを利用すればよいか不明な場合に、レコーダーを利用してみるのもよい方法です。

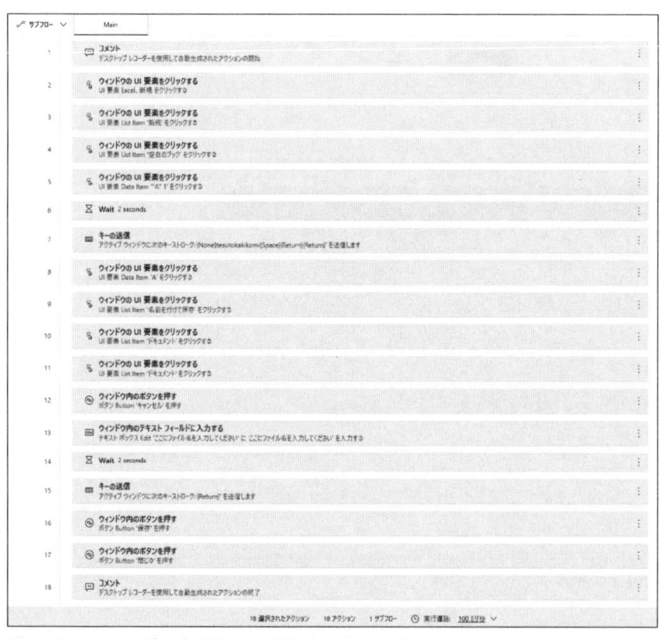

図5.10　レコーダーを利用して記録されたワークフロー

デスクトップレコーダーで機械的に記録して作成されたワークフローと一から手作業で作成したワークフローとでは、出来上がる形にかなり違いがあります。レコーダーは、「ウィンドウに触れた」「ミスタイプをした」「アプリケーションの位置をマウスでずらした」といった操作も含めて全て記録します。そのため、ステップ数が多めになる傾向が強いです。また、先ほどの[Excelの起動]アクションのように、特別に用意されたアクションは利用せず汎用的なアクションのみ利用します。

3 Webブラウザーでの Power Automate for desktop

Power Automate for desktopは、デスクトップアプリケーションだけではなくWebへの操作を自動化することもできます。EdgeやChromeなどのWebブラウザーを、Power Automate for desktopで操作することにより実現します。これはアプリケーションの自動化とは異なる部分が多いです。

Webレコーダー

Webブラウザー用に操作を記録する機能は、「Webレコーダー」として用意されています。ある程度の操作はレコーダーで記録してすぐにワークフローへ変換を行えるのも、デスクトップアプリケーションと同様です。ただしWebレコーダーは、ブラウザー上に表示されたサイトに対する操作に限定して記録するため利用できないケースが存在します。

たとえば、「ブラウザーで特定のサイトを表示し、次に別のアプリケーションを起動して何かの処理を行う」ことや、「表示したサイトのスクリーンショットをブラウザーの機能を利用して取得する」ということは記録されません。

Webレコーダーは、表示されているサイトへの操作を記録するだけで、それ以外の操作は記録しません。現在では複数タブを扱うブラウザーアプリケーションが主流ですが、タブの切り替えなどの操作は記録されないので特に注意してください。

Webレコーダーを利用したワークフローの作成

ここでは、Webレコーダーを利用して「検索サイトで特定のキーワードで検索した結果の画面のスクリーンショットを取得する」ワークフローを作成してみます。

▶ ブラウザーの起動

最初にブラウザーを起動します。Webレコーダーを利用しない場合は［アプリケーションの実行］アクションを利用しますが、ここでは実際に利用するブラウザーを選択します。

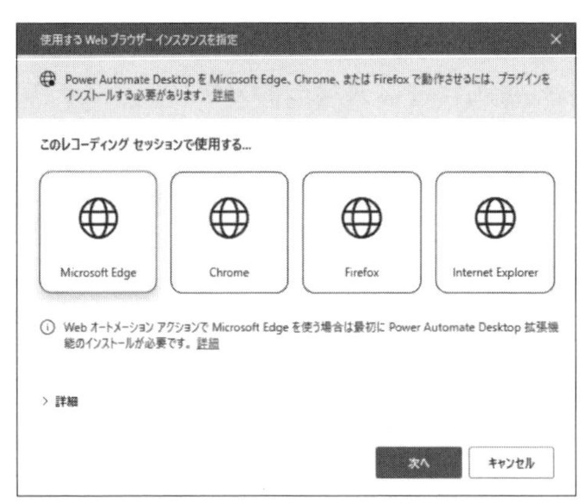

図5.11　レコーダーで利用するブラウザーの選択

Webレコーダーを起動すると、最初に利用するブラウザーの種類を聞いてきます。Edge、Chrome、Firefox、Internet Explorerから使用しているブラウザーを選択します。

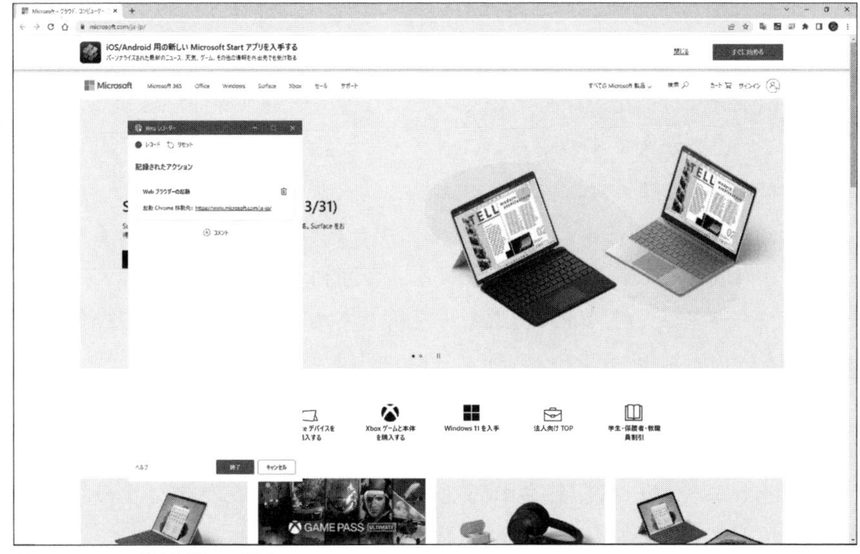

図5.12　Webブラウザーの起動

ブラウザーが起動した時点ではまだレコーダーでの記録が開始されていません。記録を開始する前に実際に操作を行いたいWebサイトのURLを入力しブラウザーに表示させます。ブラウザーに表示が行われ操作を開始する準備が整ったら、レコーダー上に表示される［レコード］をクリックし記録を開始させます。

▶ 検索サイトの表示

起動したブラウザー上でURLを入力して検索サイトを表示させると、レコーダー側も表示された検索サイトのURLが自動で設定されます。その状態にしてからレコードをクリックするようにしてください。

▶ 検索を実行

検索サイトにキーワードを入力し、検索を実行します。レコーダー側では、キーワードを入力し検索を実行した操作が複数ステップで自動的に記録されます。このときに操作したものは、全てレコーダー側で記録されます。たとえば、検索キーワードを入力する欄をクリックしたときのマウス操作や、キーワードを入力する際のキーボード操作などです。操作ミスをした場合は、ミスした動作も記録されてしまいます。それらは最初にレコーダーで記録する最中に余分な操作を削除していくのではなく、一通り操作が終わった後で削除していく方が楽ですので、レコーダーで記録する場面では後回しにしておくのがよいでしょう。

また、Webサイトによっては、一部のキー操作が通常とは異なる動作となるよう構成されていることがあります。今回利用するGoogle検索でも、検索キーワードを入力してENTERキーを押しても、ENTERキーの操作は記録されずに検索結果のURLへ移動する形で記録されてしまいます。

Google検索の場合は、キーワードを入力後に一度虫眼鏡のアイコンをクリックし、その後にGoogle検索のボタンをクリックするなど操作を工夫することでWebレコーダーに記録されるようになります。このあたりの挙動はWebサイトごとに異なりますので、試行錯誤が必要です。

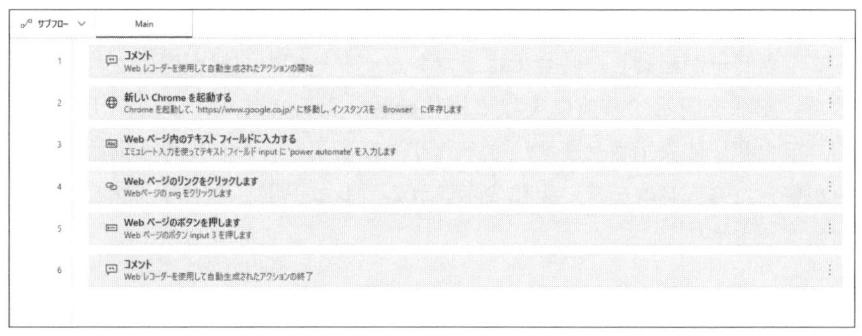

図5.13　Web検索を行いスクリーンショットを記録するワークフロー

▶ 検索結果

検索結果が表示されたら、試しに検索結果をクリックします。今回利用しているGoogle検索では、別タブで対象サイトが開かれます。この挙動には注意が必要です。表示された検索結果をクリックすることまではレコーダーで記録されますが、クリックした検索結果は別タブで表示されてしまいます。前述した通り、別タブでの操作やブラウザーの機能の利用はレコーダーに記録されません。

別タブで表示されたWebサイトを利用することも自動化に含めたい場合は、

Webレコーダーを利用せずに違う方法を考える必要があります。また、通常のブラウザー操作で表示されるマウスの右クリックメニューと、Webレコーダー利用時に表示される右クリックメニューは異なります。そのため、リンク先のURLを取得してブラウザーのURLへ直接入力させる方法は利用できません。Webレコーダーが記録する対象は、マウスの左クリックで操作できることに限られると覚えておくのがよいでしょう。

今回は、ここまで操作したところでWebレコーダーの［終了］ボタンをクリックし、デスクトップフローに操作を展開させます。

▶スクリーンショットの取得

検索結果が表示できたら、スクリーンショットを取得します。これも、ブラウザーの機能を利用する部分がWebレコーダーでは記録できないので、レコーダーを利用せずに直接デスクトップフローへ設定を行う必要があります。Power Automate for desktopのアクションから、［Webオートメーション］グループの中にある［Webデータ抽出］サブグループをクリックし、［Webページのスクリーンショットを取得します］アクションを、ドラッグ&ドロップでデスクトップフローの最後に追加します。

図5.14 ［Webページのスクリーンショットを取得します］アクション

［Webページのスクリーンショットを取得します］アクションの設定では、「どのようにスクリーンショットを取得し、どの形式でどこに保存するか」という設定が必要です。今回は、Webページ全体をJPG形式でスクリーンショットを取得し保存するように設定します。

このとき、Webブラウザーインスタンスの欄には、%Browser%という値が設定されていますが、そのままにしておきます。この値は、利用するブラウザーを特定するための特殊な値です。設定されるタイミングは、Webレコーダーで記録された操作のうち、新しいブラウザーを起動するアクションのところになります。今回の例でいえば、2ステップ目のところです。この値を利用することで、操作する対象となるブラウザーを特定しています。

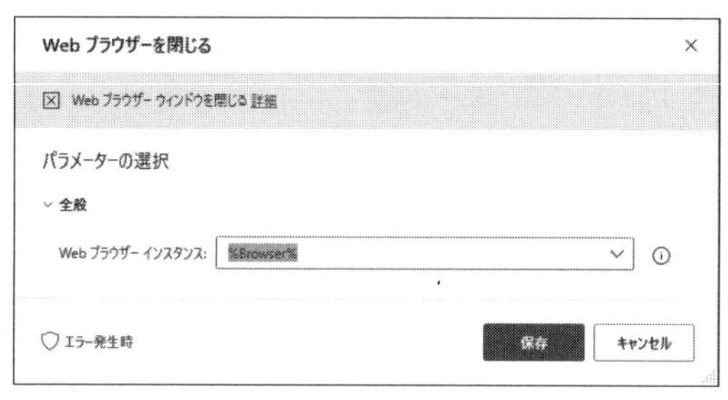

図5.15　Webブラウザーインスタンス

▶Webブラウザーを閉じる

［Webブラウザーを閉じる］アクションを、ドラッグ&ドロップでデスクトップフローの最後に追加します。このアクションを追加しておかないと、処理が終了したときにブラウザーが起動したまま残ってしまいます。

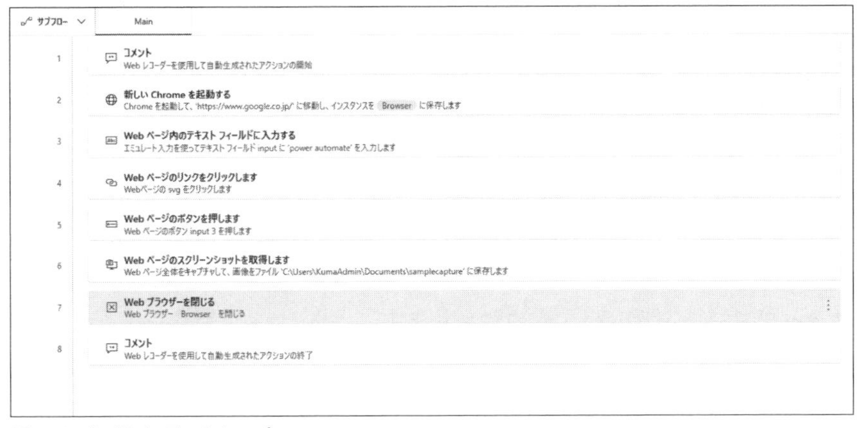

図5.16　作成したデスクトップフロー

▶動作の確認

最後に動作の確認です。デスクトップフローを保存し、［実行］ボタンをクリックします。設定内容に問題がなければ、Webレコーダーで記録させた動作が再現され、スクリーンショットの画像ファイルが指定したフォルダーに保存され、ブラウザーが終了するのが確認できます。設定に問題がある場合はエラーとして表示されるので、内容を確認して修正してください。

このような手順で、Webブラウザーを利用した作業の自動化が行えます。実際の作業は今回の例ほど単純ではないので、多くのアクションを組み合わせる必要がありますが、操作を記録してデスクトップフローに設定することは非常に楽に行えるのが体感できると思います。

クラウドフローとデスクトップフローの連携

Power Automateでは、作成したクラウドフローとデスクトップフローの2つを連携して、より高度な処理を行うことができます。この場合、DPAとRPAを同時に利用する形になり、基本的な形はクラウドフロー側からデスクトップフローを呼び出すものとなります。

反対に、デスクトップフローからクラウドフローを呼び出すこともできなくはないのです。その場合は、提供されている連携の仕組みを利用できず、独自に仕組みを考える必要がありますので、あまりお勧めはできません。あくまでも、クラウドフローからデスクトップフローを呼び出す形で処理の構成を検討するようにしてください。

連携を行うクラウドフローの作成

ここでは、先ほど作成したWebサイトのスクリーンショットを取得するデスクトップフローを、クラウドフローから呼び出す仕組みを作成します。クラウドフロー側ではスクリーンショットを取得するWebサイトのURLを作成しデスクトップフローへと連携、デスクトップフロー側では連携されたURLからWebサイトを開きスクリーンショットを取得するという仕組みとします。

▶ボタントリガー

デスクトップフロー側は作成済みですので、クラウドフロー側を作成していきます。ここで利用するボタントリガーは、実行を作成者側が自由に指示できるので、ワークフロー作成中では非常に便利です。ワークフローが作成できたときに、実際に必要なトリガーへ置き換えるように作業すると効率が高くなります。

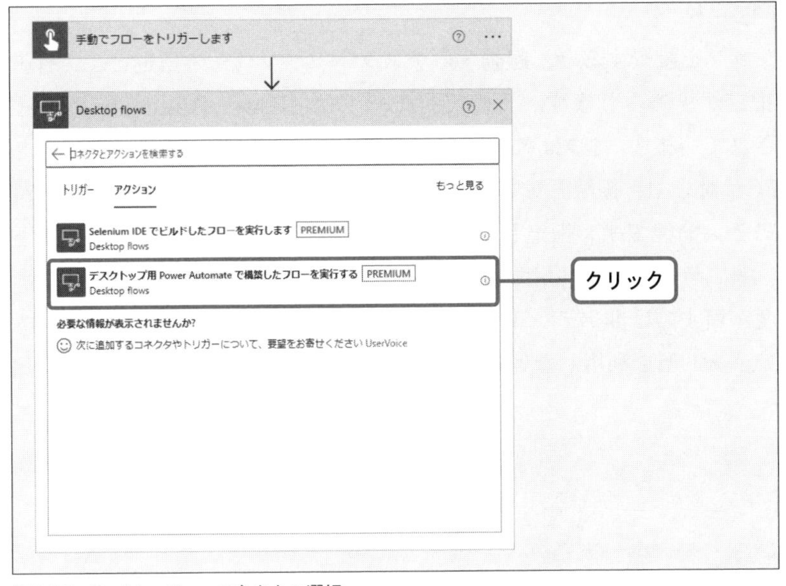

図5.17　Desktop flowsコネクタの選択

▶ デスクトップフローの呼び出し

クラウドフローでは、Desktop flowsコネクタの［デスクトップ用 Power Automate で構築したフローを実行する］アクションを利用してデスクトップフローを呼び出します。このとき、データゲートウェイで接続できる状態になっている必要があります。接続できていない場合は、アクションを選択するとエラーが表示されます。

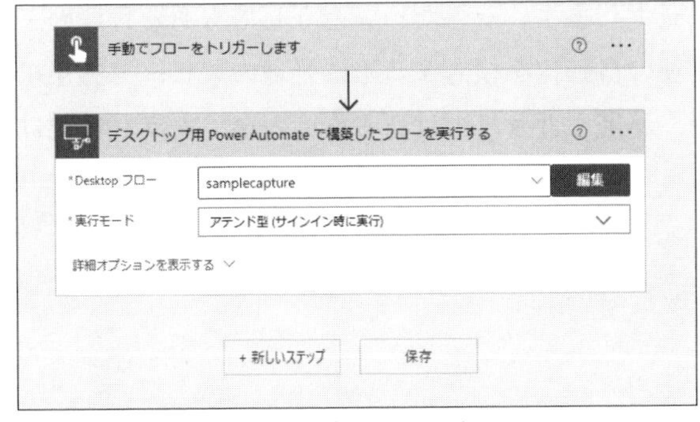

図5.18　作成したデスクトップフローの指定

▶ 実行モード

アクションを設置すると、起動するデスクトップフローの指定と、実行モードの指定が求められます。この実行モードは、Power Automateでは2種類用意されています。1つはアテンド型です。すでに起動してサインインしているPCに対して、接続しデスクトップフローを呼び出すものです。もう1つは非アテンド型です。指定したPCに対してサインインから処理が開始されます。非アテンド型を利用するには、別途ライセンスが必要になります。

安定度が増すのは非アテンド型、容易に利用できるのがアテンド型です。今回はアテンド型を利用した処理を作成します。

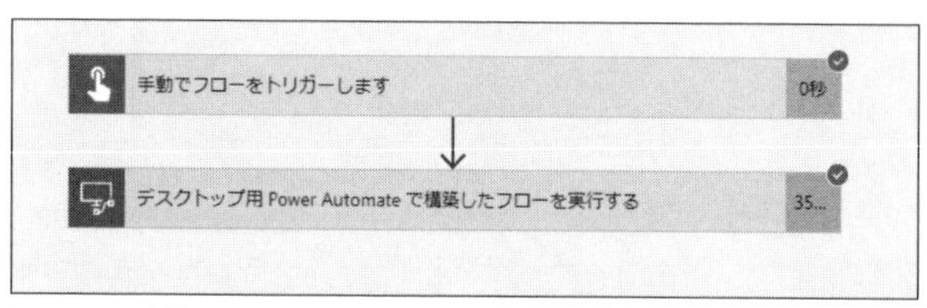

図5.19 連携したデスクトップフローの実行

▶ タイムラグ

アクションを設定後、クラウドフローを一度保存し実行してみると、クラウドフローからデスクトップフローが呼び出され、Webサイトのスクリーンショットが取得・保存されるのを確認できます。このときデスクトップフローの処理が終了しても、クラウドフロー側はすぐに終了されていないのがわかると思います。クラウドフローとデスクトップフローの連携には、インターネット経由での通信が発生します。そのため、どうしてもある程度のタイムラグが発生します。処理の自動化を検討する際に処理のスピード感が求められる場面もありますが、連携を行う以上はある程度のタイムラグは避けて通れません。

変数を利用したワークフロー連携

作成したデスクトップフローを呼び出し実行するだけであれば、ここまでの方法で可能です。しかし、せっかく連携させるのであれば、固定的な処理ではなくクラウドフロー側から処理の指示をデスクトップフローへ連携させる形がメリットも大きくなります。ここでは、デスクトップフローを修正し、クラウドフローから値が連携できるようにします。

図5.20 連携用の変数を追加

▶入力用の変数

連携させるためには、先にデスクトップフロー側で値を受け取れるようにする必要があります。受け取れる形になっていない場合は、先ほどのようにクラウドフロー側では実行するデスクトップフローの指定と接続方法のみの指定しか行えません。値を受け取れるようにするには、入力用の変数を使用します。Power Automate for desktopで先ほど作成したデスクトップフローを開き、右部に表示されている入出力変数の欄にある［+］をクリック、続いて表示される種類では入力をクリックします。

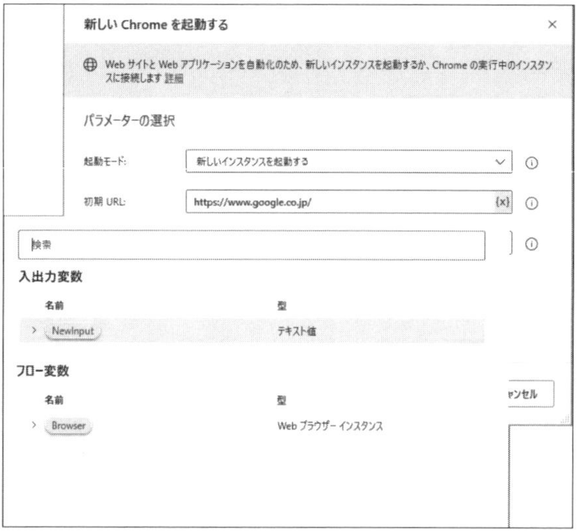

図5.21　入出力変数

▶ 変数の編集

作成した入力用変数は、クラウドフロー側から表示させるURLを指定するために利用します。デスクトップフローにすでにある、［新しいChromeを起動する］アクションをダブルクリックし、編集画面を表示させます。表示された編集画面では、［初期URL］欄の右に表示されている {x}をクリックし、利用する変数を指定します。クリック後に表示される変数一覧の画面から、先ほど作成した［NewInput］をダブルクリックします。

このとき［初期URL］欄の設定にNewInput変数の設定が追加されますが、元々設定されていたURLも残っていますのでこれを削除し、変数の指定だけとなるようにします。ここまで設定したら、デスクトップフローを保存します。

保存後はクラウドフロー側に戻り、［デスクトップ用 Power Automate で構築したフローを実行する］アクションを開いてみると、最初は存在していなかったNewInputという項目が追加されています。

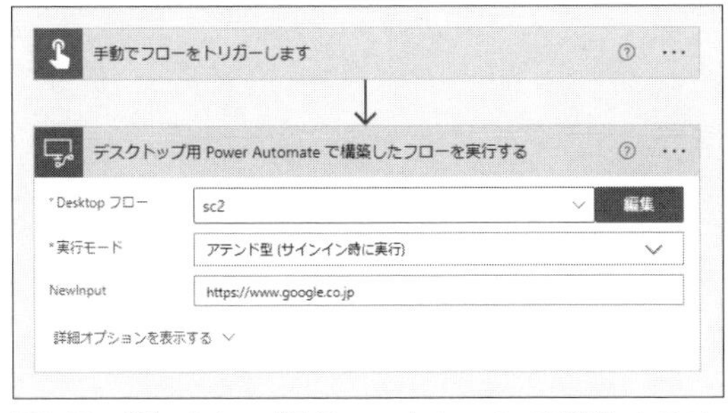

図5.22 ［デスクトップ用 Power Automate で構築したフローを実行する］アクション

これはデスクトップフロー側で修正した状態が、クラウドフロー側で再取得されデザイナーの設定が調整されたためです。新しく追加された項目に、表示させるWebサイトのURLを設定しクラウドフローを保存します。

▶ 処理の確認

今回のデスクトップフロー側では連携された値をそのままURLとして処理を行いますので、「HTTPS://～」と全て設定する必要があります。設定後にクラウドフローを保存し、実行してみます。ここまでの設定に問題がなければ、ブラウザーが起動し指定したURLが開かれ、スクリーンショットが取得され保存されます。保存時のファイル名はそのままにしていますので、毎回同じファイルでスクリーンショット画像が保存されてしまいます。ここもクラウドフローから連携させることも可能ですし、デスクトップフロー側で重複しないファイル名を決めさせることも可能です。

簡単な連携例として、スクリーンショットを取得する対象のURLをクラウドフローからデスクトップフローへと連携するようにしてみました。連携自体は、デスクトップフロー側で変数を用意するだけで可能です。非常に容易に構築できますので、ぜひ利用してください。

第6章

ワークフロー作成におけるTips

Power Automateでワークフローを作成する場合、知っていると楽になるポイントがいくつか存在します。ここではそのポイントを何点か紹介し、Power Automateをより活用できるようなTipsを記載します。ぜひ参考にしてください。

アクセスキー **M**（大文字のエム）

ワークフローを作るための考え方

「クラウドフローとデスクトップフローの、どちらを利用して処理を構築するか」というのが、Power Automateを利用するにあたり最初に検討すべきポイントです。つきつめていくと、どちらかでしかできない処理というのは限られています。たとえば、外部サービスと安全に連携を行うのであればクラウドトップフローが適していますし、PCにインストールしているアプリケーションを利用するのであればデスクトップフローでなくてはなりません。これらのような場面ではそれほど悩むことはありませんが、どちらでもできる処理も存在し、それらを取り扱う場合にどうすればよいかが頭を悩ませるポイントになります。

Power Automateの運用コスト

運用コストも考慮する必要があるポイントです。利用しているライセンスにより回数の違いはありますが、クラウドフローでは1か月の間に実行できるアクション数は決まっています。これを超えるためには、追加でアドオンを購入する必要があります。しかし、デスクトップフローではアクション数による制限は存在していません。そのため、どちらでも可能な処理であればデスクトップフロー側で実施させるのも1つの方法です。反面、クラウドフローとデスクトップフローを連携させる必要も出てきますので、作成するワークフローが大きくなりがちです。後にワークフローを改修する必要が発生した場合には、2つまたはそれ以上の数のワークフローを確認していく必要が発生します。これは保守の観点から見るとあまり望ましいことではありません。

そのため、運用コストや保守とのバランスをとる必要があります。「どの程度がバランスよい状態か」は、実際に利用する環境によって異なります。システムの作成に精通した人材が確保できているのであれば、多少複雑なワークフローがあったとしても十分に対応可能です。しかし、開発経験者が存在しないような環境では、もしかすると連携を行うだけでも大きな負担となるかもしれません。そのため、実際に運用を行う人たちの中で、「ここまでなら大丈夫」「これ以上は複雑すぎてよくない」といった方針を、先に決めておくのがよいでしょう。

一般的なシステム開発と同様に、「指針を決めたら、将来もずっとその指針に沿っていればよい」とはいい切れません。状況に応じて指針を見直し、現在の環境に合わせた形に整えた上で、ワークフローをどのように作成していくかを決めていくことが、トラブルを減らす第一歩となります。

Power Automateに適さない処理

処理がワークフローに適さないという問題もあります。先述した通りPower Automateでは実行回数がライセンスによって決められています。そのため、1か月に行える処理量には限度があります。これは「大量のデータ処理を行うようなものは、Power Automateのワークフローで対応するには適していない」ということを表しています。少量のデータ処理であれば問題ないのですが、数千レコードや数万レコードを処理することは、処理可能な量が決められているPower Automateに適していません。

このような場合は、「Azure上で動作するデータ処理を行うアプリケーションを作成してもらい、Power Automateからは呼び出して利用するだけ」といったように別の手段を混ぜて考えるのもよいでしょう。ワークフローという仕組みだけで全てを解決しようとはしないことも、忘れないようにする必要があります。

2 実行回数の考え方

第1節で「Power Automateではライセンスによる実行回数の制限がある」と述べました。実行回数は、非常に重要な要素です。Power Automateを利用していくうえで、常に考えておく必要があります。限度に到達すると、すべての処理が実行できなくなります。1か月の間でこの限度を超えないように、全体を把握しておかなくてはなりません。

繰り返し処理

クラウドフローの中で特に実行回数を気にしておくべきは、Apply to eachアクションやDo untilアクションで繰り返し処理を行う部分です。ワークフロー上では1つのアクションに見えますが、処理対象となるものの数だけ繰り返し処理が行われます。Apply to eachアクションやDo untilアクションの中で多数のアクションを設置した場合、処理実行数は飛躍的に増大します。Apply to eachアクションやDo untilアクションの中で多くのアクションを設置するのを処理の都合で避けられないことがあります。ただしその場合でも、実際にどのくらいの処理が実施されるかは把握しておく必要があります。把握した結果が、1か月の限度数に収まるのであれば問題ありません。

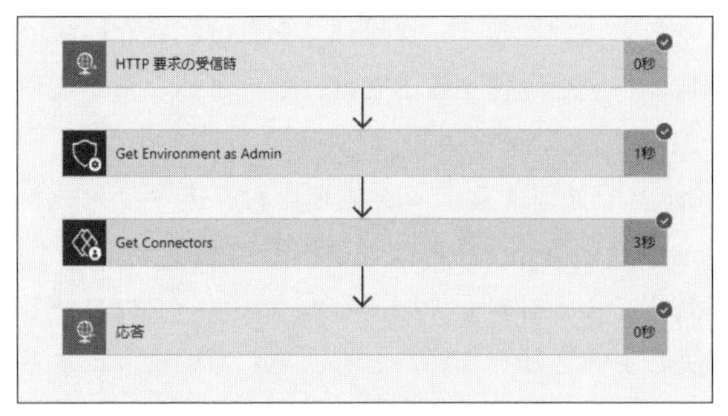

図6.1　ワークフロー実行時の処理時間

処理時間

実行回数が増えると、全体の処理時間も増大します。1つひとつのアクションでは数ミリ秒の処理時間しか発生していなくても、それがたくさんのアクションで構成されていた場合は数十秒、場合によっては数分以上かかることも起こりえます。Power Automateでは最大処理時間数は30日となっていますが、これはあくまでも途中で実行を停止するか待機する必要がある場合の制限です。特に待機などを行っていないにもかかわらず、長時間の実行が必要なワークフローとなってしまった場合は、やろうとしていることがワークフローに向いていないことも考えられます。そのような状況ではPower Automateだけにこだわらずに、他のシステムやアプリケーションを利用するのがよいでしょう。第1節でも書いた通り、全てをワークフローで解決しないように考える必要があります。

実行回数の注意点

実行回数に関して重要なポイントは、「アクションの処理が1つでも、内部で複数回実行が行われるケースがある」ということです。外部サービスと連携するコネクタの場合、Power Automateから呼び出しを行い、初回はHTTPエラーとなった場合でも、再試行して無事に処理が実行できることがあります。この場合、アクションは1つなので実行回数も1つと考えがちですが、内部で一度エラーになって再試行されていますので、実際には2回とカウントされます。執筆時点ではまだ実行回数制限については移行期間とされていますが、将来的に告知された回数までと制限が施されます。移行期間の現在よりも厳しい回数となりますので注意してください。実際の制限数については、公式ドキュメントを参考にしてください。

- 要求の制限と割り当て
  https://docs.microsoft.com/ja-jp/power-platform/admin/api-request-limits-allocations

実行回数には、重要なポイントがもう1つあります。それはトリガーについてです。トリガーでは、デザイナー上で色々な設定ができます。たとえばメールの受信を行うトリガーでは、宛先や表題などに対して条件を指定できます。この条件に合致しなかった場合、ワークフローは実行されません。すなわちワークフローの実行がスキップされるので、全体を通しての実行回数が消費されません。アクションの場合は（後述する実行条件を利用した場面を除き）基本的には実行回数が常にカウントされます。しかし、トリガーの場合は、ワークフローが実行されて初めてカウントされます。そのため、できるだけトリガーで不要な実行を除外できるように、条件をまとめておくのがよいでしょう。

3 実行条件を利用した条件分岐

条件分岐は、ワークフローにおいて多用するアクションの1つです。クラウドフロー、デスクトップフローを問わずに利用する場面は多々あります。特定の場面に限り処理を実行することは、ワークフローに限らずシステムにおいて必須となるものです。通常であれば、IfコネクタやSwitch caseコネクタを利用して処理を分岐させることがほとんどになりますが、コネクタで用意されている実行条件を用いることでシンプルなワークフローを作成することも可能です。

コネクタアクションの実行条件

「コネクタアクションの実行条件」とは、直前のアクションの実行結果により、対象となる処理を実行するかスキップさせるかを決める設定です。直前のアクションでエラーになった場合、そのまま処理を継続すると、もう一度同様のエラーとなってしまうことがあります。このような場面では、直前のアクションが正常終了した場合に限定して処理を実行するのが正解です。Power Automateでは初期設定として、直前のアクションが正常終了した場合に限りアクションを実行するようになっています。この設定が行われているので、直前のアクションがエラーとなった場合には以降のアクションが全てスキップされる動きとなります。

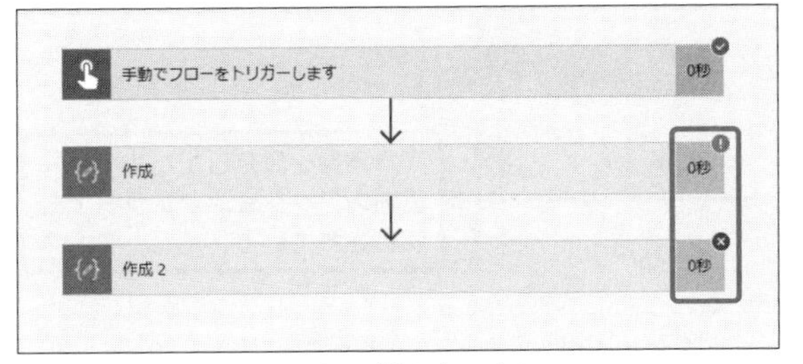

図6.2　実行条件によりスキップされたアクション

正常終了以外の実行条件

正常終了以外の実行条件を利用する場面もあります。たとえばデータ取得を行える一部のコネクタでは、対象データが存在しなかった場合に実行結果をエラーとするものがあります。プレミアムコネクタであるAzure Table Storageコネクタなどがそのケースに当たり、Table Storageコネクタから取得する際に対象データが存在しなかった場合にはエラーになります。初期設定のままだと、Table Storageから取得できずにエラーとなり、以降のアクションは全てスキップされます。この動作を利用し、対象データが存在しない場合の処理として実行条件が「直前のアクションがエラーだった場合」に設定したアクションをワークフローに設置します。このように設置すると、対象データが存在しない際に限った処理を作成することが可能です。

アクションの実行条件

アクションの実行条件を利用すると、エラーだった場合に実行する処理は、直近のアクションが正常終了した場合にはスキップされます。エラー時の処理の次に設置するアクションで「直前のアクションがスキップされた場合」に設定しておくことで、エラー時の処理と正常終了時の処理をIFコネクタなど条件分岐を行うコネクタなしで作成することが可能です。

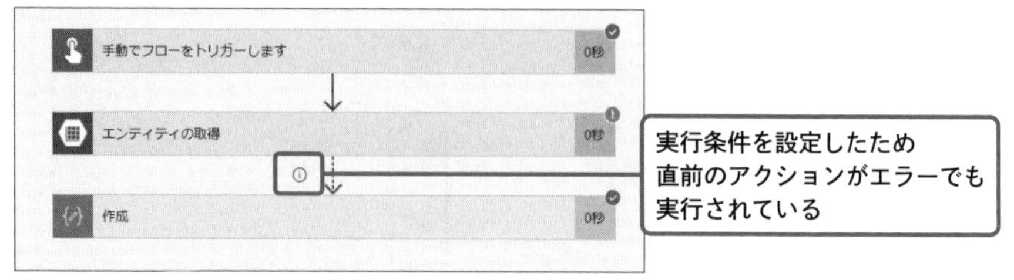

図6.3　Azure Table Storageコネクタのアクションを使用

条件分岐をわかりやすくする工夫

このように、実行条件を用いてワークフローを作成すると、余分な実行回数を減らすことが可能です。ただし、見た目にわかりにくいというデメリットがあります。ワークフローをメンテナンスする人たちのスキルなどを考え、利用する・しないを検討する必要があります。

アクション数が少ないワークフローはシンプルでわかりやすいように思えますが、実行条件のように隠れた条件分岐となるものは中身を調べないと気づけないものです。見た目とは異なり難解になってしまうこともあります。このようなデメリットを解消するために工夫も必要です。

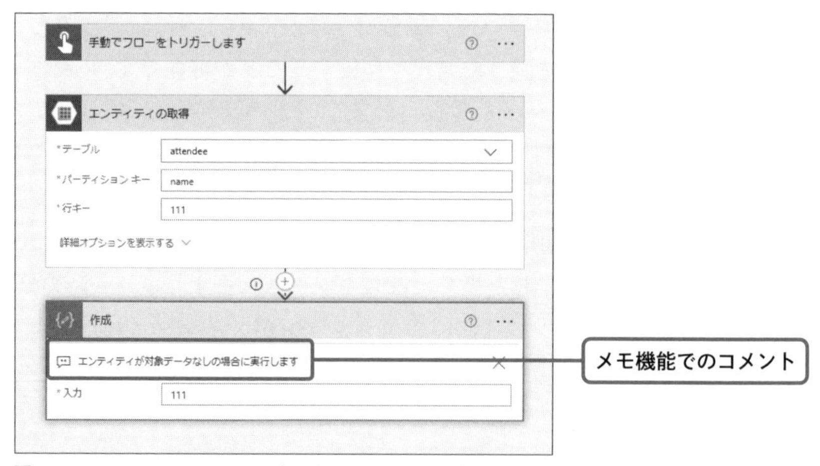

図6.4　Azure Table Storageコネクタのアクションを使用

メモ機能は、ワークフロー上に文章を記載することのできる機能です。処理内容には全く影響ありませんが、実行条件など処理にかかわるものを記載しておきワークフローを見て判別できるようにすることができます。使い方によっては非常に便利です。実行条件を利用する際には、メモ機能を活用することを検討してください。

4 メッセージングを利用したワークフローの分割

作成したクラウドフローを実行すると、処理完了までに時間がかかることがあります。ワークフロー全体のアクション数が大量になるケースや、特定の処理で時間がかかってしまうケースなど、理由はさまざまです。Power Automateの仕様としても長時間の実行を行えるようにはなっていますが、Excelファイルへの出力やOneDrive上のファイル操作など長時間の処理で利用していると排他制御が働き、他から利用できなくなるなど問題が発生することもあります。このような場合には、複数のワークフローに処理を分割し、ワークフロー1つひとつの処理時間を短くし並行して複数の処理を動作させるようにする方法が効果的です。このような場面で利用するテクニックの1つに、メッセージングを利用するものがあります。

メッセージング処理の基本

メッセージングとは、ある処理から別の処理へとデータ化したメッセージを送ることで処理を分割する方法です。「メッセージキュー」と呼ばれる機能を利用することが多いです。

メッセージキューは、キューに対して送信されたデータを別の処理から受け取りに来てもらう、または別の処理へとデータを送信する形になります。間にメッセージキューを挟むことで、メッセージキューより前の部分と後の部分とでワークフローを分割することができ、前の部分と後の部分を同時に実行させることが可能です。

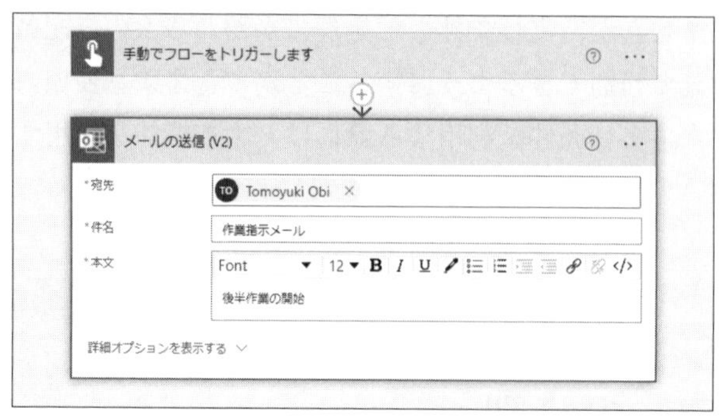

図6.5　メール送信によるワークフローの分割

また、メッセージキューから取得できる、もしくは送信されるデータ量もコントロールが可能ですので、Excelファイルへの出力など他に影響のある処理であれば常に1つしか動作しないようにすることも可能です。反対にメールを送信する場合のように複数同時に動作しても問題がない場合でも、連携するデータ量を増やす対応を行うことで同時に複数処理させることができます。

メッセージキューを利用した処理を作成する場合、まずはメッセージキューを用意する必要があります。Microsoft Azureが利用できる場合は、ストレージアカウントにメッセージキューの機能が用意されているので、それを利用します。Power Automateのライセンスのみ保有しているのであれば、メッセージキューに近い性質を持つメールを利用することが適しています。

▶メールによるメッセージキュー

電子メールも1つのメッセージキューの仕組みです。処理内容を記載したメールを送信、別の処理からメールを受信して内容に基づいて処理を実行するようなワークフローの仕組みを作成することで、Microsoft Azureを利用できない状況であっても近い形に組み上げることができます。

たとえば、Outlookのメールを利用して処理を分割するには、最初の処理の最後でメールを送信します。このときの宛先は、専用のメールアドレスを用意しておくのがよいでしょう。これで余分なメールを処理する必要がなくなります。ただし、スパムメールなどが届く可能性はゼロではないので、作成するワークフローでは対象外のメールに対する処理は必要です。表題や本文の内容などを用いて、処理対象とするメールを判別できる形にしたうえで、ワークフロー上では対象外メールを判定します。

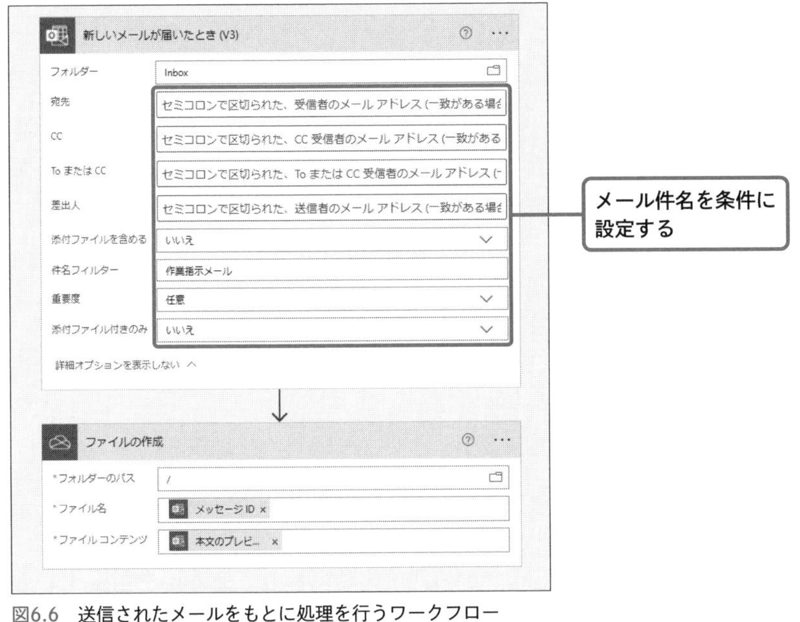

図6.6　送信されたメールをもとに処理を行うワークフロー

後半部分の処理では、定期的にメールを受信し、処理対象となるメールであった場合に後続処理を実行するワークフローとなります。メール受信がコネクタのトリガーで行える場合は、できるだけそこで処理対象外を省くことができるよう条件を指定すると、無駄な処理が実行されず月々の実行可能数を消費することもありません。トリガーで省けなかった場合は、後続のアクションで対象かどうかを判定するようにワークフローを作成します。この場合は、実行回数がカウントされるので注意が必要です。

▶コンカレンシー制御

ここまでの設定で、処理を2つのワークフローに分割することができていますが、後半処理ではメールをチェックし処理を起動する際、初期設定のままでは複数同時にワークフローを起動する状態になっています。この設定は、コンカレンシー制御で行います。

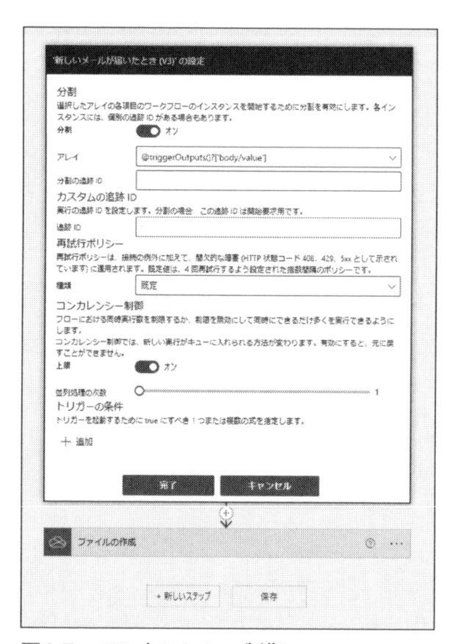

図6.7　コンカレンシー制御

コンカレンシー制御は、処理をどの程度同時に起動させるかを指定するものです。初期設定では複数同時に実行されますが、今回のように後半処理は複数同時に実行させたくない場合には、この設定を変更し並列処理数を1に設定します。

こう設定することで、最大でも1つしか処理は起動しなくなり、ExcelやOneDriveコネクタを利用する際に発生する複数同時に起動して排他制御が衝突してエラーとなる現象も防止することが可能になります。ただしコンカレンシー制御は、一度設定すると初期設定の状態に戻すことができなくなりますので注意してください。どうしても戻す必要がある場合は、一度トリガーを削除して再度設置する必要があります。

メッセージングによる処理の分割は、純粋にワークフローを作成することと比較しても難度の高いものです。その分、必要な箇所で導入できれば効率的な仕組みですので、覚えておくと便利です。

第7章

利用頻度の高いコネクタ紹介

Power Automateには、さまざまなサービスコネクタが提供されています。その中でもワークフローを作成する際に利用頻度が高いコネクタがあります。

本章では、利用頻度の高いコネクタを6種類紹介します。

1 Outlookコネクタ

［Outlook］コネクタには、［Office 365 Outlook］と［Outlook.com］の2種類があります。まずは、「Outlook」と「Outlook.com」の違いについて簡単に説明します。

OutlookとOutlook.comの違い

「Outlook」と「Outlook.com」は、Microsoft社が提供しているメールやスケジュール管理のサービスです。

Outlookは、メール・予定表やタスク・連絡先を1つの場所でまとめて管理できます。Microsoft 365に付帯し、ユーザーごとで利用することができます。利用するには、組織アカウント（「職場または学校アカウント」）が必要です。またコネクタ名は［Office 365 Outlook］となります。

対してOutlook.comは、Microsoftが提供するWebベースの無料メールです。利用するにはMicrosoftアカウント（ユーザーが自分で作成できるアカウント）が必要です。またコネクタ名は［Outlook.com］となります。

Office 365 Outlookコネクタ

［Office 365 Outlook］コネクタを利用する場合、接続するには組織アカウントにサインインする必要があります。Office 365メールボックスが利用可能な組織アカウントでサインインしてください。

複数のメールボックスまたはカレンダーを監視するトリガーを構成する場合、各メールボックスまたはカレンダーに対して個別にワークフローを作成する必要があります。

［Office 365 Outlook］コネクタが利用できない場合、所属組織の制限が関係している場合があります。アカウント管理者に問い合わせてください。

▶トリガー

［Office 365 Outlook］コネクタのトリガーは、全部で9種類あります。

図7.1 ［Office 365 Outlook］コネクタのトリガー

①メールにフラグが設定されたとき（V3）

メールにフラグが設定されたときにワークフローをトリガーします。トリガーは対応するイベントの発生時にほぼ即座に処理を開始しますが、まれにトリガーの処理が最大1時間遅延する場合があります。

②新しいメールが届いたとき（V3）

新しいメールが届いたときにフローがトリガーされます。

メッセージの合計サイズがExchange管理者によって設定された上限または50MBのどちらか小さい方の値を超えている場合、トリガーはスキップされ処理されません。これは、保護されたメールや無効な本文・添付ファイルを含むメールもスキップされる場合があります。
本トリガーは、メールが受信された日時に基づきます。受信後のメールを別のフォルダーに移動しても受信日プロパティの値は変更されないため、トリガーは処理されません。また、対応するイベントの発生時にほぼ即座に処理を開始しますが、まれにトリガーの処理が最大1時間遅延する場合があります。

③電子メールにフラグが設定されたとき（V4）（プレビュー）
電子メールにフラグが設定されたときにワークフローがトリガーされます。
対応するイベントの発生時にほぼ即座に処理を開始しますが、まれにトリガーの処理が最大1時間遅延する場合があります。

④イベントが追加、更新、削除されたとき（V3）
カレンダーのイベントが追加、更新、削除されたときにワークフローをトリガーします。対応するイベントの発生時にほぼ即座に処理を開始しますが、まれにトリガーの処理が最大1時間遅延する場合があります。
なお、このトリガーはMooncakeでは使用できません。
※Mooncakeは中国のOffice 365のプラットフォームです。

⑤イベントが変更されたとき（V3）
カレンダーのイベントが変更されたときにワークフローをトリガーします。

⑥自分をメンションした新しいメールが届いたとき（V3）
自分をメンションした新しいメールが届いたときにワークフローがトリガーされます。メッセージの合計サイズが、Exchange管理者によって設定された上限または50MBのどちらか小さい方の値を超えている場合、トリガーはスキップされ処理されません。保護されたメールや無効な本文・添付ファイルを含むメールもスキップされる場合があります。
本トリガーは、メールが受信された日時に基づきます。受信後のメールを別のフォルダーに移動しても受信日プロパティの値は変更されないため、トリガーは処理されません。また、対応するイベントの発生時にほぼ即座に処理を開始しますが、まれにトリガーの処理が最大1時間遅延する場合があります。

⑦新しいイベントが作成されたとき（V3）

カレンダーに新しいイベントが作成されたときにワークフローをトリガーします。

会議への招待を受け入れると、この会議イベントに対してトリガーが2回発生します。Outlookサービスが受け入れ後のイベントを新しいイベントとして扱い、そのIDと作成日を書き換えるためイベントが再作成されるからです。

この問題は、組み込みの制御モジュールとそのアクションの状態を使用してResponse typeパラメーターでトリガーの出力をフィルタリングすることで回避できます。

⑧新しいメールが共有メールボックスに届いたとき（V2）

共有メールボックスに新しい電子メールが届いたときにワークフローをトリガーします。この操作を正常に完了するため、利用するアカウントにはメールボックスにアクセスするためのアクセス許可が必要です。

また、メッセージの合計サイズがExchange管理者によって設定された上限または50MBのどちらか小さい方の値を超えている場合、トリガーはスキップされ処理されません。保護されたメールや無効な本文・添付ファイルを含むメールもスキップされる場合があります。

本トリガーは、メールが受信された日時に基づきます。受信後のメールを別のフォルダーに移動しても受信日プロパティの値は変更されないため、トリガーは処理されません。

⑨予定しているイベントが間もなく開始されるとき（V3）

間もなく始まる予定表イベントが開始されるときにワークフローをトリガーします。

▶アクション

［Office 365 Outlook］コネクタのアクションは、全部で34種類あります。

「非推奨」となっているものは予告なく削除される可能性があるので、新規でワークフローを作成する場合は利用しないようにするのをお勧めします。

図7.2 ［Office 365 Outlook］コネクタのアクション画面1

①イベントの作成（V4）

カレンダーに新しいイベントを作成します。

②メールの送信（V2）

メールメッセージを送信します。

③連絡先の作成（V2）

連絡先フォルダーに新しい連絡先を作成します。

④イベントのカレンダービューの取得（V3）

Graph APIを使用してカレンダーのイベント（定期的インスタンスを含む）を全て取得します。この場合の繰り返しプロパティはnullです。

⑤イベントの更新（V4）

Graph APIを使用してカレンダーのイベントを更新します。

イベントの開催者がこの操作を使用した場合、全ての出席者が会議の最新情報を受け取ります。

⑥イベントの削除（V2）

カレンダーからイベントを削除します。

⑦イベントの取得（V3）

Graph APIを使用してカレンダーから特定のイベントを取得します。

※本アクションの利用は「非推奨（2022年3月現在）」になったので、「⑧イベントの取得（V4）」を利用してください。

⑧イベントの取得（V4）

Graph APIを使用してカレンダーからイベントを取得します。

⑨イベント招待への応答（V2）

イベント招待に応答します。

⑩オプションを指定してメールを送信します

複数のオプションを含むメールが送信され、受信者がいずれかのオプションで応答するまで待機します。サードパーティのメールフィルター（G SuiteやMimecastなど）は、実行中のユーザーオプションを自動選択します。このため、Show HTML confirmation dialogを［はい］に設定して、機能に関連するこの問題を回避することができます。

別のメールクライアントでアクション可能なメッセージのサポートについては、以下の公式ドキュメントを確認してください。

●操作可能なメッセージの Outlook バージョンの要件
https://docs.microsoft.com/outlook/actionable-messages/#outlook-version-requirements-for-actionable-messages

図7.3 [Office 365 Outlook] コネクタのアクション画面2

⑪カレンダーの取得（V2）
使用できるカレンダーの一覧を表示します。
⑫メールにフラグを設定（V2）
メールフラグを更新します。
⑬メールに返信する（V3）
メールに返信します。

このアクションは、暗号化されたメールはサポートされません。したがって、メールの暗号化がオンになっているOutlookにメールを送信しようとすると、要求が失敗したというメモと共にエラーが表示されます。

⑭メールのエクスポート（V2）

電子メールのコンテンツをEMLファイル形式でエクスポートします。

⑮メールの削除（V2）

IDでメールを削除します。

⑯メールの転送（V2）

メールを転送します。

⑰メールボックスでメールのヒントを表示する（V2）

自動応答／OOFメッセージやメールボックスがいっぱいの場合など、メールボックスに関するメールヒントを取得します。本アクションは、GccHighやMooncakeでは利用できません。

※GccHighはOffice 365政府機関のチーム、Mooncakeは中国のOffice 365のプラットフォームです。

⑱メールを移動する（V2）

同じメールボックス内の指定されたフォルダーにメールが移動されます。

⑲メールを取得する（V3）

Graph APIを使用してフォルダーからメールを取得します。[宛先]、[CC]、[ToまたはCC]、[差出人]、[重要度]、[添付ファイル付きのみ]、[件名フィルター]の各フィールドに関連するフィルター処理は、指定されたメールフォルダー内の最初の250件を使用して実行されます。この制限は［検索クエリ］フィールドを使用して回避できます。

⑳会議の時間を検索（V2）

開催者、出席者の空き時間、時間または場所の制約に基づいて会議時間の提案を見つけます。

図7.4 [Office 365 Outlook] コネクタのアクション画面3

㉑会議室の一覧から会議室を取得（V2）

特定の部屋リストから会議室を取得します。

㉒会議室の一覧を取得（V2）

ユーザーのテナントに定義されている全ての部屋のリストを取得します。

㉓会議室の取得（V2）

ユーザーのテナントに定義されている全ての会議室のリストを取得します。

返される会議室の件数は100に制限されています。この場合は「㉑会議室の一覧から会議室を取得（V2）」を使用して、会議室リストを照会することで回避できます。次に、選択したリスト内で会議室を検索します。

㉔開封済みまたは未読としてマークする（V3）
メールを開封済みまたは未読としてマークします。

㉕共有メールボックスからメールを送信する（V2）
共有メールボックスからメールを送信します。この操作を正常に完了するため、利用するアカウントにはメールボックスにアクセスするためのアクセス許可が必要です。

㉖自動応答を設定する（V2）
メールボックスの自動応答設定を行います。

㉗添付ファイルの取得（V2）
IDでメールの添付ファイルを取得します。

㉘電子メールの取得（V2）
IDでメールを取得します。

㉙連絡先の更新（V2）
連絡先フォルダーの連絡先を更新します。

㉚連絡先の削除（V2）
連絡先フォルダーから連絡先を削除します。

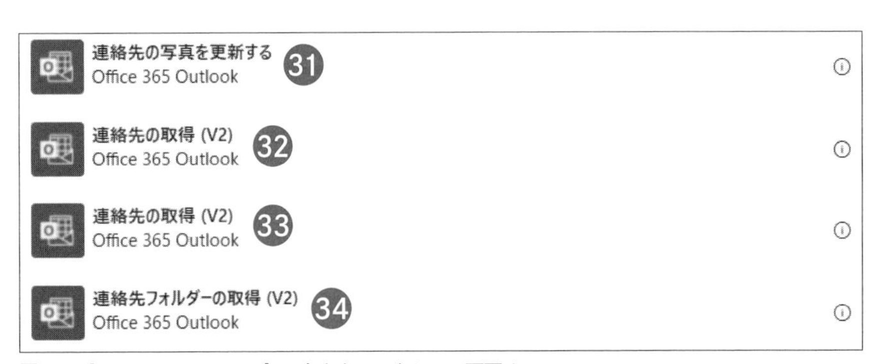

図7.5 ［Office 365 Outlook］コネクタのアクション画面4

㉛連絡先の写真を更新する
現在のユーザーの指定された連絡先の写真を更新します。写真のサイズは4MB未満である必要があります。

㉜連絡先の取得（V2）

連絡先フォルダーから特定の連絡先を取得します。

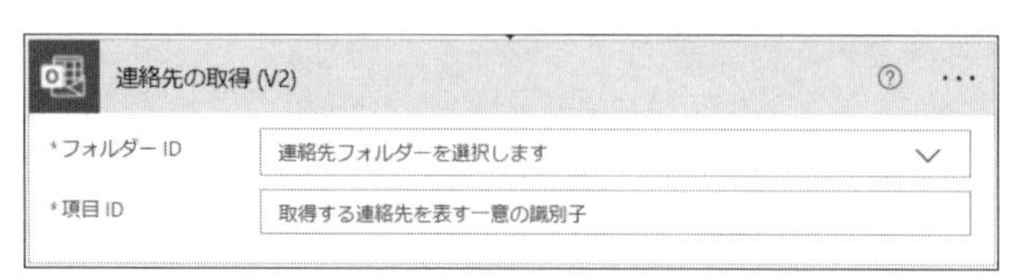

図7.6　連絡先を取得

㉝連絡先の取得（V2）

連絡先フォルダーから連絡先を取得します。

図7.7のように詳細オプションを設定することができます。

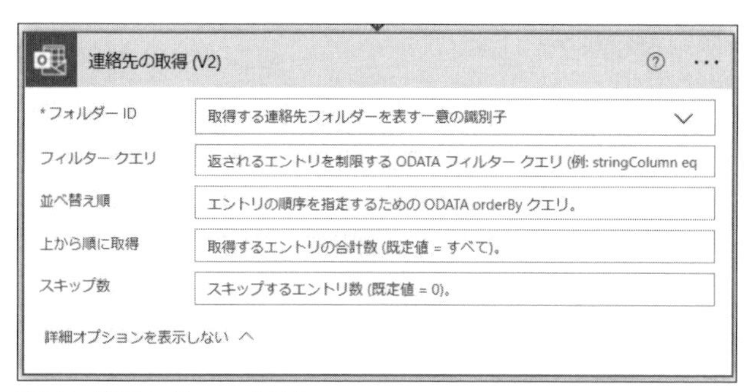

図7.7　詳細オプションを設定

㉞連絡先フォルダーの取得（V2）

Graph API を使用する利用可能な連絡先フォルダーの一覧を表示します。

㉜と㉝は［連絡先の取得（V2)］と名前が同じアクションですが、コネクタで設定できる項目が違うので用途に合わせて選択してください。

▶［Office 365 Outlook］コネクタの注意点

Office 365グループアドレスを共有メールボックスのアドレスとして使用することはできません。また［Office 365 Outlook］コネクタで、共有カレンダーはサポートされていません。

［Office 365 Outlook］コネクタの詳細については、公式ドキュメントも併せて参考にしてください。

- 公式Docs：Office 365 Outlook
  https://docs.microsoft.com/ja-jp/connectors/office365/

Outlook.comコネクタ

［Outlook.com］コネクタにより、メール、カレンダー、および連絡先を管理することができます。メールの送信、会議のスケジュール、連絡先の追加など、さまざまなアクションを実行できます。

［Outlook.com］コネクタを利用する場合、Outlookアカウントにサインインする必要があります。Outlookメールボックスが利用可能なアカウントでサインインしてください。

▶トリガー

［Outlook.com］コネクタのトリガーは、全部で7種類あります。

図7.8 [Outlook.com] コネクタのトリガー

①メールにフラグが設定されたとき (V2)

メールにフラグが設定されたときにワークフローをトリガーします。メールにフラグを設定する、またはフラグが設定された電子メールを受信すると起動します。また、すでにフラグが設定された電子メールが何らかの方法で変更された場合（たとえば、メールカテゴリが変更された場合やメールに返信された場合）、このメールでもトリガーが起動します。また、対応するイベントの発生時にほぼ即座に処理を開始しますが、まれにトリガーの処理が最大1時間遅延する場合があります。

②新しいメールが届いたとき (V2)

新しいメールが届いたときにワークフローがトリガーされます。メッセージの合計サイズが、Exchange管理者によって設定された上限または50MBのどちらか小さい方の値を超えている場合、トリガーはスキップされ処理されません。保護されたメールや無効な本文・添付ファイルを含むメールもスキップされる場合があります。
本トリガーは、メールが受信された日時に基づきます。受信後のメールを別のフォルダーに移動しても受信日プロパティの値は変更されないため、トリガーは処理されません。また、対応するイベントの発生時にほぼ即座に処理を開始しますが、まれにトリガーの処理が最大1時間遅延する場合があります。

③イベントが追加、更新、削除されたとき（V2）
カレンダーのイベントが追加、更新、削除されたときにワークフローをトリガーします。また、対応するイベントの発生時にほぼ即座に処理を開始しますが、まれにトリガーの処理が最大1時間遅延する場合があります。

④イベントが変更されたとき（V2）
カレンダーのイベントが変更されたときにフローをトリガーします

⑤自分をメンションした新しいメールが届いたとき（V2）
自分をメンションした新しいメールが届いたときにフローがトリガーされます。メッセージの合計サイズがExchange管理者によって設定された上限または50MBのどちらか小さい方の値を超えている場合、トリガーはスキップされ処理されません。保護されたメールや無効な本文・添付ファイルを含むメールもスキップされる場合があります。
本トリガーは、メールが受信された日時に基づきます。受信後のメールを別のフォルダーに移動しても受信日プロパティの値は変更されないため、トリガーは処理されません。また、対応するイベントの発生時にほぼ即座に処理を開始しますが、まれにトリガーの処理が最大1時間遅延する場合があります。

⑥新しいイベントが作成されたとき（V2）
カレンダーに新しいイベントが作成されたときにフローをトリガーします。

⑦予定しているイベントがすぐに開始されるとき（V2）
間もなく始まる予定表イベントが開始されるときにフローをトリガーします。

▶ アクション

［Outlook.com］コネクタのアクションは、全部で25種類あります。

「非推奨」となっているものは予告なく削除される可能性があるので、新規でワークフローを作成する場合は利用しないようにするのをお勧めします。

図7.9 ［Outlook.com］コネクタのアクション画面1

①イベントを作成する（V3）
カレンダーに新しいイベントを作成します。
②メールの送信（V2）
メールを送信します。
③連絡先の作成
連絡先フォルダーに新しい連絡先を作成します。
④1つのイベントの取得（V2）
カレンダーから特定のイベントを取得します。
⑤1つの連絡先の取得
連絡先フォルダーから特定の連絡先を取得します。
⑥イベントのカレンダー ビューを取得する（V2）
カレンダーのイベント（定期的インスタンスを含む）を全て取得します。
⑦イベントの削除
カレンダーからイベントを削除します。
⑧イベントを更新する（V3）
カレンダーのイベントを更新します。
⑨イベントを取得する（V3）
カレンダーからイベントを取得します。
⑩イベント招待に応答します
イベント招待に応答します。
⑪オプションを指定してメールを送信します
複数のオプションを含むメールが送信され、受信者がいずれかのオプションで応答するまで待機します。別のメールクライアントでアクション可能なメッセージのサポートについては、以下のリンクを参照してください。
●Outlook 電子メールおよびOffice 365グループの操作可能なメッセージ
https://docs.microsoft.com/ja-jp/outlook/actionable-messages/#outlook-version-requirements-for-actionable-messages
⑫メールにフラグを設定します
メールにフラグを設定します。

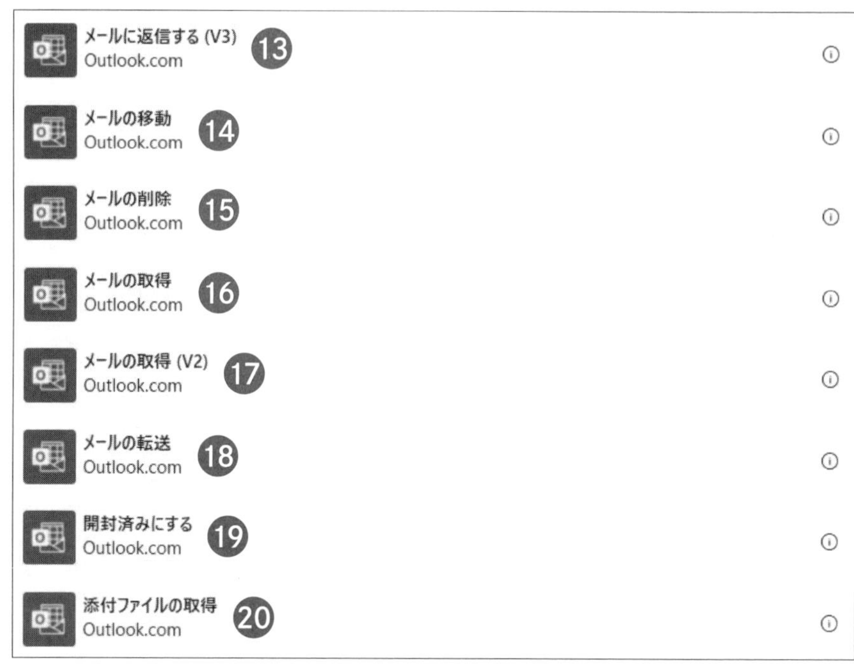

図7.10 ［Outlook.com］コネクタのアクション画面2

⑬メールに返信する（V3）
メールに返信します。
暗号化されているメールはコネクタでサポートされないため、電子メールの暗号化が有効になっているOutlookに電子メールを送信しようとすると、要求が失敗したことを示すエラーが表示されます。

⑭メールの移動
指定したフォルダーにメールが移動されます。

⑮メールの削除
IDでメールを削除します。

⑯メールの取得
IDでメールを取得します。

⑰メールの取得（V2）
フォルダーからメールを取得します。

⑱メールの転送

メールを転送します。

⑲開封済みにする

メールを開封済みとしてマークします。

⑳添付ファイルの取得

IDでメールの添付ファイルを取得します。

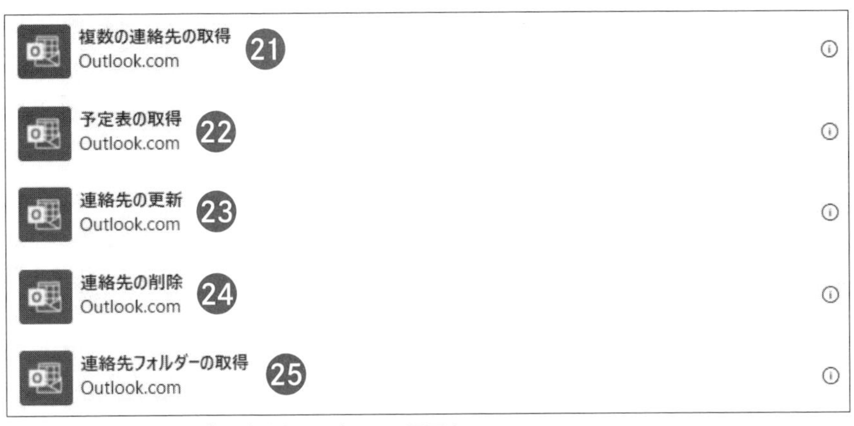

図7.11 [Outlook.com] コネクタのアクション画面3

㉑複数の連絡先の取得

連絡先フォルダーから連絡先を取得します。

㉒予定表の取得

使用できるカレンダーの一覧を表示します。

㉓連絡先の更新

連絡先フォルダーの連絡先を更新します。

㉔連絡先の削除

連絡先フォルダーから連絡先を削除します。

㉕連絡先フォルダーの取得

使用できる連絡先フォルダーの一覧を表示します。

▶ [Outlook.com] コネクタの注意点

特定の種類の添付ファイル（EML、MSG、ICS）のサポートは、現在制限されています。これらの添付ファイルは、電子メールを処理するときにスキップされます。

また［Outlook.com］コネクタは、セキュリティポリシーにより企業アカウントをサポートしなくなりました。すでにワークフロー内で利用している場合はしばらく動作し続けるとのことですが、新しい接続は許可されません。

ですので、企業アカウントの［Outlook.com］コネクタを利用している場合は、Outlook.comコネクタと同じ機能を持つ［Office 365 Outlook］コネクタを使用するようにしてください。

［Outlook.com］コネクタの詳細については、公式ドキュメントも併せて参考にしてください。

- 公式Docs：Outlook.com
  https://docs.microsoft.com/ja-jp/connectors/outlook/

本節で紹介したコネクタは、第8章「2　メールの添付ファイルを自動で指定のフォルダーに保存」で利用方法を説明しています。そちらも参考にしてください。

OneDriveコネクタ

[OneDrive] コネクタには、[OneDrive for Business] と [OneDrive] の2種類があります。まずは、これらの違いについて簡単に説明します。

OneDrive for BusinessとOneDriveの違い

「OneDrive for Business」と「OneDrive」は、両方ともMicrosoft社が提供するクラウドストレージサービスです。クラウド上に作成されたデータ保存場所に画像や動画、ドキュメントなどさまざまなデータを割り当てられた容量分無料で保存することができます。

OneDriveは、コンシューマー向けのサービスです。利用するにはMicrosoftアカウント（ユーザーが自分で作成できるアカウント）が必要です。

OneDrive for Businessは、OneDriveの機能にビジネス向けの機能が追加されたもので、Microsoft 365に付帯しユーザーごとで利用することができます。利用するには、組織アカウント（職場または学校アカウント）が必要です。

OneDriveコネクタ

[OneDrive] コネクタを利用する場合、OneDrive内にフォルダーを作成する必要があります。まずは [OneDrive] コネクタのトリガーとアクションでどのような操作ができるのかについて説明します。

▶ トリガー

[OneDrive] コネクタのトリガーは全部で6種類あります。

「非推奨」となっているものは予告なく削除される可能性があるので、新規でワークフローを作成する場合は利用しないようにするのをお勧めします。

図7.12 [OneDrive] コネクタのトリガー

①ファイルが作成されたとき

指定のフォルダー内に新しいファイルが作成されたときにワークフローをトリガーします。ただし、サイズが50MBを超えるファイルの場合は処理がスキップされます。また、OneDrive内で移動されたファイルは、新しいファイルとは見なされません。

※本アクションの利用は「非推奨」になった（執筆時点）ので、「②ファイルが作成されたとき（プロパティのみ)」を利用してください。

②ファイルが作成されたとき（プロパティのみ)

指定のフォルダー内に新しいファイルが作成されたときにワークフローをトリガーしたい場合に選択します。ただし、OneDrive内で移動されたファイルに関しては新しいファイルとは見なされず、ワークフローはトリガーされません。

③ファイルが削除されたとき（プロパティのみ)

指定のフォルダー内でファイルが削除されたときにワークフローをトリガーします。

④ファイルが変更されたとき（プロパティのみ）

指定のフォルダー内のファイルが変更されたときにワークフローをトリガーします。

⑤選択したファイルの場合

OneDrive for Business内で選択したファイルのワークフローを開始できます。

⑥ファイルが変更されたとき

指定のフォルダー内のファイルが変更されたときにワークフローをトリガーします。サイズが50MBを超えるファイルはスキップされ処理されません。

［OneDrive］コネクタのトリガーの詳細については、公式ドキュメントも併せて参考にしてください。

- 公式Docs：OneDriveコネクタ　トリガー
  https://docs.microsoft.com/ja-jp/connectors/onedrive/#triggers

▶ アクション

［OneDrive］コネクタのアクションは、全部で25種類あります。

「非推奨」となっているものは予告なく削除される可能性があるので、新規でワークフローを作成する場合は利用しないようにするのをお勧めします。

トリガー　アクション

ファイルの作成
OneDrive
1

フォルダー内のファイルのリスト
OneDrive
2

URL からのファイルのアップロード
OneDrive
3

パスによるファイル コンテンツの取得
OneDrive
4

パスによるファイル メタデータの取得
OneDrive
5

パスによるフォルダー内のファイルの検索
OneDrive
6

パスを使用したファイルのコピー
OneDrive
7

パスを使用したファイルの移動または名前変更
OneDrive
8

パスを使用したファイルの変換 (プレビュー)
OneDrive
9

ファイル コンテンツの取得
OneDrive
10

図7.13 ［OneDrive］コネクタのアクション画面1

①ファイルの作成

指定したフォルダー内にファイルを作成します。

②フォルダー内のファイルのリスト

指定したフォルダー内のファイルとサブフォルダーの一覧を取得します。

③URLからのファイルのアップロード

ファイルをURLからOneDriveにアップロードします。対象とするファイルの上書きをするかどうかも選択できます。

④パスによるファイルコンテンツの取得

パスを使用してファイルのコンテンツを取得します。

⑤パスによるファイルメタデータの取得

パスを使用してファイルのメタデータ（データに関する付帯情報が記載されたデータ）を取得します。

⑥パスによるフォルダー内のファイルの検索

検索または名前パターンマッチを使用して、パスによってフォルダー内のファイルを検索します。[検索] モードでは、検索クエリ（通常の検索エンジンと同様）を使用して検索します。[正規表現パターン一致] モードが選択されている場合、検索クエリは正規表現パターンとして扱われ、クエリに一致する名前のファイルが返されます。

⑦パスを使用したファイルのコピー

パスを使用してOneDrive内のファイルをコピーします。対象とするファイルの上書きをするかどうかも選択できます。

⑧パスを使用したファイルの移動または名前変更

パスを使用して指定ファイルの移動または名前変更を行います。対象とするファイルの上書きをするかどうかも選択できます。

⑨パスを使用したファイルの変換（プレビュー）

パスを使用してファイルを別の形式に変換します。サポートされている変換の種類は表7.1の通りです。

⑩ファイルコンテンツの取得

ファイルの内容を取得します。

表7.1　サポートされている変換の一覧

値	説明	サポートされているソースの拡張子
glb	アイテムをGLB形式に変換する	cool, fbx, obj, ply, stl, 3mf
html	アイテムをHTML形式に変換する	eml, md, msg
jpg	アイテムをJPG形式に変換する	3g2, 3gp, 3gp2, 3gpp, 3mf, ai, arw, asf, avi, bas, bash, bat, bmp, c, cbl, cmd, cool, cpp, cr2, crw, cs, css, csv, cur, dcm, dcm30, dic, dicm, dicom, dng, doc, docx, dwg, eml, epi, eps, epsf, epsi, epub, erf, fbx, fppx, gif, glb, h, hcp, heic, heif, htm, html, ico, icon, java, jfif, jpeg, jpg, js, json, key, log, m2ts, m4a, m4v, markdown, md, mef, mov, movie, mp3, mp4, mp4v, mrw, msg, mts, nef, nrw, numbers, obj, odp, odt, ogg, orf, pages, pano, pdf, pef, php, pict, pl, ply, png, pot, potm, potx, pps, ppsx, ppsxm, ppt, pptm, pptx, ps, ps1, psb, psd, py, raw, rb, rtf, rw1, rw2, sh, sketch, sql, sr2, stl, tif, tiff, ts, txt, vb, webm, wma, wmv, xaml, xbm, xcf, xd, xml, xpm, yaml, yml
pdf	アイテムをPDF形式に変換する	doc, docx, epub, eml, htm, html, md, msg, odp, ods, odt, pps, ppsx, ppt, pptx, rtf, tif, tiff, xls, xlsm, xlsx

図7.14 [OneDrive] コネクタのアクション画面2

⑪ファイルタグを削除します
ファイルからタグを削除します。
⑫ファイルタグを取得します
ファイルのタグを取得します。
⑬ファイルタグを追加します
この操作によって、ファイルにタグを追加します。
⑭ファイルメタデータの取得
ファイルのメタデータ（データに関する付帯情報が記載されたデータ）を取得します。

⑮ファイルのコピー

OneDrive内のファイルをコピーします。対象とするファイルの上書きをするかどうかも選択できます。

⑯ファイルのサムネイルを取得します

ファイルのサムネイルを取得します。取得するサムネイルのサイズをSmall、Medium、Largeから選択できます。サムネイルは6時間のみ有効です。

⑰［ファイルの移動または名前変更］

ファイルの移動または名前変更を行います。対象とするファイルの上書きをするかどうかも選択できます。

⑱ファイルの削除

指定したファイルを削除します。

⑲ファイルの変換（プレビュー）

ファイルを別の形式に変換します。サポートされている変換の種類は、P196の表7.1を参照してください。

⑳ファイルを更新します

ファイルを更新します。

図7.15 ［OneDrive］コネクタのアクション画面3

㉑フォルダーにアーカイブを展開します
アーカイブファイルをフォルダーに展開します（例：zipファイルなど）。アーカイブの最大サイズは50MBで、100ファイルまで格納できます。
㉒フォルダー内のファイルの検索
検索または名前パターンマッチを使用してフォルダー内のファイルを検索します。
㉓ルートフォルダー内のファイルのリスト
ルートフォルダー内のファイルとサブフォルダーの一覧を取得します。
㉔共有リンクをパスで作成する
パスを使用してファイルの共有リンクを作成します。
㉕共有リンクを作成する
ファイルの共有リンクを作成します。

［OneDrive］コネクタのアクションの詳細については、公式ドキュメントも併せて参考にしてください。

- 公式Docs：OneDriveコネクタ　アクション
  https://docs.microsoft.com/ja-jp/connectors/onedrive/#actions

OneDrive for Businessコネクタ

［OneDrive for Business］コネクタを利用する場合、［OneDrive for Business］内にフォルダーを作成する必要があります。

ここでは、［OneDrive for Business］コネクタのトリガーとアクションでどのような操作ができるのかについて説明します。

▶トリガー

［OneDrive for Business］コネクタのトリガーは、全部で5種類あります。「非推奨」となっているものは予告なく削除される可能性があるので、新規でワークフローを作成する場合は利用しないようにするのをお勧めします。

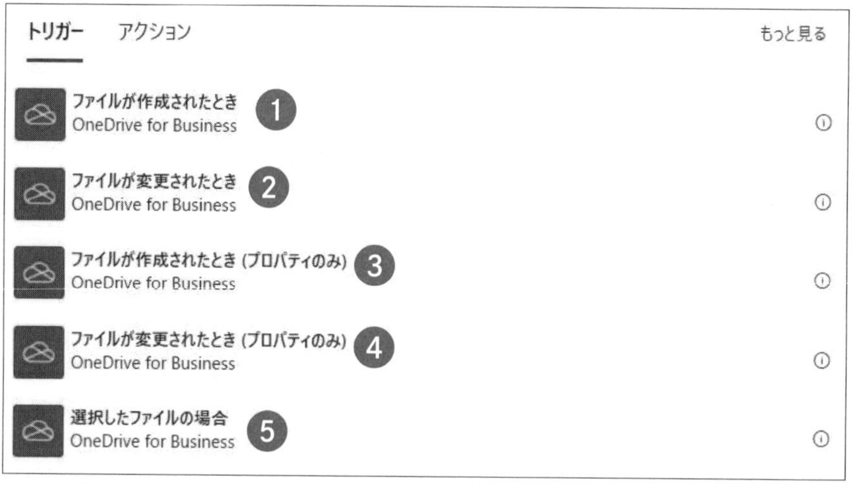

トリガー　アクション　もっと見る

ファイルが作成されたとき ① OneDrive for Business

ファイルが変更されたとき ② OneDrive for Business

ファイルが作成されたとき（プロパティのみ）③ OneDrive for Business

ファイルが変更されたとき（プロパティのみ）④ OneDrive for Business

選択したファイルの場合 ⑤ OneDrive for Business

図7.16 ［OneDrive for Business］コネクタのトリガー

①ファイルが作成されたとき

指定のフォルダー内に新しいファイルが作成されたときにワークフローをトリガーします。ただし、サイズが50MBを超えるファイルの場合、処理はスキップされます。またOneDrive for Business内で移動されたファイルは、新しいファイルとは見なされません。※本アクションの利用は「非推奨」になった（執筆時点）ので、「③ファイルが作成されたとき（プロパティのみ）」を利用してください。

②ファイルが変更されたとき

指定のフォルダー内のファイルが変更されたときにワークフローをトリガーします。ただし、サイズが50MBを超えるファイルの場合、処理はスキップされます。またOneDrive for Business内で移動されたファイルは、新しいファイルとは見なされません。※本アクションの利用は「非推奨」になった（執筆時点）ので、「④ファイルが変更されたとき（プロパティのみ）」を利用してください。

③ファイルが作成されたとき（プロパティのみ）

指定のフォルダー内に新しいファイルが作成されたときにワークフローをトリガーします。OneDrive for Business内で移動されたファイルは、新しいファイルとは見なされません。

④ファイルが変更されたとき（プロパティのみ）

指定フォルダー内のファイルが変更されたときにワークフローをトリガーします。

⑤選択したファイルの場合

このトリガーを使用すると、OneDrive for Business内で選択したファイルのワークフローを開始できます。

［OneDrive for Business］コネクタのトリガーの詳細については、公式ドキュメントも併せて参考にしてください。

- 公式Docs：OneDrive for Businessコネクタ　トリガー
  https://docs.microsoft.com/ja-jp/connectors/onedriveforbusiness/#triggers

▶アクション

［OneDrive for Business］コネクタのアクションは、全部で22種類あります。「非推奨」となっているものは予告なく削除される可能性があるので、新規でワークフローを作成する場合は利用しないようにするのをお勧めします。

図7.17 ［OneDrive for Buisiness］コネクタのアクション画面1

①ファイルの作成

ファイルを作成します。

②フォルダー内のファイルのリスト

指定フォルダー内のファイルとサブフォルダーの一覧を取得します。

③URLからのファイルのアップロード

ファイルをURLからOneDrive for Buisiness内にアップロードします。

④パスによるファイルコンテンツの取得

パスを使用してファイルの内容を取得します。

⑤パスによるファイルメタデータの取得

パスを使用してファイルのメタデータ（データに関する付帯情報が記載されたデータ）を取得します。

⑥パスによるフォルダー内のファイルの検索

検索または名前パターンマッチを使用してパスによってフォルダー内のファイルを検索します。[検索] モードでは、検索クエリ（通常の検索エンジンと同様）を使用して検索します。[正規表現パターン一致] モードが選択されている場合、検索クエリは正規表現パターンとして扱われ、クエリに一致する名前のファイルが返されます。

⑦パスを使用したファイルのコピー

この操作では、パスを使用してOneDrive for Business内のファイルをコピーします。対象とするファイルの上書きをするかどうかも選択できます。

⑧パスを使用したファイルの移動または名前変更

パスを使用してファイルの移動または名前変更を行います。対象とするファイルの上書きをするかどうかも選択できます。

⑨パスを使用したファイルの変換（プレビュー）

パスを使用してファイルを別の形式に変換します。サポートされている変換の種類は、P196の表7.1を参照してください。

図7.18 ［OneDrive for Business］コネクタのアクション画面2

⑩ファイルコンテンツの取得
ファイルの内容を取得します。
⑪ファイルメタデータの取得
ファイルのメタデータ（データに関する付帯情報が記載されたデータ）を取得します。
⑫ファイルのコピー
OneDrive for Business内のファイルをコピーします。対象とするファイルの上書きをするかどうかも選択できます。
⑬ファイルのサムネイルを取得します
ファイルのサムネイルを取得します。取得するサムネイルのサイズはSmall、Medium、Largeから選択できます。サムネイルは6時間のみ

有効です。

⑭ファイルの移動または名前変更

ファイルの移動または名前変更を行います。対象とするファイルの上書きをするかどうかも選択できます。

⑮ファイルの削除

ファイルを削除します。

⑯ファイルの変換（プレビュー）

この操作では、ファイルを別の形式に変換します。サポートされている変換の種類は、P196の表7.1を参照してください。

⑰ファイルを更新します

ファイルを更新します。

⑱フォルダーにアーカイブを展開します

アーカイブファイルをフォルダーに展開します（例:zipファイルなど）。アーカイブの最大サイズは50MBで、100ファイルまで格納できます。

図7.19 ［OneDrive for Business］コネクタのアクション画面3

⑲フォルダー内のファイルの検索

検索または名前パターンマッチを使用してフォルダー内のファイルを検索します［検索］モードでは、検索クエリ（通常の検索エンジンと同様）を使用して検索します。［正規表現パターン一致］モードが選択されている場合、検索クエリは正規表現パターンとして扱われ、クエリに一致する名前のファイルが返されます。

⑳ルートフォルダー内のファイルのリスト
ルートフォルダー内のファイルとサブフォルダーの一覧を取得します。
㉑共有リンクをパスで作成する
パスを使用してファイルの共有リンクを作成します。
㉒共有リンクを作成する
ファイルの共有リンクを作成します。

［OneDrive for Business］コネクタのアクションの詳細については、公式ドキュメントも併せて参考にしてください。

- 公式Docs：OneDrive for Businessコネクタ　アクション
https://docs.microsoft.com/ja-jp/connectors/onedriveforbusiness/#actions

トリガーとアクションの使い方

このように、［OneDrive］コネクタと［OneDrive for Business］コネクタは機能的には大きな差はありません。ここでは、例として［OneDrive］コネクタのトリガーとアクションの使い方を紹介します。

▶トリガーの使い方

［OneDrive］コネクタのトリガー［ファイルが作成されたとき（プロパティのみ）］を利用する方法を説明します。コネクタを利用する前に、［OneDrive］内にフォルダー（今回は「photo-img」フォルダー）を作成しておきましょう。

検索窓に「OneDrive」と入力して表示される［OneDrive］をクリックし、コネクタ一覧から［ファイルが作成されたとき（プロパティのみ）］をクリックします。初めて［OneDrive］コネクタを利用する場合は、図7.20のようにサインインを求められます。

図7.20　サインイン

フォルダーを作成している［OneDrive］のID・パスワードで認証を行います。

図7.21　認証を行う

［フォルダー］の右側のアイコンをクリックし、OneDrive内に作成したフォルダー名（今回は「photo-img」フォルダー）をクリックします。

図7.22　フォルダー名をクリック

［詳細オプションを表示する］をクリックすると、［サブフォルダーを含める］や［コンテンツタイプの推測］の設定を行うことができます。通常はデフォルトのまま（図の形）で問題ありません。

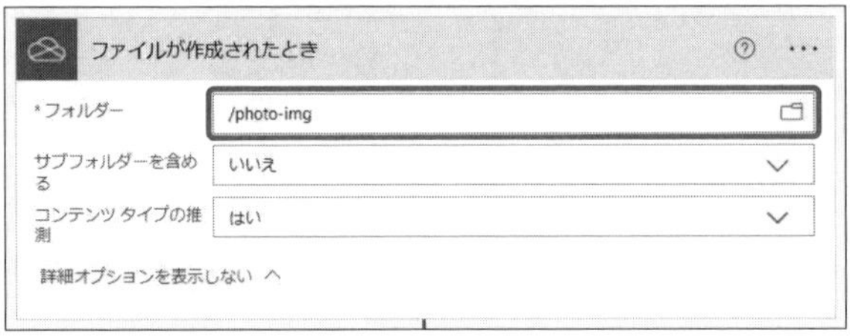

図7.23　［詳細オプションを表示する］

指定したフォルダー内にファイルが作成されるとワークフローが起動するようになります。

▶ アクションの使い方

［OneDrive］コネクタのアクション［ファイルの変換（プレビュー）］と［ファイルの作成］を利用する方法を紹介します。コネクタを利用する前に、［OneDrive］内に、以下の2つのフォルダーを作成しておきましょう。

● [photo-img] フォルダー：トリガー用。ファイル変換前のデータを入れる場所
● [Docs-storage] フォルダー：アクション用。ファイル変換後のデータを入れる場所

トリガーは「トリガーの使い方」の設定をそのまま利用します。トリガーを含めたワークフローの全体図は、図7.24のような形になります。

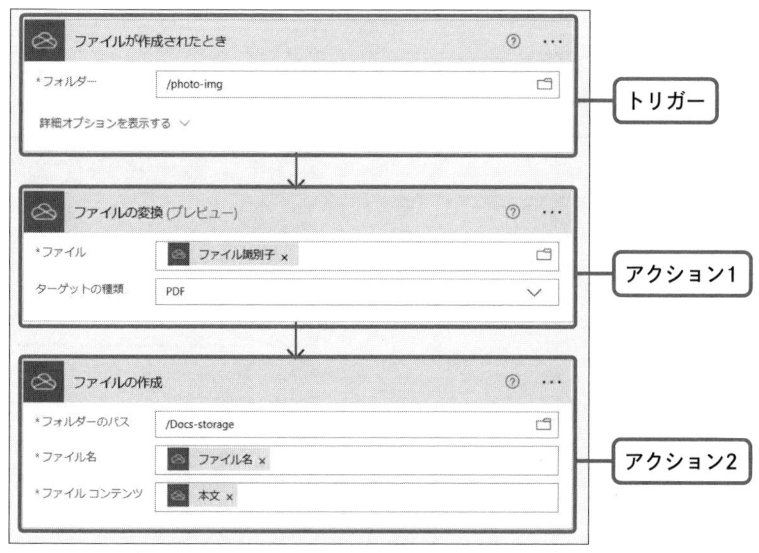

図7.24　トリガーを含めたワークフローの全体図

トリガーで指定したフォルダー（今回は「photo-img」フォルダー）にファイルを入れるとPDF形式にファイル形式を変換して保存用フォルダー（今回は［Docs-storage］フォルダー）に変換後のファイルを保存します。

アクション：ファイルの変換（プレビュー）

検索窓に「OneDrive」と入力し表示された一覧から［ファイルの変換（プレビュー）］をクリックします。［ファイル］は動的なコンテンツのファイルが作成されたときの［ファイル識別子］を選択します。

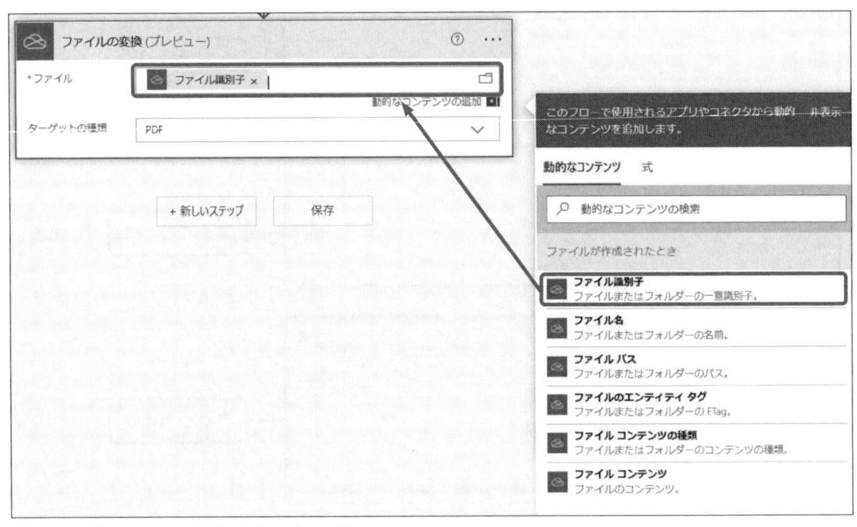

図7.25　[ファイルの変換（プレビュー）]

［ターゲットの種類］は、PDF以外にも以下のファイル形式に変換可能です。

- GLB
- HTML
- JPG

アクション：ファイルの作成

検索窓に「OneDrive」と入力して表示された一覧から［ファイルの作成］をクリックします。［ファイル名］と［ファイル コンテンツ］には、図7.26のように動的なコンテンツの内容を選択します。

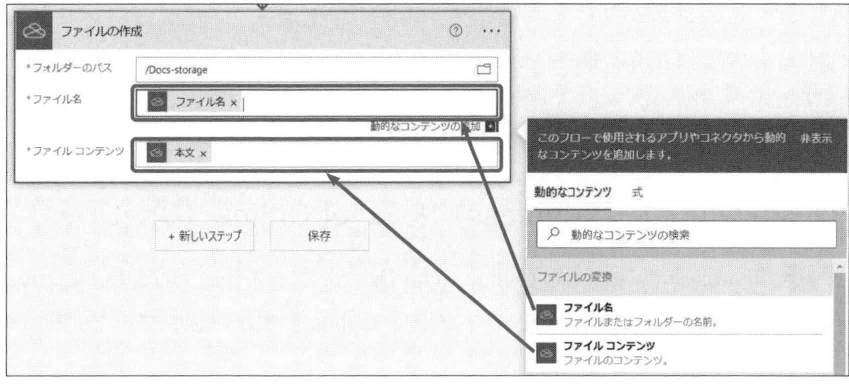

図7.26 〔ファイルの作成〕

［OneDrive］コネクタと［OneDrive for Business］コネクタの使い分けの目安として、［OneDrive］コネクタは個人用のワークフローを作成する場合、［OneDrive for Business］コネクタは仕事用のワークフローを作成する場合という形での利用がお勧めです。

3 Excelコネクタ

Power Automateが提供しているExcelコネクタは、執筆時点で2種あります。どちらのコネクタにも共通しているのは、Excelアプリケーションを操作するものではなく、OneDrive上に保存されているExcelファイルを取得・更新するためのものという点です。

Excel Online（Business）とExcel Online（OneDrive）

個人用OneDriveにはExcel Online（OneDrive）コネクタを、組織用OneDriveにはExcel Online（Business）コネクタを利用しますが、提供される機能は同じです。

図7.27　Excelコネクタ

Excelコネクタ

執筆時点では、1個のトリガーと10個もしくは11個のアクションが機能として用意されています。Excel Online（OneDrive）コネクタでは10個のアクション、Excel Online（Business）では11個のアクションが用意されています。

トリガー

まずは、［選択した行］トリガーについて解説します。

図7.28 ［選択した行］トリガー

この機能は、Microsoft 365を利用しているユーザー向けのものです。組織用となるExcel Online for Business コネクタの公式ドキュメントにはトリガーについての記載がありますが、個人用Excel Onlineのドキュメントにはありません。個人用Excel Onlineコネクタを選択すると、トリガーには［選択した行］トリガーが表示されますが、これは利用できません。

- Excel Online（Business）
  https://docs.microsoft.com/ja-jp/connectors/excelonlinebusiness/
- Excel Online（OneDrive）
  https://docs.microsoft.com/ja-jp/connectors/excelonline/

そして、PCにインストールしたExcelには、アドインの導入が必要です。Excel上でアドインを検索すると、Microsoft Flow for Excel（Preview）が見つかります。これをインストールします。アドインの名称が、Power

Automateの旧名であるFlowとなっていますが利用可能です。ここまでが利用するまでの前提条件です。

連携するデータは、Excel上でテーブルとして設定されている必要があり、通常のセルを選択している状態では連携できません。また、トリガーの設定項目を見るとOneDrive上に保存しているExcelを操作するときと同様の内容を設定しなくてはいけないのがわかるかと思います。他にも、実際に利用するためには、Excel上で実行するワークフローを選択してクリックすることが必要だったり、操作性に若干の難があります。どうしてもExcel上の値を直接連携して処理を行いたい場面にだけ、このトリガーを利用することを検討するのがよいでしょう。通常であれば、値を記載したExcelファイルをOneDrive上にアップし、そこからクラウドフローを実行する形で十分に対応できます。本当にこのトリガーを利用するかどうかは、よく検討してください。

▶ アクション

Excel Onlineコネクタでは、多くのアクションが用意されていますが、大別すると「Excelブックの情報を扱うもの」と「Excelワークシート内のテーブルを扱うもの」に分けられます。ファイルに記載してあるデータについては、テーブルとして設定していなければコネクタからは扱えません。テーブルを作成するアクションも用意されているので、ファイルが存在しない状態から全ての処理をPower Automateから行うことも可能です。しかし、それを行うには相応のプログラミングスキルが求められます。あらかじめテーブルを作成したファイルを扱うもの、と割り切って利用することも必要です。

トリガー　アクション　もっと見る

スクリプトの実行 Excel Online (Business) ①

ワークシートの取得 Excel Online (Business) ②

行の更新 Excel Online (Business) ③

行の削除 Excel Online (Business) ④

行の取得 Excel Online (Business) ⑤

表内に存在する行を一覧表示 Excel Online (Business) ⑥

テーブルの作成 Excel Online (Business) ⑦

テーブルの取得 Excel Online (Business) ⑧

ワークシートの作成 Excel Online (Business) ⑨

表にキー列を追加 Excel Online (Business) ⑩

表に行を追加 Excel Online (Business) ⑪

図7.29　Excelコネクタのアクション

①スクリプトの実行

Excel Online（Business）コネクタだけで提供されているアクションです。Microsoft 365を利用している場合で、かつWeb上でExcelを利用する場合に提供されているOffice Scriptに対する機能になります。Excelファイルに記録したOffice Scriptを実行します。

Office Scriptは、これまでのVisual Basic for Applicationによるプログラミングに近いもので、Java Script形式で作成します。Excel上の操作を記録してスクリプト化する機能など、これまでに用意されていたものがOffice Scriptで利用可能です。将来的にはPCにインストールするExcelにも適用される機能と考えられます。

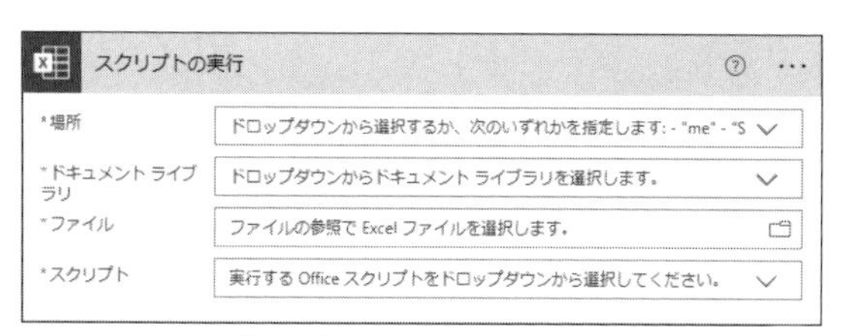

図7.30　スクリプトの実行

②ワークシートの取得

Excelファイルに作成されているワークシートの一覧を取得します。

③行の更新

Excelファイルに作成済みのテーブルに対して、すでに存在するレコードの内容を更新します。対象を一意に決めるため、キー列の指定とキー値が必要です。

④行の削除

Excelファイルに作成済みのテーブルに対して、すでに存在するレコードをテーブルから削除します。対象を一意に決めるため、キー列の指定とキー値が必要です。

⑤行の取得

Excelファイルに作成済みのテーブルから、レコードを取得します。対象を一意に決めるため、キー列の指定とキー値が必要です。

⑥表内に存在する行を一覧表示

一覧表示を行うアクションは、条件を指定してそれに見合うレコードをテーブル内から取得するものです。コネクタの仕様として、一度に取得できる件数には制限があります。大量データを取得する必要がある場合は、Apply to eachアクションなどの繰り返し処理を利用して行う形になります。

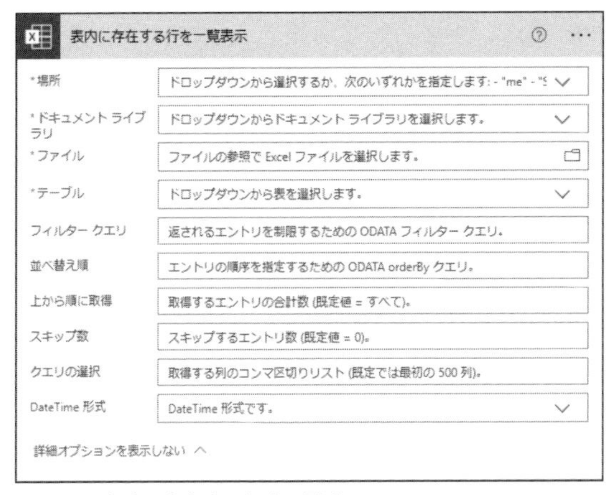

図7.31　表内に存在する行を一覧表示

取得する際の条件は、[フィルタークエリ] 欄にODataクエリ形式で記述します。ODataはOpen Data Protocolの略称で、相互運用可能となるよう標準として考えられている定義です。現在はOASIS (Organization for the Advancement of Structured Information Standards：構造化情報標準促進協会) により標準化されています。そこで定義されている仕様の一部がPower Automateでも利用可能になっています。

実際に利用可能な記述については、Excelコネクタの公式ドキュメントを参照してください。

執筆時点で利用可能なのは「eqで値を指定する」「neで除外する値を指定する」です。記述に癖があり、最初のうちはよくわからないものです。Excelコネクタ以外でもSharepointコネクタやOneDriveコネクタで利用する場面がありますので、書き方に慣れておくと便利です。

⑦テーブルの作成

Excelファイルのワークシートに対して、新たにテーブルを作成します。セル範囲の指定が必須です。

⑧テーブルの取得

Excelファイルに作成されているテーブルの一覧を取得します。

⑨ワークシートの作成

Excelファイルにワークシートを新規に作成します。

⑩表にキー列を追加

すでに作成済みのテーブルに対して、新しい列を右側に追加します。新しいキー列は、テーブル内で重複せずに一意である必要があります。

⑪表に行を追加

Excelファイルに作成済みのテーブルに対して、新しいレコードをテーブルに追加します。

Excel Onlineコネクタを利用したサンプルワークフロー

サンプルとしてOneDriveに保存しているExcelファイルを更新するワークフローを作成します。保存しているExcelファイルは次のようなものです。

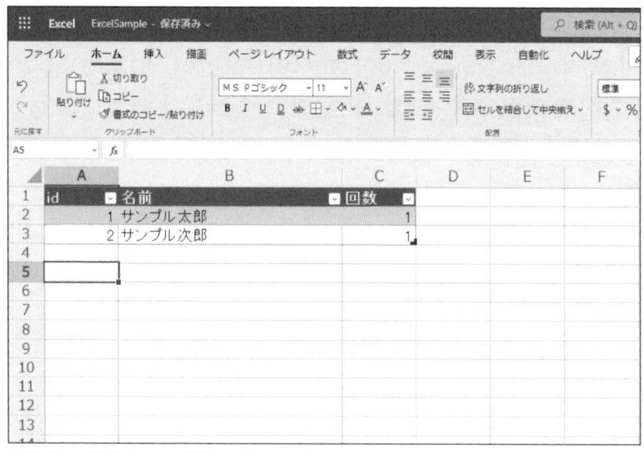

図7.32　保存しているExcelファイル

id、名前、回数という列がテーブルに設定してあり、idがキー列となる想定です。今回作成するワークフローでは、テーブルに登録されているレコード全件に対して回数を＋１していく処理を行います。全体としては次のようなワークフローになります。

図7.33　作成したワークフロー

最初に、［表内に存在する行を一覧表示］アクションで、Excelファイルに登録されているレコードを全件取得します。次に、［Apply to each］アクションで取得したレコード、全てに対して更新処理を行います。実際の更新処理は［Apply to each］内部に［行の更新］アクションを設置して行います。

今回更新したい内容は、「Excelファイルに保存してある回数を＋1する」というものです。ここは単純に値を指定してできるものではなく、関数を組み合わせて利用する必要があります。最終的に記載する内容は次のようになります。

```
add(int(items('Apply_to_each')?['回数' ]),1)
```

回数を追加するためにadd関数を利用するところは理解しやすいですが、そのadd関数の内部に記載してあるものが重要です。1つは追加する値となる1で、もう1つは現在Excelに記載されている値を表すint(items('Apply_to_each')?['回数'])です。

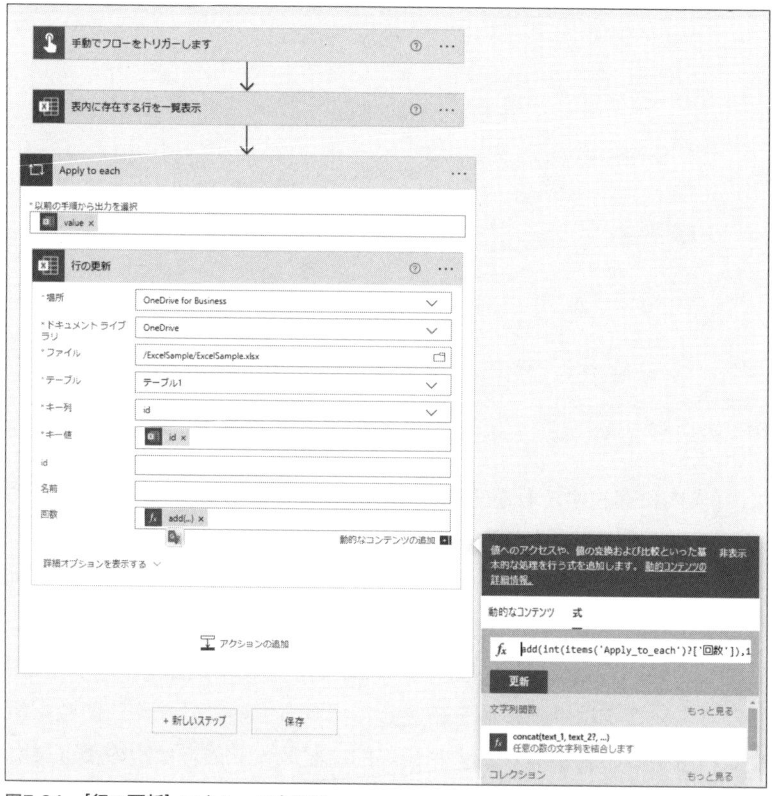

図7.34 ［行の更新］アクションを設置

items関数はApply to each内部で利用する関数で、繰り返し処理で現在対象となるレコードを表します。1周目でitems関数で取得できる値と2周目で取得できる値が変化しているのは、ワークフローの実行履歴画面で確認が可能です。いきなりこの形で記載できるようになるには、かなりの経験が必要です。慣れていないときは、一度アクションに回数の項目をダイアログ上で選択し指定し、デザイナー上に設定します。デザイナー上ではアイコンの状態で設定されますが、これをマウスで範囲選択してCtrl+Cでコピー、そしてダイアログ上の入力部分でCtrl+Vで貼り付けを行うと、`@{items('Apply_to_each')?['回数']}`と貼り付けることができます。このような操作を行うと、items関数の記述を行えなくても記述内容を取得することが可能です。

図7-35　ダイアログへ貼り付けを行う

貼り付けた直後は、items関数が@と中括弧で囲まれています。これは、中括弧で囲まれているものを文字列に変換する特別な記載方法です。今回は文字列に変換する前に値を加算したいので、@と中括弧は除去します。そのままadd関数で加算を行えればよいのですが、add関数で指定できるのは数字の値や項目に限定されており、文字か数字かはっきりできないitems関数ではエラーとなります。そのため、明示的に数値に変換するint関数でitems関数の結果を数値に変換し、その結果をadd関数で加算するという入れ子構造で関数を記述する必要がありました。このように関数を入れ子にするケースが、Power Automateではかなり発生しやすいので、慣れておくと便利でしょう。

入れ子にした関数を［行の更新］アクションに設定しテストとして実行すると、OneDrive上に保存しているExcelファイルが更新されているのが確認できます。回数の値を変えてみたり、処理対象となるレコードをテーブルに増やしてみたりして、挙動がどうなるかを確認してみてください。なお、Power Automateで更新や削除の処理が正常終了しても、すぐにOneDrive上のExcelファイルが更新されるとは限らないことに注意してください。処理は正常に実行されているのに値が変化していない場合は、1分ほど時間を空けてから再度確認してください。

このような形でExcelコネクタを利用できます。Excelファイルを利用するシーンは、非常に多いと思われます。ぜひともご活用ください。

HTTPコネクタ

Power Automateには、Microsoft系のサービス以外にさまざまな企業のサービスに対応したコネクタが500種類以上提供されていますが、世の中で提供されている全てのWebサービスに対応しているわけではありません。

もし利用したいWebサービスのコネクタが提供されていない場合でも、APIが公開されていれば、「カスタムコネクタ」や「HTTPコネクタ」を利用することができます。

HTTPコネクタとは

HTTPコネクタは、Representational State Transfer（REST）アーキテクチャを使用しています。そのため、WebサービスのURIにHTTPメソッドでアクセスすることにより、データ・リソースの送受信を行うことができます。

HTTPコネクタは、Power Automateの「プレミアム コネクタ」です。ライセンスに関しては、第3章「4　Power Automateのライセンス」を参考にしてください。

HTTPコネクタの種類

実際に［HTTP］コネクタを利用する前に、どういうコネクタなのかを紹介します。［HTTP］コネクタとは、タブメニューの［組み込み］をクリックすると表示される［HTTP］と［要求］のことです。［HTTP］コネクタのトリガーは、この2種類を利用目的で使い分けます。

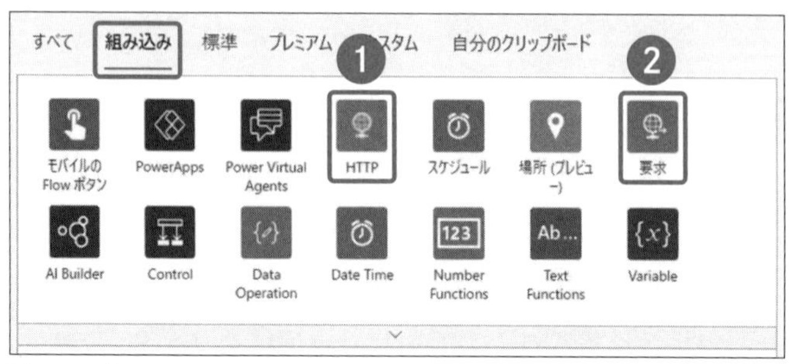

図7.36 [HTTP] コネクタ

▶ トリガー

トリガーには以下の2種類があります。

①HTTPトリガー

HTTPまたはHTTPS経由で、他のサービスやシステム上のエンドポイントに送信要求を送信するようなワークフローを作成するときにこのトリガーを指定します。

たとえば、Webサイトの停止など、そのエンドポイントで指定されたイベントが発生すると、そのイベントによってワークフローがトリガーされ、アクションが実行されます。

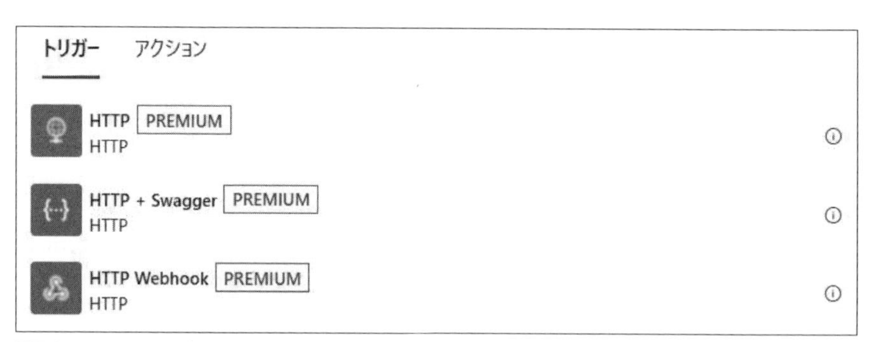

図7.37 HTTPトリガー

このように、トリガーの［HTTP］コネクタは処理によって利用するコネクタが違うので注意してください。

②要求トリガー

［要求］コネクタのトリガーは［HTTP要求の受信時］と表示され、HTTPS呼び出しを受信して、それに応答する自動化されたワークフローを作成するときのトリガーに指定します。

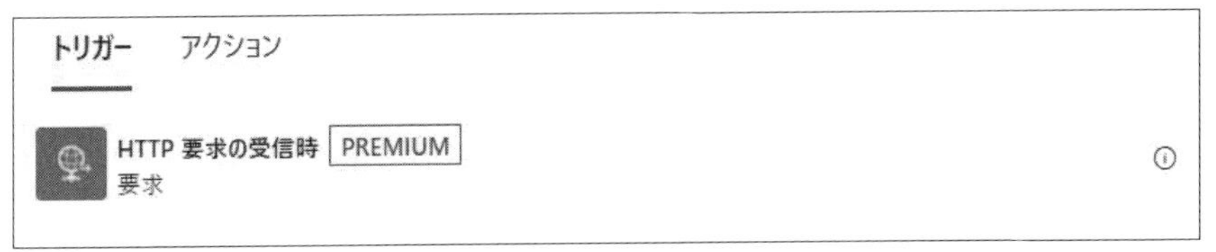

図7.38　要求トリガー

このコネクタを利用すると、以下のようなワークフローを作成できます。

- 外部Webhookイベントが発生したときにワークフローをトリガーする
- オンプレミスデータベース内のデータに対するHTTPS要求を受信して処理する
- 別のワークフローからのHTTPS呼び出しを受信して処理する

▶アクション

アクションの［HTTP］コネクタは、エンドポイントに指定されたURLに対してHTTP呼び出しを実行し、応答を返します。

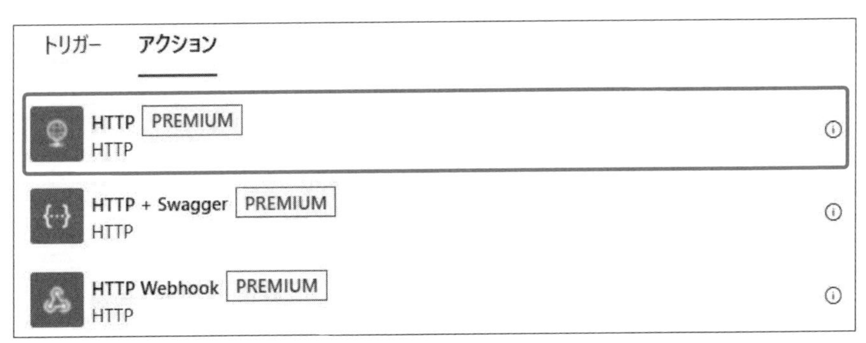

図7.39　アクションのHTTPコネクタ

アクションのHTTPコネクタは3種類あります。ここでは、HTTPコネクタのアクションでよくある［HTTP］を利用するパターンで説明します。

［HTTP］コネクタの使い方

ここでは、LINEをPower Automateで利用する場合を例としてトリガーとアクションの［HTTP］コネクタの使い方を説明します。

※Power AutomateとLINEを連携させるためには「LINE Developersコンソール」の準備と設定が必要となります。設定方法の詳細は第8章「7 LINEで使える簡易名刺アプリ（LINE Bot）」を参考にしてください。

▶トリガーでの使い方

［＋新しいフロー］から新規で［自動化したクラウド フロー］を作成します。

LINEをPower Automateで利用する場合、外部Webhookイベントが発生したときにワークフローをトリガーする［HTTP要求の受信時］コネクタをトリガーに利用します。

デザイナー画面で表示されるタブ①［組み込み］をクリックすると②［要求］コネクタが表示されるのでクリックします。

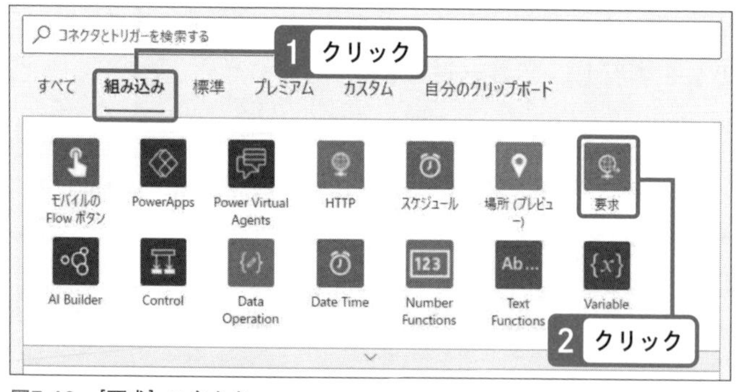

図7.40 ［要求］コネクタ

表示される［HTTP要求の受信時］をクリックします。

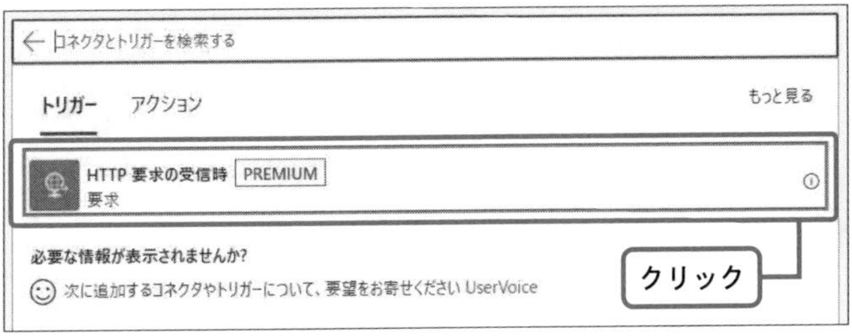

図7.41 ［HTTP要求の受信時］

［要求本文のJSONスキーマ］ボックスに、受信要求内の本文を記述するJSONスキーマを入力します。

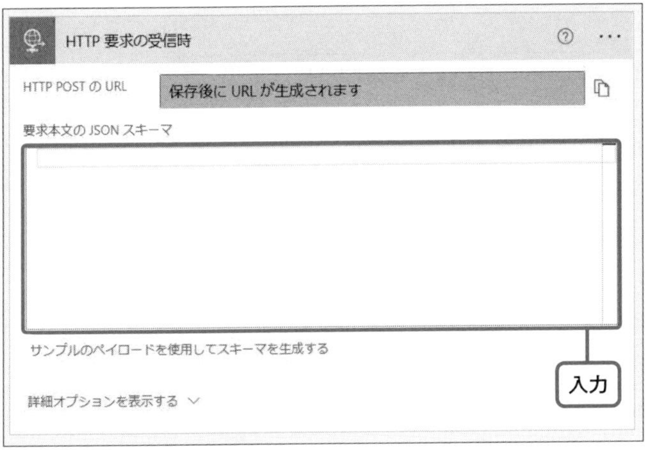

図7.42 JSONスキーマを入力

デザイナーではこのスキーマを使用して、要求からのデータを解析・使用しトリガー経由でワークフローにデータを渡し後続のコネクタで処理することができます。

LINEを利用する場合、手作業でJSONを記述するのは大変です。［HTTP要求の受信時］コネクタには、必要なJSONスキーマを生成するためのサンプルのペイロードを使用してスキーマを生成する機能があるので、これを利用します。

［サンプルのペイロードを使用してスキーマを生成する］のテキストをクリックします。

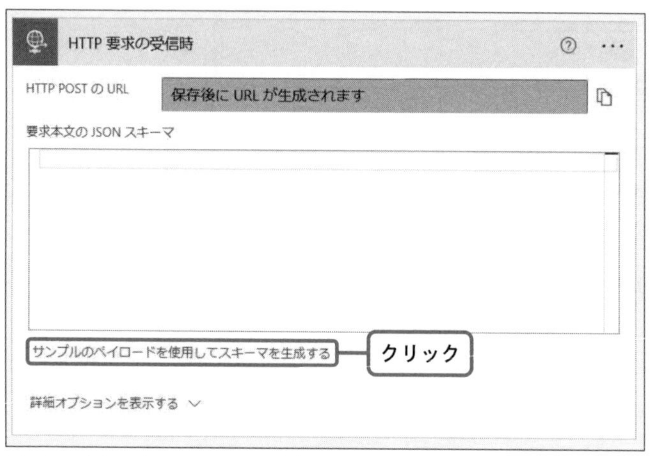

図7.43 ［サンプルのペイロードを使用してスキーマを生成する］

［サンプルのJSONペイロードを入力するか、貼り付けます。］のウィンドウが開いたら、LINEの公式ドキュメントに記載のあるJSONサンプルをコピーし貼り付けます。

- メッセージイベント
  https://developers.line.biz/ja/reference/messaging-api/#message-event

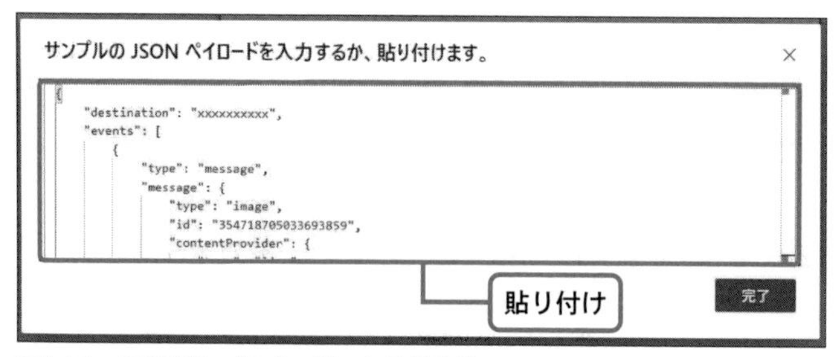

図7.44 JSONサンプルをコピーし貼り付け

図7.45のように［要求本文のJSONスキーマ］に必要な内容のJSONが入力されます。JSON部分は、利用したいサービスによって適宜変更してください。

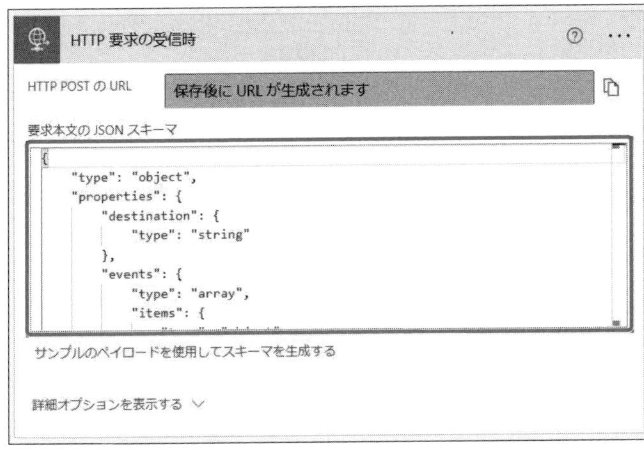

図7.45　JSONが入力される

［HTTP POSTのURL］は、ワークフローをトリガーする要求を送信する場合に使用するURLを自動生成しますが、そのためには一度ワークフローを保存する必要があります。

ワークフローの保存は、トリガーコネクタと最低1つのアクションコネクタがワークフロー中に存在しないとできないので注意してください。

このURLを全てコピーするには、URLの横にあるアイコンを選択します。

今回は、このURLをLINE Developersの設定ページに設定して利用します。

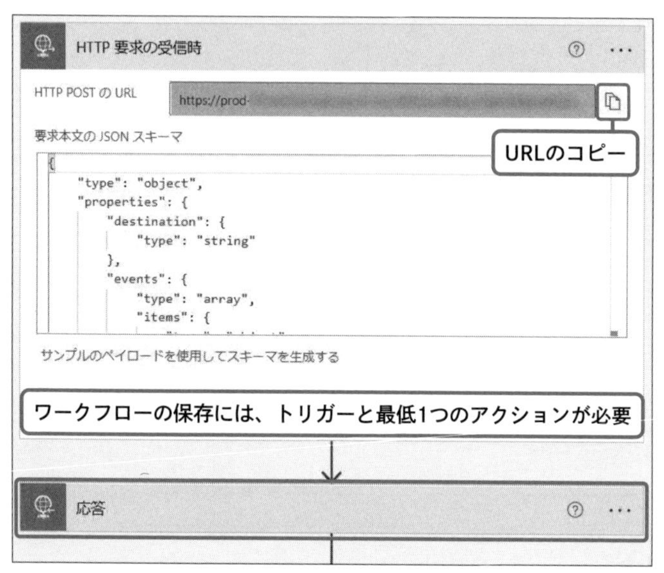

図7.46　URLをコピー

▶ アクションでの使い方

LINEのトークルームから送信されるテキストや音声・画像をワークフロー内で処理する場合、アクションでは［HTTP］コネクタを利用します。

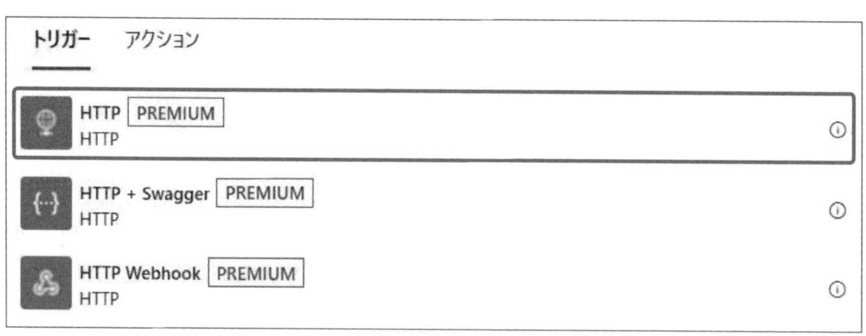

図7.47　［HTTP］コネクタ

このように［HTTP］コネクタでは各種処理の方法を利用できますが、LINEを利用するとき必要になる［GET］と［POST］について説明します。

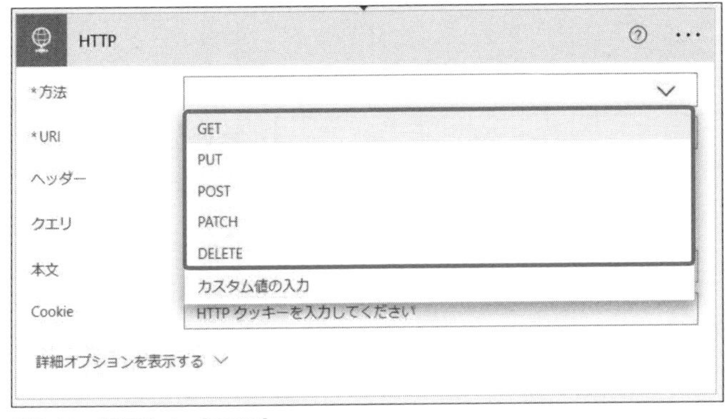

図7.48 ［GET］と［POST］

▶［Apply to each］コネクタ

LINEで［HTTP］コネクタを利用する場合、［Apply to each］コネクタと一緒に利用する必要があります。まず［Apply to each］コネクタを設定し、その中に［HTTP］コネクタを入れて利用します。

検索窓に①「コントロール」と入力し、一覧に表示される②［コントロール］をクリックします。

図7.49 ［コントロール］

一覧の中から［Apply to each］をクリックします。

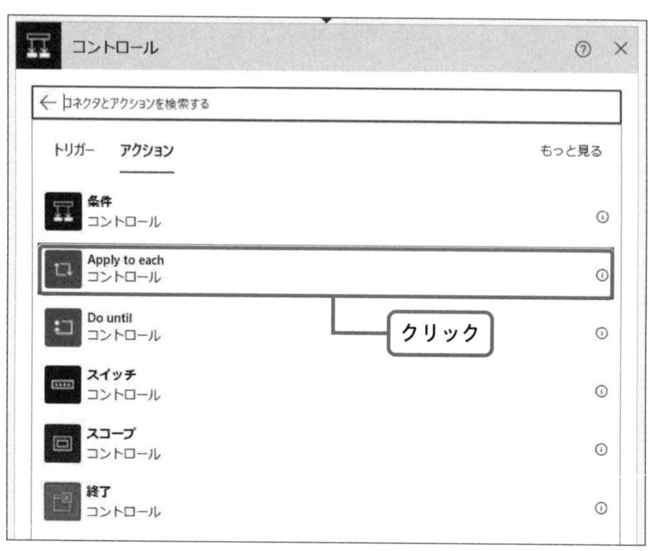

図7.50 [Apply to each]

［動的なコンテンツ］の中から［events］をクリックします。以降のコネクタは全て［Apply to each］コネクタの中に入れます。

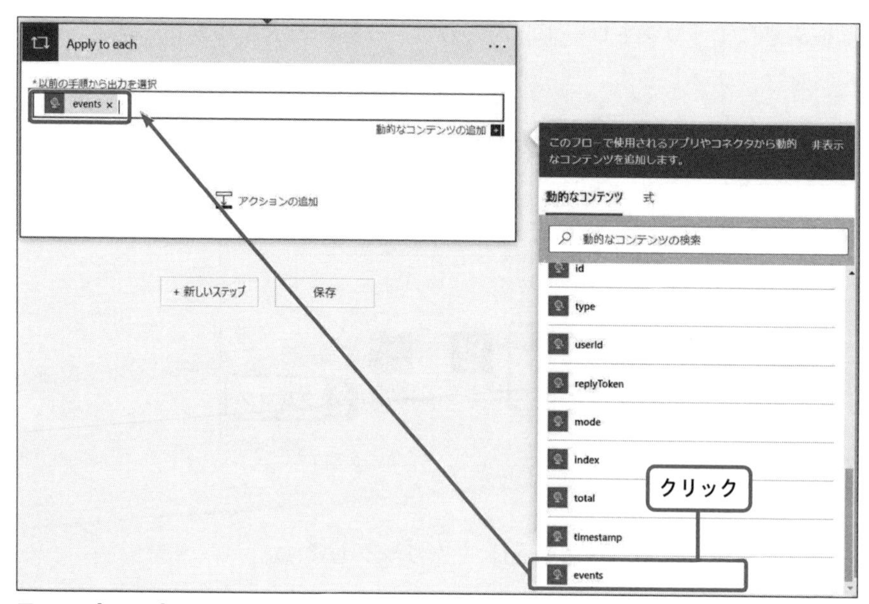

図7.51 [events]

▶GETを利用する場合

LINEのトークルームから送信した画像を取得して処理したい場合、[HTTP] コネクタの [GET] を利用します。GETは画像などのリソースを取得するための処理です。

[アクションの追加] をクリックし、検索窓に①「HTTP」と入力し、一覧に表示される② [HTTP] をクリックします。

図7.52 [HTTP]

表示された一覧の中から［HTTP］をクリックします。

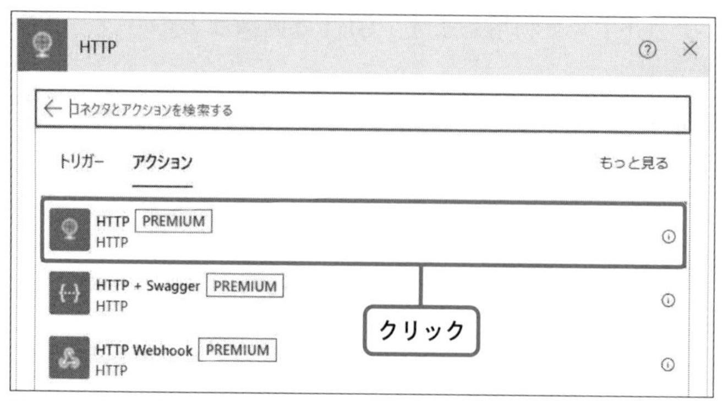

図7.53 ［HTTP］

以下の内容を入力します。

①方法
［GET］を選択します。
②URI
「https://api-data.line.me/v2/bot/message/@{items('Apply_to_each')?['message']?['id']}/content」※を入力します。
③ヘッダー
左側に［Authorization］、右側に［Bearer（半角スペース）］に続きLINEのチャネルアクセストークンを貼り付けます（詳細は第8章「7 LINEで使える簡易名刺アプリ（LINE Bot）」の「チャネルアクセストークンの発行」を参照）。

※line-message.jsonとしてWebダウンロード提供しています。詳しくはxiページを参照してください。

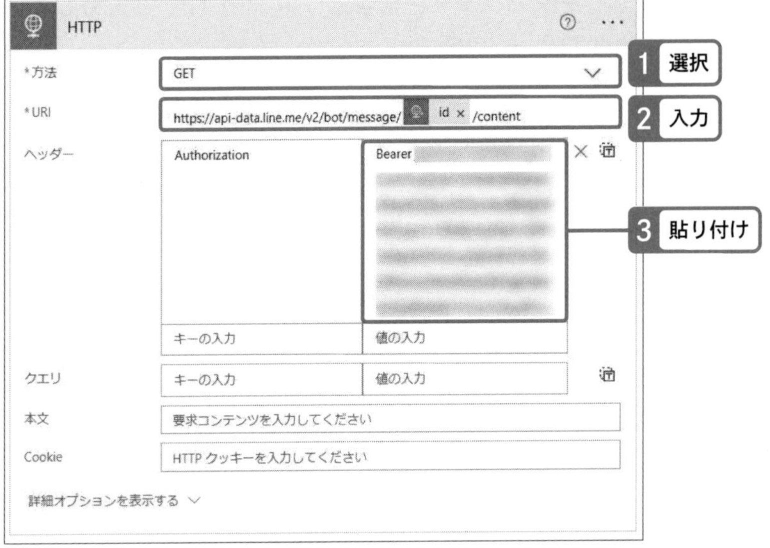

図7.54　入力

POSTを利用する場合

処理結果をLINEのトークルームにリプライする場合［POST］を利用します。POSTは主にデータベースやテキストファイルにデータを登録する際に使われる処理です。

［アクションの追加］をクリックし、検索窓に①「HTTP」と入力し、一覧に表示される②［HTTP］をクリックします。

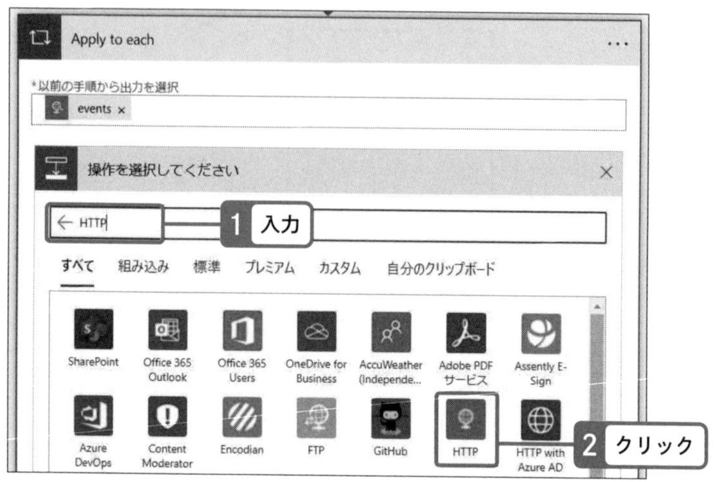

図7.55 ［HTTP］

表示された一覧の中から［HTTP］をクリックします。

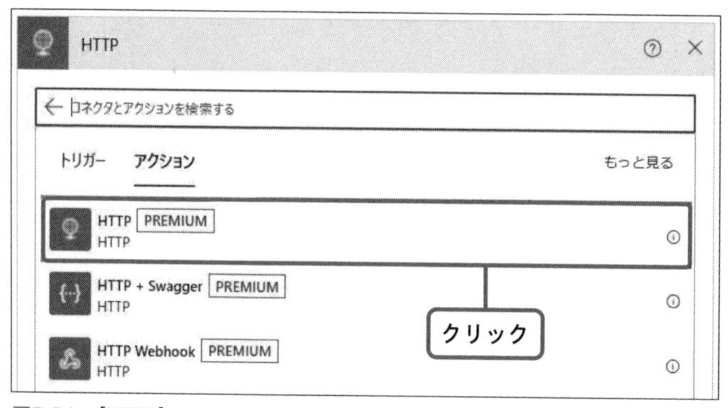

図7.56 ［HTTP］

同一ワークフロー内で2つ目の［HTTP］コネクタとなる場合、名前が自動で［HTTP2］と表示されることがあります。

LINEにリプライをする場合、以下の内容を入力します。

①方法
[POST] を選択します。
②URI
「https://api.line.me/v2/bot/message/reply」を入力します。
③ヘッダー
左側に [Authorization]、右側に [Bearer (半角スペース)] に続きLINEのチャネルアクセストークンを貼り付けます（詳細は第8章「7 LINEで使える簡易名刺アプリ（LINE Bot）」の「チャネルアクセストークンの発行」を参照)。
④本文
以下のJSONを入力します。

```
{
  "messages": [
    {
      "text": "リプライで利用したい文言や動的なコネクタ",
      "type": "text"
    }
  ],
  "replyToken": @{items('Apply_to_each')?['replyToken']}
}
```

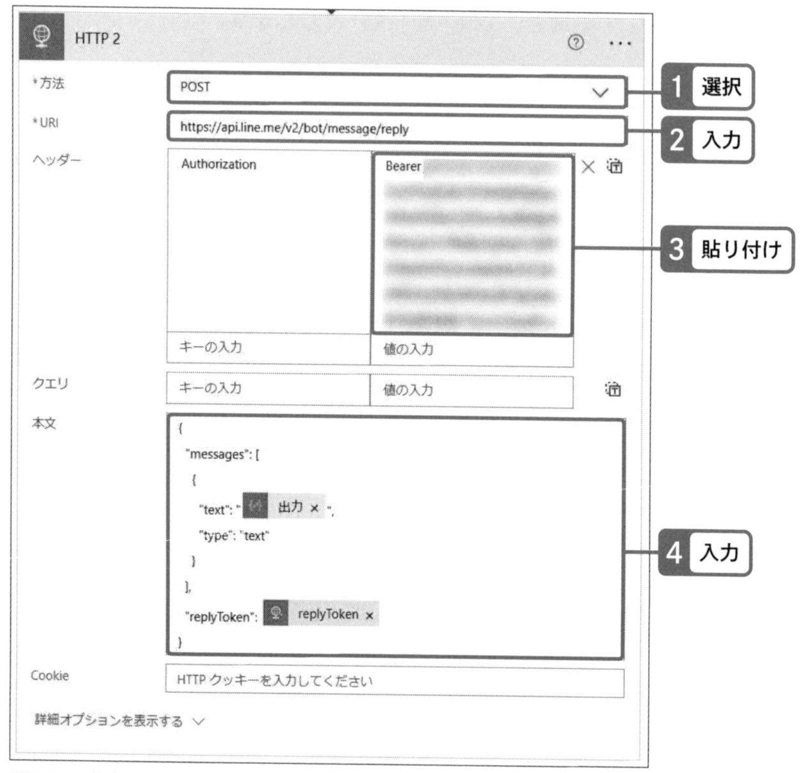

図7.57　入力

このように、コネクタが用意されていないものも［HTTP］コネクタを利用することでワークフロー内で利用することができます。

第8章「7　LINEで使える簡易名刺アプリ（LINE Bot）」を作る方法の中でHTTPコネクタを利用しています。そちらも併せて確認してください。

5 Teamsコネクタ

Microsoft Teamsは、無償でも利用可能なコミュニケーションサービスです。チャットやグループを作成してのやり取り、ファイルの連携やオンラインミーティングなどの機能があります。

Microsoft Teamsコネクタ

Power AutomateではTeamsに対して連携を行うコネクタが提供されていますので、コミュニケーションをさらに強化することが可能です。執筆時点で、トリガーが7種、アクションが21種と多くの機能が提供されています。公式ドキュメントにトリガーとアクションの一覧が記載されていますので、参考にしてください。

- Microsoft Teams
  https://docs.microsoft.com/ja-jp/connectors/teams/

このように多くの機能が提供されているTeamsコネクタを活用することで、Teamsでのコミュニケーションをさらに強化したり、Teams上から別システムへ連携をとることも行えるようになります。

▶トリガー

トリガーで提供されている機能は、「投稿されたメッセージを起点とするもの」と「Teams上でのメンバー管理を起点とするもの」に分かれます。Teams上でのメンバー管理として、[新しいチームメンバーを削除したとき]と[新しいチームメンバーが追加されたとき]が提供されています。これは、メンバーの増減が発生した際に定型的な処理が必要な場合に有効です。

トリガー　アクション　もっと見る

チャネルに新しいメッセージが追加されたとき
Microsoft Teams ①

チャネルのメッセージで自分がメンションされているとき
Microsoft Teams ②

選択したメッセージに対して
Microsoft Teams ③

誰かがアダプティブ カードに応答した場合
Microsoft Teams ④

When a new chat message is added
Microsoft Teams ⑤

キーワードが言及された場合
Microsoft Teams ⑥

自分が @mentioned である場合
Microsoft Teams ⑦

新しいチーム メンバーが追加されたとき
Microsoft Teams ⑧

新しいチーム メンバーを削除したとき
Microsoft Teams ⑨

図7.58 ［Teams］コネクタのトリガー

①チャネルに新しいメッセージが追加されたとき
指定したチャネルに新しくメッセージが投稿されたときに反応します。

②チャネルのメッセージで自分がメンションされているとき
指定したチャネルで自分あてにメンションを行われたときに反応します。

③選択したメッセージに対して
Teams上でメッセージを選択してPower Automateを呼び出したときに反応します。

④誰かがアダプティブカードに応答した場合
指定したアダプティブカードをTeamsに投稿し、誰かが応答を投稿

したときに反応します。

⑤When a new chat message is added
新しくチャットメッセージが投稿されたときに反応します。

⑥キーワードが言及された場合
指定したチャネルで、指定したキーワードが投稿されたときに反応します。執筆時時点ではキーワードはアルファベットや記号などに限定されています。

⑦自分が@mentionedである場合
指定したチャネルで自分あてにメンションを行われたときに反応します。②とは連携されるデータが異なり、こちらは投稿されたメッセージのURLが連携されます。

⑧新しいチームメンバーが追加されたとき
指定したチームに新しくメンバーが追加されたときに反応します。

⑨新しいチームメンバーを削除したとき
指定したチームからメンバーが削除されたときに反応します。

Teamsを利用するトリガーは多数用意されていますが、利用する場合には検討しておかなくてはならない課題があります。それは、Teamsコネクタのトリガーを利用したワークフローを複数作成している場合です。それぞれのワークフローで、処理対象となる場面を明確に決めておかなければ、1つのメッセージ投稿で複数の処理が同時に動作することになります。処理の内容によってはワークフローの動作がエラーとなるケースも考えられますので、処理対象となる投稿を限定的にするようワークフロー上で条件判断などをしっかりと用いるのがよいでしょう。可能な限り、1つのワークフローでは1つの投稿を処理するように作成するのが、仕組みを複雑にしないためにも有用です。

▶ Teamsコネクタのアクション

執筆時点で提供されるアクションは21種あり、非常に多くの機能が提供されています。

トリガー　アクション　もっと見る

1. Teams 会議の作成 — Microsoft Teams
2. アダプティブ カードを投稿して応答を待機する — Microsoft Teams
3. オプションの選択をフロー ボットとしてユーザーに投稿する — Microsoft Teams
4. チームにメンバーを追加する — Microsoft Teams
5. チームの作成 — Microsoft Teams
6. チャットの作成 — Microsoft Teams
7. チャットまたはチャネルでメッセージを投稿する — Microsoft Teams
8. チャットやチャネルにアダプティブ カードを投稿する — Microsoft Teams
9. チャネル内でアダプティブ カードを使用して返信する — Microsoft Teams
10. チャネル内のメッセージで応答します — Microsoft Teams
11. メッセージを取得します — Microsoft Teams
12. メッセージ詳細を取得する — Microsoft Teams

図7.59 ［Teams］コネクタのアクション１

①Teams会議の作成

指定した日時と参加者で新しくWeb会議を設定します。新規登録のみ可能で、登録済みの会議を修正することはできません。

②アダプティブカードを投稿して応答を待機する

指定したアダプティブカードを投稿し、誰かが反応を示すまで処理を待機します。

③オプションの選択をフローボットとしてユーザーに投稿する

投稿を特定ユーザーからではなくボットとして行います。

④チームにメンバーを追加する

指定したチームに新しくメンバーを追加します。

⑤チームの作成

指定したチームを新たに作成します。

⑥チャットの作成

指定したメンバーとのチャットを新たに開始します。

⑦チャットまたはチャネルでメッセージを投稿する

指定したチャットまたはチャネルに、新規にメッセージを投稿します。投稿に対する反応は待たずに、次の処理へと遷移します。

⑧チャットやチャネルにアダプティブカードを投稿する

指定したチャットまたはチャネルに、新規にアダプティブカード形式のメッセージを投稿します。投稿に対する反応は待たずに、次の処理へと遷移します。

⑨チャネル内でアダプティブカードを使用して返信する

指定したメッセージに対してアダプティブカード形式での返信を投稿します。投稿に対する反応は待たずに、次の処理へと遷移します。

⑩チャネル内のメッセージで応答します

指定したメッセージに対して返信を投稿します。

⑪メッセージを取得します

指定したチャネルから最近投稿されたメッセージを取得します。

⑫メッセージ詳細を取得する

特定のメッセージ情報を取得します。特定させるためにメッセージのIDが必要です。

トリガー　アクション　もっと見る

タグの @mention トークンを取得する
Microsoft Teams
⑬

チームのタグをすべて一覧表示する
Microsoft Teams
⑭

チームの一覧表示
Microsoft Teams
⑮

チームの取得
Microsoft Teams
⑯

チャット一覧を作成
Microsoft Teams
⑰

チャネルの一覧表示
Microsoft Teams
⑱

チャンネルを作成します
Microsoft Teams
⑲

フィード通知を投稿する
Microsoft Teams
⑳

ユーザーの @mention トークンを取得する
Microsoft Teams
㉑

図7.60 [Teams] コネクタのアクション2

⑬タグの@mentionトークンを取得する
指定したタグがどのメンバーを含んでいるか取得します。

⑭チームのタグをすべて一覧表示する
チームに登録されているタグを一覧形式で取得します。

⑮チームの一覧表示
作成済みのチームを全て取得します。

⑯チームの取得
指定したチームの詳細情報を取得します。

⑰チャット一覧を作成
作成済みのチャットを全て取得します。

⑱チャネルの一覧表示

作成済みのチャネルを一覧形式で取得します。

⑲チャンネルを作成します

指定したチーム内に新しくチャネルを作成します。

⑳フィード通知を投稿する

通知に利用するお知らせフィードに投稿します。

㉑ユーザーの@mentionトークンを取得する

メンションを行う際に必要となるトークン情報を取得します。

このように、Teamsコネクタは非常に多くの機能を提供しています。トリガーとアクションを活用することで、Teams上でやり取りを行うだけでも多くのことが実現可能になります。さまざまなシステムを連携するのがProcess Automationを実現するPower Automateの強みですので、色々なことに活用してみてください。

6 ファイルシステムコネクタ

オンプレミスデータゲートウェイを利用することで活用できるコネクタの1つに、ファイルシステムコネクタがあります。

ファイルシステムコネクタのトリガーとアクション

このコネクタはクラウド側のファイルではなく、自身のPC上のファイルを処理に利用することができるようになるものです。

▶トリガー

執筆時点では、以下の2個のトリガーが用意されています。

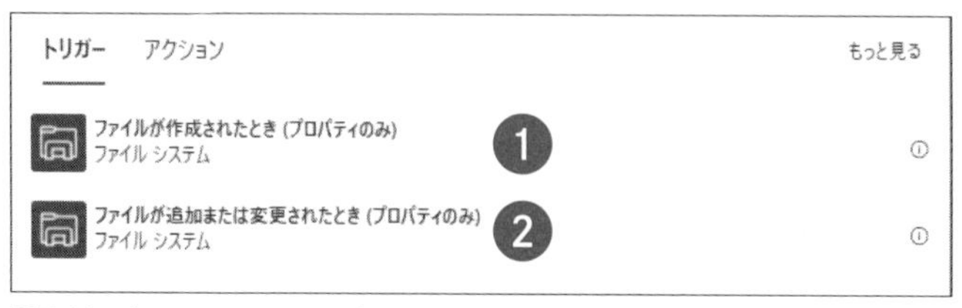

図7.61 ［ファイルシステム］コネクタのトリガー

①ファイルが作成されたとき
指定したフォルダーでファイルが新規作成されたときに反応します。

②ファイルが追加または変更されたとき
指定したフォルダー内のファイルを更新、または別のフォルダーからコピーしたときに反応します。

どちらを利用するシーンが多いかは人それぞれですが、筆者の感覚的には［ファイルが追加または変更されたとき］トリガーを利用する場面が多いと感じます。この［ファイルが追加または変更されたとき］トリガーを利用すると、以下のような作業をPower Automateで作成することも可能です。

- PC上で作業を行いファイルを作成する
- 作成したファイルをファイルシステムコネクタがチェックしているフォルダーにコピーする
- ファイルを検知したクラウドフローが自動で実行される
- クラウドフローで処理した結果をファイルシステムコネクタでPC上に出力する

RPAを実施するPower Automate for desktopを利用していると、PC上での処理はPower Automate for desktopを利用したくなりますが、その場合はPCの操作をPower Automateに占有させる必要があります。ファイルシステムコネクタを利用した場合は、通常時でもよく行うファイルコピーの操作を処理の起点とすることができますので、特に意識せずにクラウドフローを活用することが可能です。ボタントリガーを利用しているときのように、自分でボタンをクリックして処理を開始する必要もなく、ただファイルをコピーするだけで処理を起動できるのは余分な作業に邪魔をされない点でもメリットです。

たとえば、デスクトップ上にフォルダーを用意してPower Automateから利用するように接続しておくと、作業が終わったファイルをデスクトップ上のフォルダーにドラッグ&ドロップすれば、Power Automateのワークフローに連携することができます。ボタントリガーやメール系のトリガーなどのように、こちらが意識してアクションを起こしたことでワークフローを起動することはよくありますが、ファイルシステムコネクタを利用し作業者はワークフローを意識することなく処理が行われるのは、思っているよりもメリットの多い状態です。もちろん全ての作業が自動で連携することが最も適切かといわれると、そうではありません。何度も確認が必要な処理など、簡単に実行してしまっては万が一のときに大問題となるものもあります。このあたりは、リスクを踏まえた形でどこまで適用するかは考えておくのがよいでしょう。

▶ アクション

アクションは、PC上のファイルを操作するものや、ファイルの情報を取得するものが多数提供されています。これは、クラウド側で何かしらの処理を行った結果を、自分のPCに自動的に出力することが可能ということです。これまでは、メールで結果を送信するという方法を用いることが多かったと思います。しかし、ファイルシステムコネクタを利用するとPC上のファイルを直接操作することができますので、メールを受信して添付ファイルをどこかに保存する、といった一手間を省くことができるようになります。

トリガー　アクション　もっと見る

ファイルの作成
File System
❶

フォルダー内のファイルのリスト
File System
❷

パスによるファイル コンテンツの取得
File System
❸

パスによるファイル メタデータの取得
File System
❹

ファイル コンテンツの取得
File System
❺

ファイル メタデータの取得
File System
❻

ファイルのコピー
File System
❼

ファイルの削除
File System
❽

ファイルの追加
File System
❾

ファイルを更新します
File System
❿

ファイル名の変更
File System
⓫

フォルダーにアーカイブを展開します
File System
⓬

ルート フォルダー内のファイルのリスト
File System
⓭

図7.62 ［ファイルシステム］コネクタのアクション1

①ファイルの作成

新規にファイルを作成します。

②フォルダー内のファイルのリスト

指定したフォルダー内に存在するファイル一覧を取得します。

③パスによるファイルコンテンツの取得

指定したファイルの内容を取得します。

④パスによるファイルメタデータの取得

指定したファイルの情報を取得します。

⑤ファイルコンテンツの取得

指定したファイルの内容を取得します。

⑥ファイルメタデータの取得

指定したファイルの情報を取得します。

⑦ファイルのコピー

指定したファイルを、指定したフォルダーにコピーします。上書きするかどうかの指定も可能です。

⑧ファイルの削除

指定したファイルを削除します。

⑨ファイルの追加

指定したフォルダーに新規ファイルを作成します。

⑩ファイルを更新します

指定したファイルの内容を更新します。

⑪ファイル名の変更

指定したファイルの名称を変更します。

⑫フォルダーにアーカイブを展開します

指定したフォルダーに、zipファイルの内容を展開します。

⑬ルートフォルダー内のファイルのリスト

Power Automateから接続するフォルダーにある、ファイルとサブフォルダーの一覧を取得します。

ファイルシステムコネクタ単体では、直接ExcelファイルやWordファイルをPCに作成や編集をすることはできません。ここは一工夫として、PC上のファイルをOneDriveにコピーし、その後にExcelコネクタやWordコネクタで操作することで編集が可能です。編集が終わったときに、結果ファイルをPC上にコピーして戻してあげれば、PC上のファイルを直接操作して編集したような結果とすることができます。

ただしファイルを戻す場合には、ファイルシステムコネクタのトリガーで監視しているフォルダーとは別のフォルダーを利用するのがよいでしょう。同じフォルダーを利用した場合は、ファイルを戻したことでトリガーも反応してしまい、ワークフローの内容によっては無限に処理が実行されることもあります。一度でも処理が連鎖し始めると、あっという間に月々の処理可能数を消費してしまい、追加で処理数を購入しなくては何もできなくなってしまうこともありえます。このようなことが起こりえるので、利用するフォルダーについては十分に注意してください。

Power Automateを利用する目的は、さまざまな処理の自動化です。このローカルファイルコネクタのように、これまで手作業で行うのが当然であった作業であっても自動実行させることが可能な場面があります。利用するためには色々と条件がありますが、利用可能ならばぜひとも活用してください。

第8章

実例紹介

これまでの章では、Power Automateの特徴やコネクタなどの機能について説明してきました。本章は、いよいよ実践的な内容になります。

承認を含む処理や添付ファイル付きメールの処理、Power Appsを組み合わせた入場受付システム、AI Builderを利用した日本語対応の名刺リーダーなど、さまざまな場面で利用できるワークフローの作成方法をご紹介します。

これらを元に工夫することで、色々な仕組みを作成できると思います。ぜひ試してみてください。

承認が含まれるフロー

Power Automateと他の同様サービスを比較した場合に、大きなアドバンテージとしてあげられる点に「承認機能」があります。Power Automateだけで、一般的に必要な承認・拒否・再申請などの仕組みを実現することが可能です。ワークフロー上で承認依頼を作成し、実際の承認行為はPower AutomateのWebサイト、通知されるメール、モバイルアプリ上から行うことが可能です。

承認コネクタ

［承認］コネクタとしては、3つのアクションを提供しています。［承認を作成］［承認を待機］［開始して承認を待機］です。

図8.1 ［承認］コネクタ

［開始して承認を待機］と［承認を作成］は、承認依頼を作成します。［開始して承認を待機］では、承認を作成した後、依頼に対しての結果が戻されるまでワークフローは実行待機の状態になります。［承認を作成］では、待機せずにワークフローの処理は継続されます。

実行時のイメージがつかみやすいのは［開始して承認を待機］です。承認依頼の結果でワークフローが継続されますので、その後どのように処理を組めばよいかが感覚としても理解しやすいです。［承認を作成］では待機しないので、ここで作成した承認依頼に対して何かしらの処理を行う場合は、［承認を待機］を利用して結果を待たせるワークフローを別に用意する必要があります。

図8.2　承認の結果判定

［承認］コネクタを利用したワークフロー

［承認］コネクタを利用し、シンプルなワークフローを作成してみます。このようなワークフローには基本となる形が存在します。［承認］アクションを実施し、その結果を判定し、承認された際の処理と拒否された際の処理を後続に並べて設置する形です。承認の結果は、［承認］アクションからの［結果］の値で判定します。通常の承認形式を利用している場合は、結果の

値がApproveだと承認、Rejectだと拒否という判定になります。アルファベットの大文字小文字も判定されますので、正しく設定するよう注意してください。

▶カスタム形式

［承認］コネクタでの承認依頼は、カスタム形式も利用できます。通常の形式の承認依頼であれば、結果の入力は承認と拒否の2択になりますが、カスタム形式では選択肢を自由に設定できます。

図8.3　承認のカスタム形式

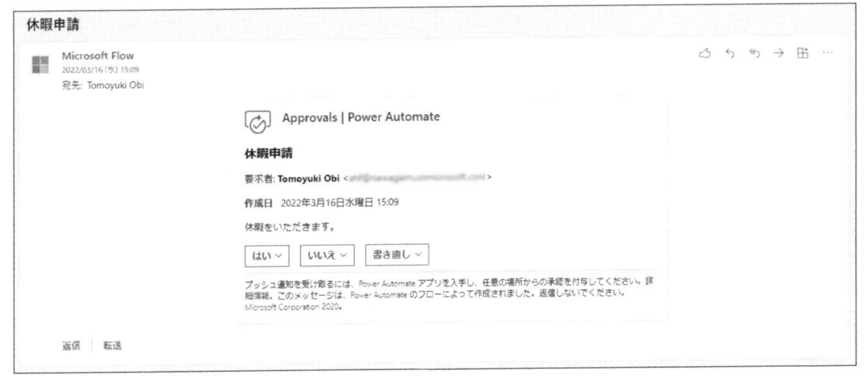

図8.4　カスタム形式の承認依頼メール

カスタム形式を利用している場合の結果判定は、デザイナー上で指定した選択肢の文言そのものになります。上記の例でいえば、[はい][いいえ][書き直し]のどれかが結果に設定されます。通常形式では英語でTrueかFalseを判定しますが、カスタムの場合は自分が設定した値で判定します。

▶承認の再割り当て

依頼した承認について、何らかの事情で別の人に承認してもらいたいことがあると思います。このような場面では、再割り当ての機能を利用することができます。再割り当ては、Power AutomateのWebサイト上で行うことが可能です。割り当て対象のメールアドレスを指定すると、届いていた承認依頼が再割り当てされます。ワークフロー側では特に処理が中断するなどは発生しません。

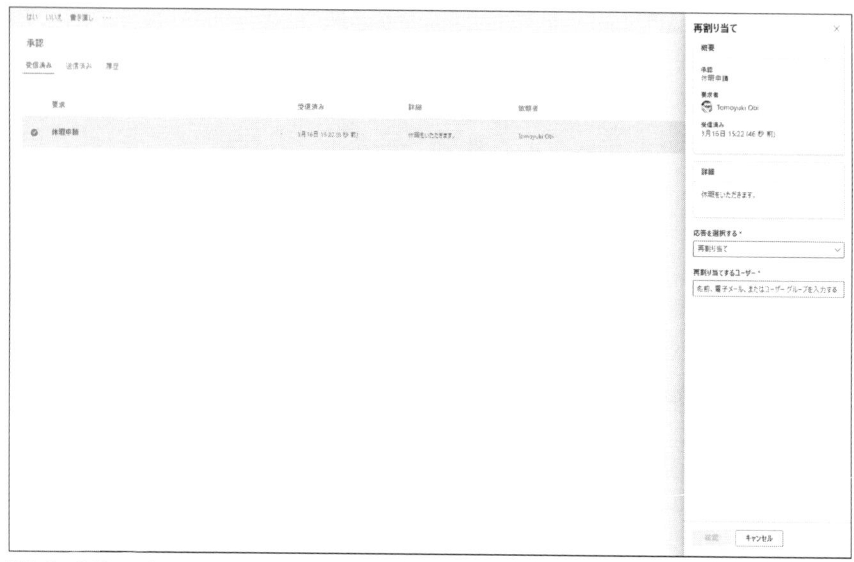

図8.5　承認の再割り当て

▶ 承認にまつわる課題

企業で実際に行われる業務上の承認行為を、Power Automateで完全に実現するのは簡単ではありません。しかし、ワークフローの組み方を工夫することで対応できることもあります。

承認にまつわる課題として、以下が考えられます。

- 課長→部長→経理など、多段階の承認
- 申請者の所属する上長への承認依頼
- 1段階前への差し戻し

多段階の承認は、素直にワークフローを多段階に組み上げることで対応可能です。1人目の承認依頼を行い承認されたら2人目の承認依頼を作成、その後3人目、4人目と段階を組んでワークフロー化すればよいでしょう。各段階で承認依頼が拒否された場合は、そこでワークフローを終了させるようにします。

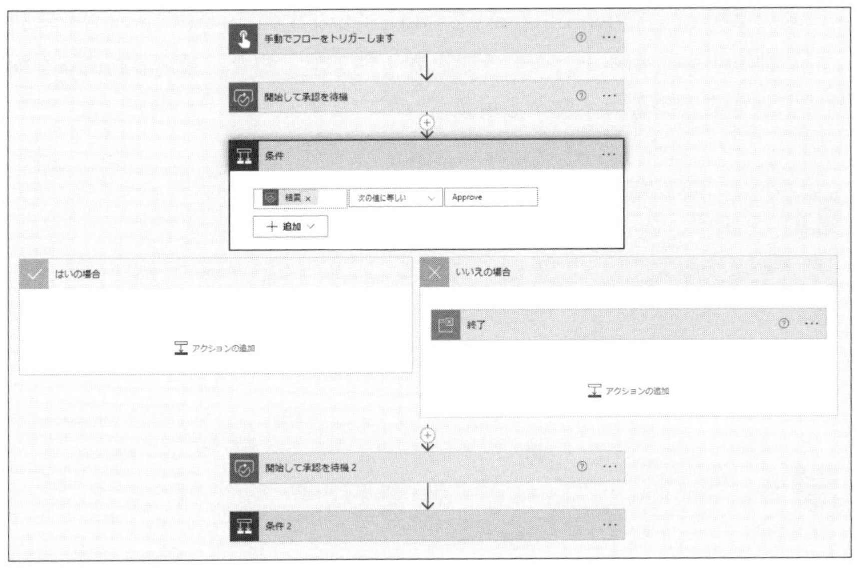

図8.6　拒否された場合のワークフロー

▶ 入れ子構造にしないテクニック

承認依頼の結果を判定する箇所では、条件判断の結果「いいえ」だった場合にワークフローを終了させ、「はい」だった場合には何も処理を設定していません。これは1つのテクニックです。

シンプルに考えた場合、承認の結果が「はい」だった場合に次の承認を行いたくなりますが、そのまま形にすると条件判断の中に承認アクションを設置し、さらに条件判断を行い……と、入れ子構造になりがちです。処理の流れとして、承認結果を判定して［いいえの場合］にワークフローを終了させれば、入れ子構造ではないワークフローを作成できます。条件判定で［はいの場合］の流れは、特に何も処理を行わずに、次の承認依頼を行う形です。このように、できるだけ入れ子構造にせずにワークフローを作成するのは、後で見直したときに処理内容をわかりやすくする点においても重要です。

▶ 上長への承認依頼

申請者の上長への承認依頼は、「上長が誰か」という情報をどこかに保持させていれば簡単に解決できます。Microsoft 365ユーザーや、Azureユーザ一の場合はAzure Active Directoryを利用していますので、Active Directoryに上長は誰かという情報を持たせることが可能です。また、設定した情報を簡易に取得するためのコネクタも用意されています。

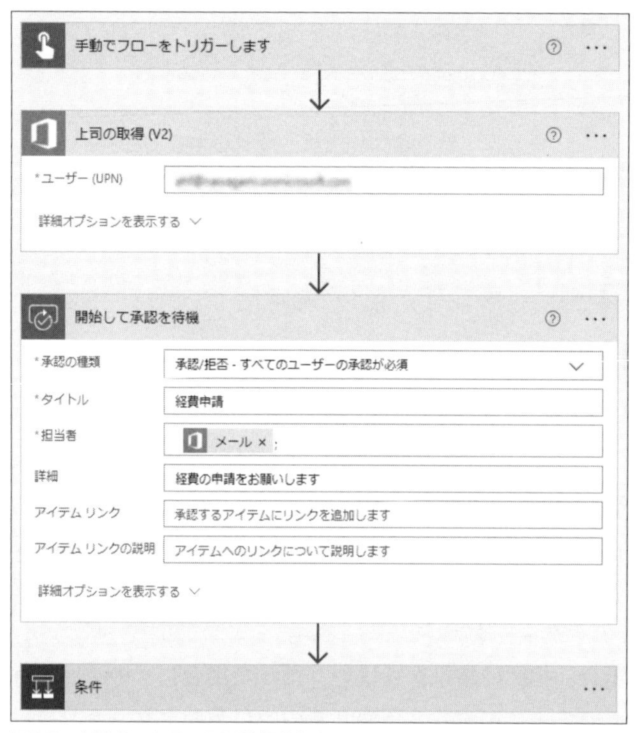

図8.7　申請者の上長へ承認依頼を行う

Office 365ユーザーコネクタには、［上司の取得（V2)］アクションが用意されています。申請者のメールアドレスを設定して実行すると、Azure Active Directoryに設定してある上司の情報が取得できます。ここで取得した上司のメールアドレスを、承認依頼の宛先へ指定することで、常に申請者の上司へ承認依頼を行えます。

このような形でワークフローを作成すると、申請者の所属によってワークフローを分ける必要はなくなり、統一された1つのワークフローで全てまかなうことも可能になります。

▶差し戻し

最後に残るのは1段階前への差し戻しです。Power Automateのワークフローでは、処理の流れが上から下へと流れる仕様になっており、前へ戻ることはできません。Power Automateで差し戻しに対応する場合は、階層ごとにワークフローを独立させることと、階層の間のやり取りを行うワークフローを別途用意する必要があります。全体をコントロールする仕組みを別途用意できれば実現は可能なのですが、Power Automateでそこまでやるべきかどうかは別の問題です。1つの承認のためにワークフローを複数利用することは、複雑にしすぎているように考えられます。差し戻しをPower Automateで対応することと、差し戻しは行わずに再申請で対応させること、どちらのメリットが大きいかはユーザーの環境に依る話題で、一概にこうすべきとはいい切れません。筆者としては、そこまで凝ったことをPower Automateでやるくらいなら専用のシステムを別途導入する方が運用しやすいと考えます。実際問題として、ライセンス上1か月に実行できる処理数には限りがありますので、あまり多量の処理を承認だけで消費してしまうのも考え物です。

[承認] コネクタの活用法

[承認] コネクタの活用方法として、一般的な経費申請や休暇申請をイメージしがちですが、作業の許可を求めることにも利用できます。

[承認] アクションにはファイルを添付することも可能です。作業内容をファイルとして添付し上長に確認してもらうようにすることもできます。また、承認の履歴ではDataverseというデータベースに1か月は保存されますし、別な場所に履歴を記録するようにワークフロー側で工夫することもできます。そのような使い方も、[承認] コネクタの使い道の1つです。他にも何らかの承認行為が必要な作業があれば、[承認] コネクタを利用したワークフローでシステム化させることは検討してもよいでしょう。

全てを自動化できると最も効果的ですが、部分的な自動化であってもメリットが大きいですので、[承認] コネクタをぜひ活用してみてください。

2 メールの添付ファイルを自動で指定のフォルダーに保存

ここでは、「『請求書』という名前のファイルが添付されたメールを受信した場合に、指定の添付ファイルだけをOneDrive for Business内の特定フォルダーに自動で保存する」というワークフローを、Power Automateで作成する方法を紹介します。

［OneDrive］コネクタと［OneDrive for Business］コネクタの違いと使い分けの目安については、第7章「2　OneDriveコネクタ」を参考にしてください。

事前準備

メールに添付ファイルがあり、その添付ファイル名に指定する文字列（今回は「請求書」）が入っている場合の自動保存先として、「OneDrive for Business」を利用します。

事前に、自身のアカウントでアクセスできるOneDrive for Business内に、ファイルを保存するためのフォルダーを作成してください。本書では「請求書2022」というフォルダー名にしました。

ワークフローの作成

ワークフローの全体図は、図8.8のような形になります。

図8.8　ワークフローの全体図

Power Automateポータルのメニューから［+作成］をクリックし、表示された画面で［自動化したクラウドフロー］をクリックし、新規のワークフローを作成します。

▶ トリガーの選択

トリガーには、［Office 365 Outlook］コネクタを利用します。

①［無題］のところにわかりやすい名前（今回は「添付ファイル自動保存」）を入力します。
②検索窓に「Office 365」と入力します。
③コネクター覧の中から［Office 365 Outlook］をクリックします。

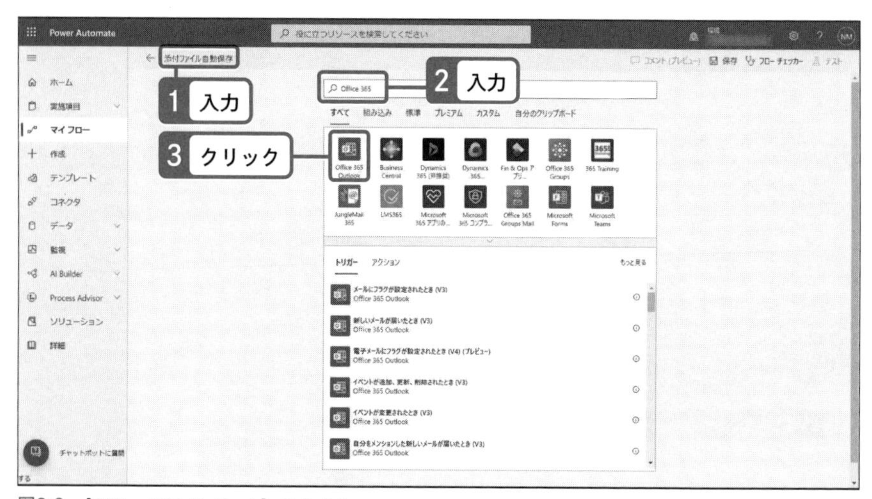

図8.9 ［Office 365 Outlook］コネクタ

① ［トリガー］タブを選択しているのを確認します。
② ［新しいメールが届いたとき（V3)］をクリックします。

このコネクタは、指定したフォルダーに新着メールが届いた場合にトリガーが起動することになります。

図8.10 ［新しいメールが届いたとき（V3)］

初めて［Office 365 Outlook］コネクタを利用する場合は、図8.11のようにサインインを求められます。メールの受信を行うIDとパスワードで認証を行います。

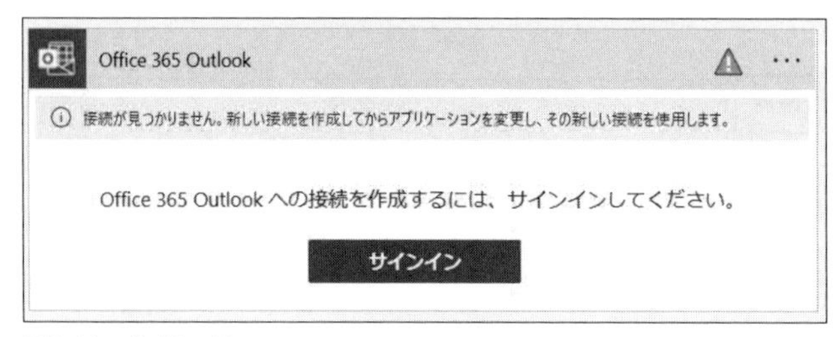

図8.11　サインイン

サインインが完了すると、図8.12のような表示に変わります。以下のように設定します。

①［フォルダー］：通常は［受信トレイ］のままで問題ありません。［フォルダー］は、受信トレイだけでなく特定のフォルダーだけを対象とすることもできます（今回は個人のフォルダーを選択します）。
②［添付ファイルを含める］：［はい］を選択します。
③［添付ファイル付きのみ］：［はい］を選択します。

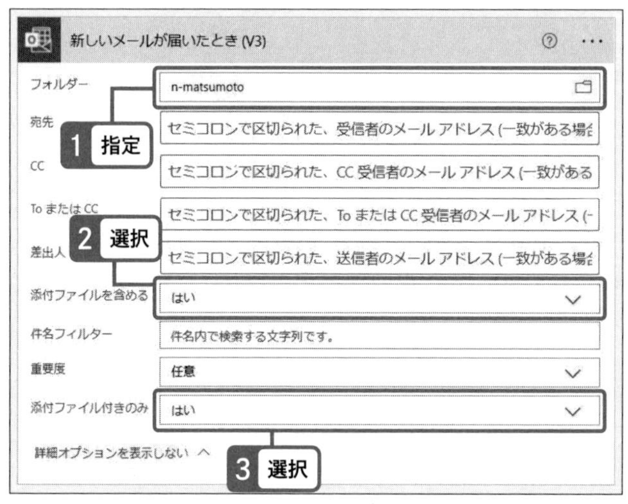

図8.12　新しいメールが届いたとき

［添付ファイル付きのみ］に［はい］と設定することで、トリガーの時点

で「添付ファイル付きのメールかどうか」の判定処理を行っています。よって、添付ファイルが付いていないメールを受信した場合は、このトリガーはスキップされ、ワークフローは実行されません。

▶ Apply to eachコネクタの設定

次は、後続のコネクタで「アクション」を設定していきます。

この部分では、[コントロール] コネクタに含まれる [条件] コネクタでメールの添付ファイル名を参照し、「請求書」という文言が含まれるかどうかで次の処理を切り替えます。

ですが [条件] コネクタを設定する前に、特定ブロックの繰り返し処理 (ループ処理) を行う [Apply to each] コネクタを用意して、その中に [条件] コネクタを入れる形とします。これは、メールに複数のファイルが添付されているケースに対応するためです。

[条件] コネクタでは、一度に1つの添付ファイル名しか参照できないので、[Apply to each] のループ処理で全ての添付ファイル名をチェックし終えるまで繰り返すようにします。

トリガー直下の [＋新しいステップ] をクリックします。

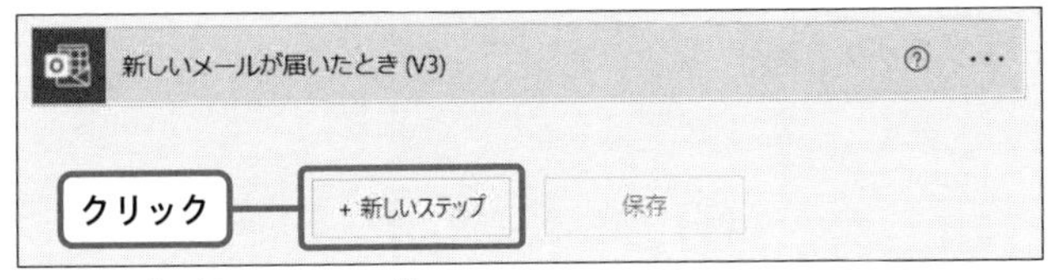

図8.13 [＋新しいステップ]

[コントロール] コネクタを選択します。

①タブを [組み込み] に変更
②一覧に表示される [コントロール] をクリック

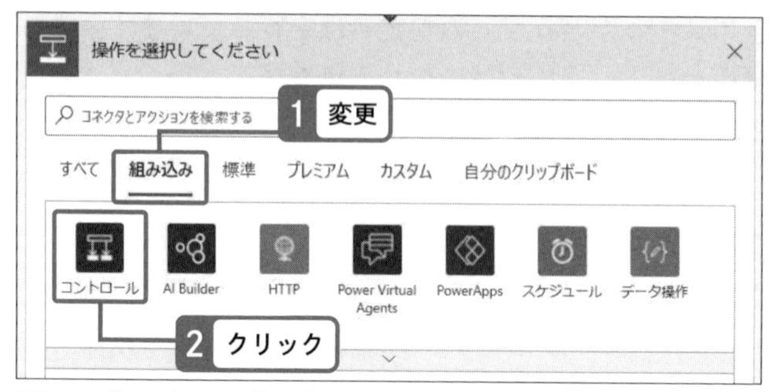

図8.14 [コントロール] コネクタを選択

一覧の中から［Apply to each］コネクタをクリックします。

図8.15 [Apply to each]

［Apply to each］コネクタの設定を行います。

① ［新しいメールが届いたとき（V3)］の動的なコンテンツの一覧から［添付ファイル］をクリックします。

② ［Apply to each］コネクタ内の［アクションの追加］をクリックします。

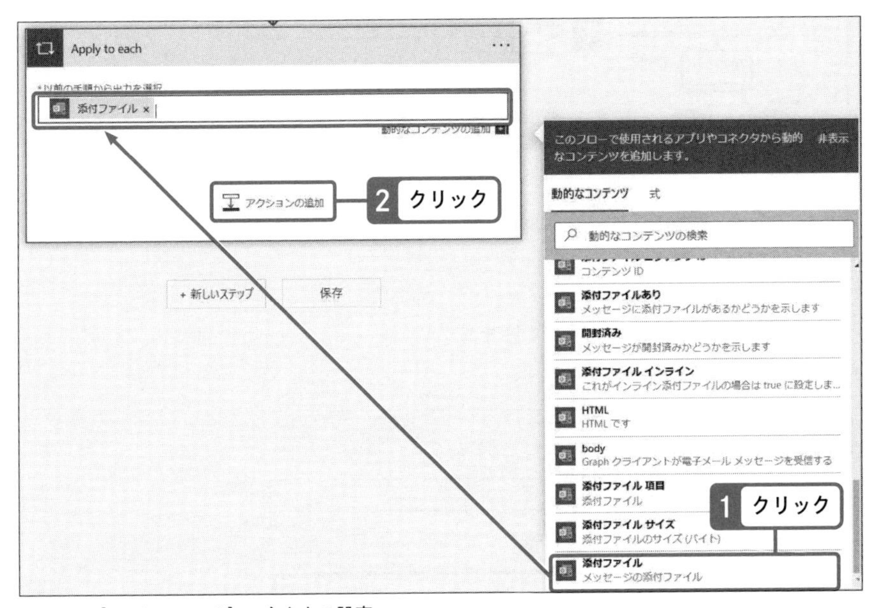

図8.16 ［Apply to each］コネクタの設定

コントロールコネクタの［条件］コネクタを追加します。

①タブを［組み込み］に変更します。

②一覧に表示される［コントロール］をクリックします。

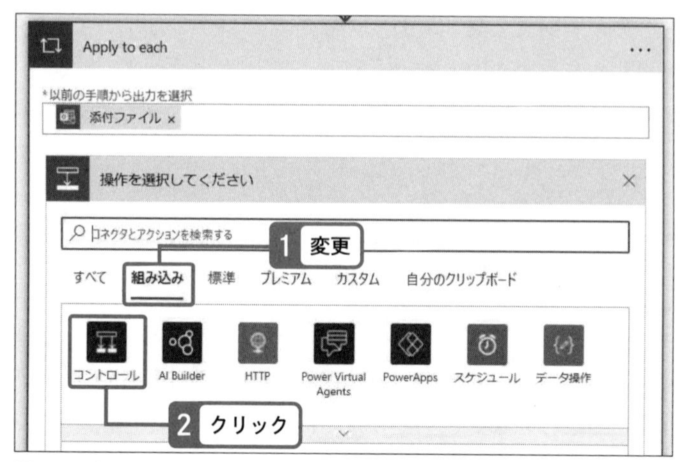

図8.17 [コントロール]

[条件] コネクタをクリックします。

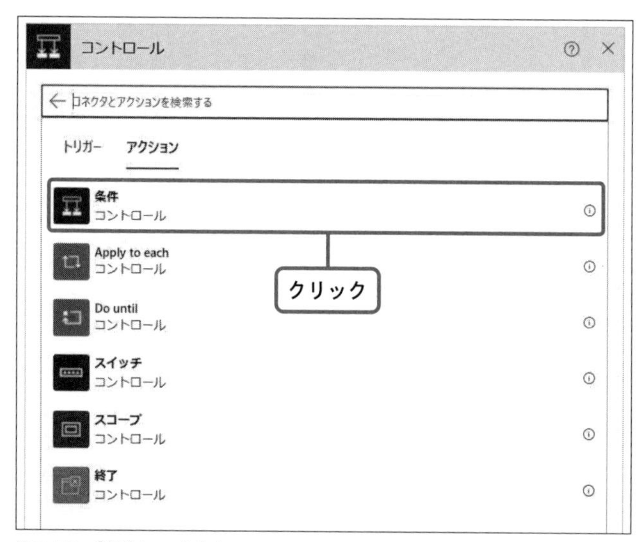

図8.17 [条件] コネクタ

この部分で、処理対象とすべき添付ファイルか否かを判断する条件を指定します。

①［動的なコンテンツ］から［添付ファイル 名前］を選択します。
②一覧から［次の値を含む］を選択します。
③「請求書」と入力します。

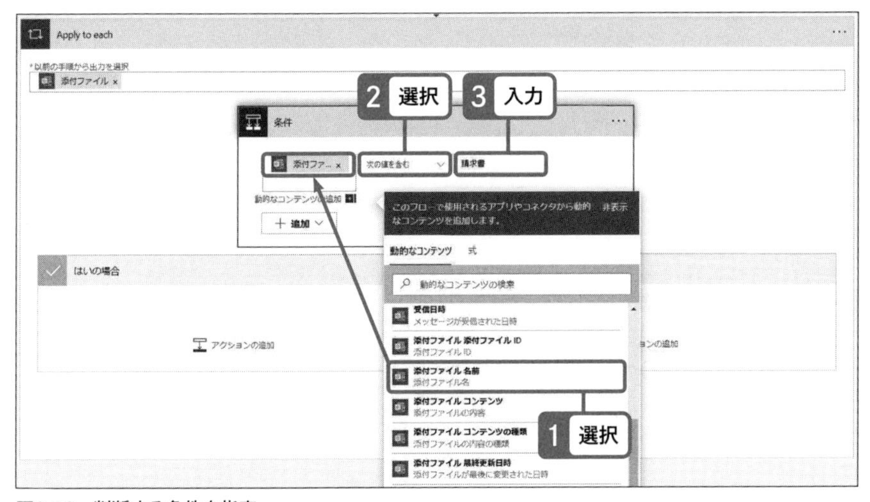

図8.18　判断する条件を指定

▶OneDrive for Businessコネクタの設定

添付ファイルを保存するアクションを追加します。今回は「OneDrive for Business」内の指定のフォルダーに保存します。

条件に当てはまる場合のみ添付ファイルの保存処理を実行させたいので、［はいの場合］と［いいえの場合］のブロックのうち［はいの場合］の方にコネクタを追加します。

なお、条件に当てはまらなかった場合は［いいえの場合］ブロックのアクションが実行されます。今回は処理がないので［いいえの場合］の方は空白のままにします。

［はいの場合］のブロック内にある［アクションの追加］をクリックします。

図8.19　添付ファイルを保存するアクション

①検索窓に「OneDrive」と入力
②［OneDrive for Business］をクリック

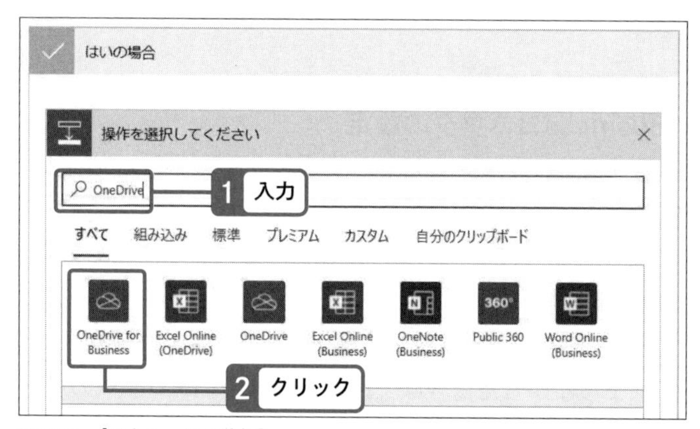

図8.20　［アクションの追加］

一覧の中から［ファイルの作成］をクリックします。

図8.21　[ファイルの作成]

初めて［OneDrive for Business］コネクタを利用する場合、サインインを求められます。サインインが完了すると、図8.22のような表示に変わります。以下のように設定します。

① ［フォルダーのパス］：前出の「事前準備」で作成したフォルダーを選択します。
② ［ファイル名］：動的なコンテンツから［添付ファイル名前］を選択します。
③ ［ファイルコンテンツ］：動的なコンテンツから［添付ファイルコンテンツ］を選択します。

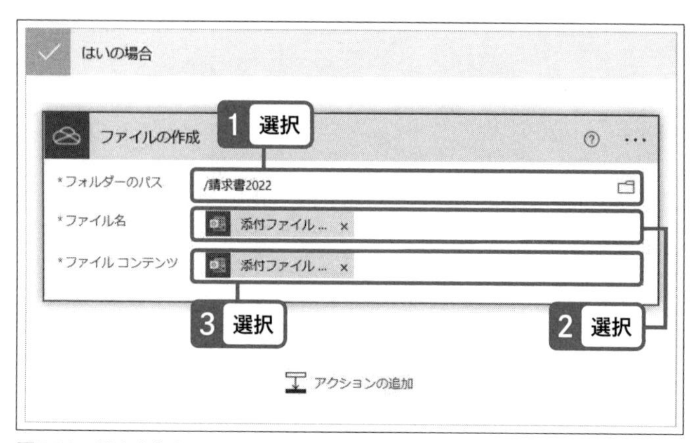

図8.22　設定を行う

ワークフローの保存

ワークフローが完成したら、最後に保存します。Power Automateは、デザイナー画面の上部メニューにある［保存］か下部の［保存］ボタンをクリックすることで保存ができます。

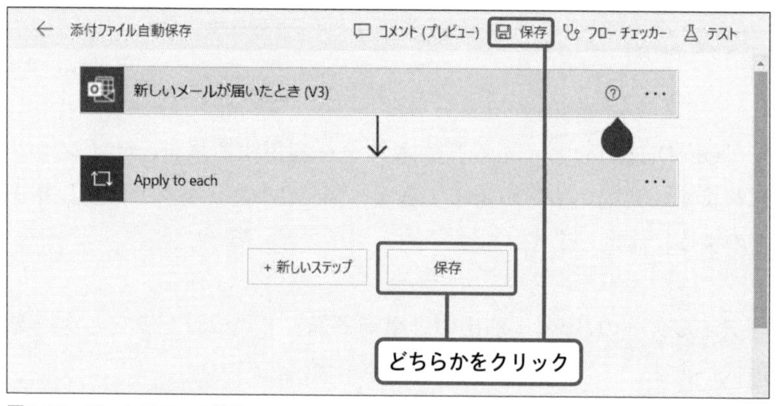

図8.23　ワークフローの保存

この［保存］をすることでワークフローは有効化され、条件を満たすメールを受信すると自動的に処理が実行されるようになります。

ワークフローを一時的に無効にする

ワークフローが有効になっている間、トリガーの条件（今回は添付ファイル付きメールを受信する）を満たすたびに処理が自動実行されます。その際に一時的に自動実行を止めたい場合が出てくるかもしれません。この場合は以下の方法で、ワークフローを削除することなく一時無効化することができます。

▶ワークフローを停止する

Power Automateポータル画面の左メニューの［マイフロー］をクリックし、一時無効化したいワークフロー（今回は「添付ファイル自動保存」）をクリックします。

ワークフローが有効の場合、上部のメニューが図8.24のように［オフにする］という表記になっています。

図8.24　ワークフローが有効

上部のメニューの［オフにする］をクリックすると、［オンにする］の表記に変わります。また、上部メニュー直下に「このフローには潜在的な問題があります。フローチェッカーを開いて詳細を確認してください。」という文言が表示されますが、この状態でワークフローを停止することができています。

図8.25　ワークフローが停止されている

なお、これは一時的に処理を止めているだけなので、いつでも再有効化することができます。

もし作成したワークフローそのものが不要になった場合は、上部メニュー内にある［削除］をクリックすれば削除されます。

ワークフローの一時停止も適宜活用してください。

3 簡易タイムカード

Power AutomateのボタンコネクタとExcel Online（OneDrive）を利用して、簡易タイムカードを作成する方法をご紹介します。

このフローは個人用の簡易版なので、事前に利用者の把握や管理をする作業の必要がなく、デバイスにPower Automateアプリをダウンロードしておくだけで利用可能です。

あくまでも簡易的な仕組みですので、利用する際は社内の運用ルール等に従って自己責任でご活用ください。

事前準備

出勤・退勤時間を記録するためのExcelファイルを作成します。このファイルは、個人ごとに作成することをお勧めします。今回は「2021出勤簿-matsumoto.xlsx」という名前でファイルを作成しました。

Excelファイルの1行目のA列～G列に「日付」「従業員名」「メールアドレス」「出勤時間」「退勤時間」「条件用01」「条件用02」という順で入力します。

入力後に［挿入］→［テーブル］→［テーブルの作成］を選択し、テーブルを作成します。このとき、［先頭行をテーブルの見出しとして使用する］にチェックを入れておきます。

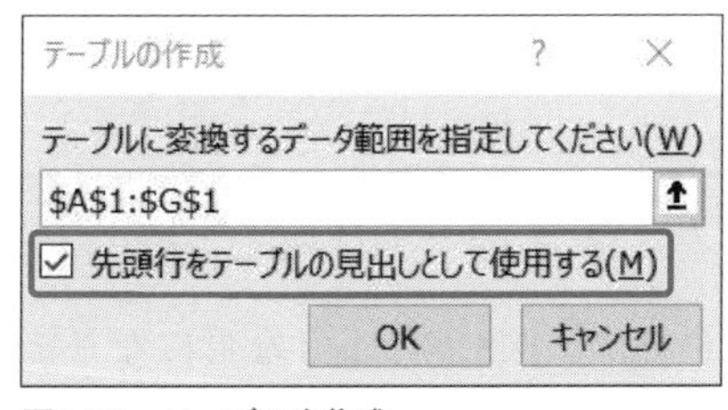

図8.26　テーブルを作成

図8.27のような形のExcelファイルが作成できたら、OneDriveに保存してください。

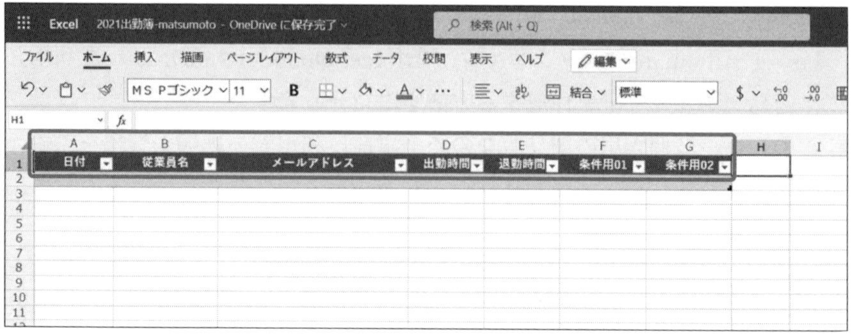

図8.27　テーブルを作成

これらの項目（見出し部分）が含まれたテーブルをPower Automateのコネクタで利用します。

ワークフローの作成

今回は、出勤時の打刻に利用するワークフロー（Button出勤）と退勤時の打刻に利用するワークフロー（Button退勤）の2つを作成します。また、出勤・退勤の時刻の打刻ができたかどうかをデバイスにメッセージで通知するようにします。

まずは［出勤時の打刻に利用するワークフロー（Button出勤）］から説明していきます。

Button出勤（出勤時に打刻）ワークフローの作成

出勤時に打刻をするワークフローは、最終的に図8.28のような形になります。

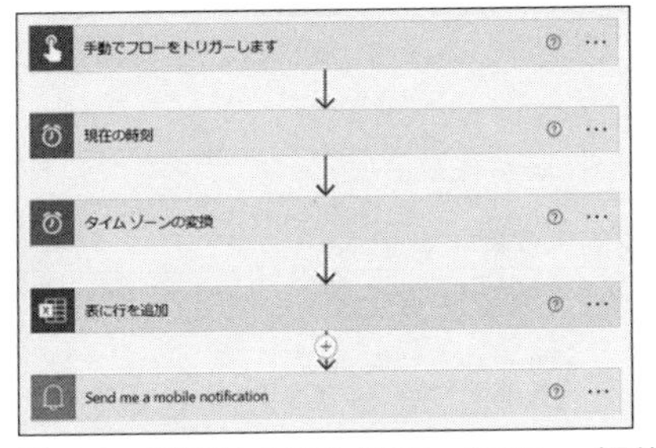

図8.28　出勤時に打刻をするワークフロー（最終形）

Power Automateポータルのメニューから［＋作成］をクリックし、表示された画面で［自動化したクラウドフロー］をクリックします。

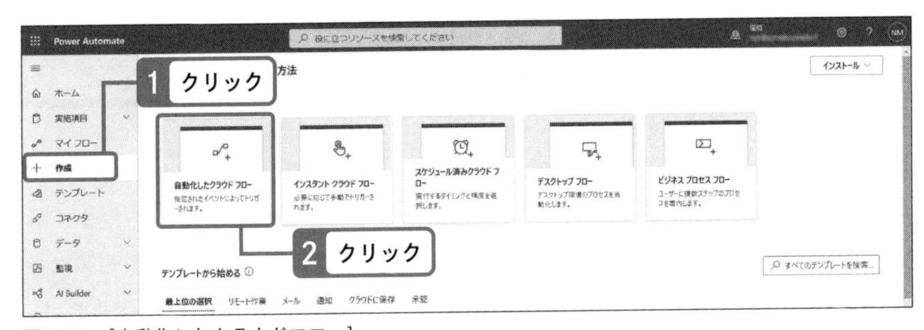

図8.29　［自動化したクラウドフロー］

［自動化したクラウドフローを構築する］ウィンドウが開くので、今回は何も設定せず［スキップ］をクリックします。

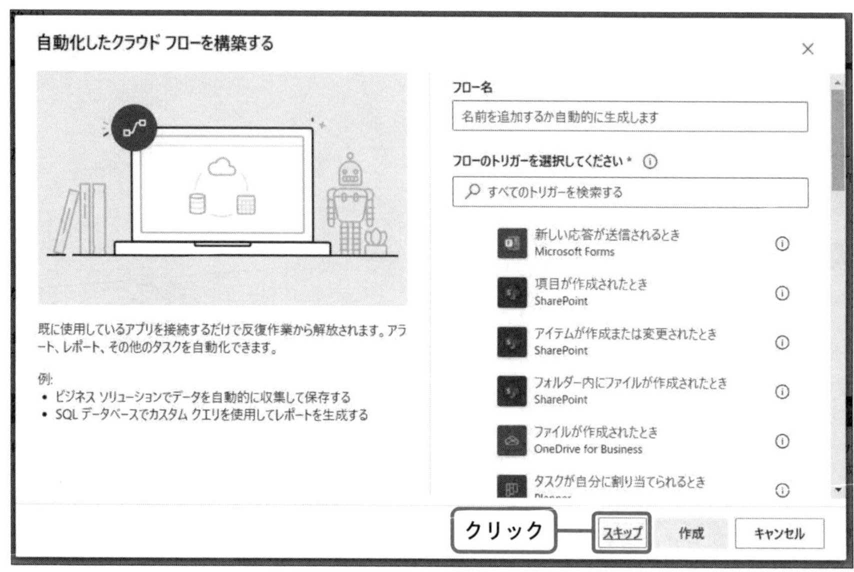

図8.30 ［スキップ］をクリック

▶トリガーの選択

トリガーには、Power Automateアプリに表示されるボタンでワークフローを起動する［モバイルのFlowボタン］コネクタを指定します。デザイナー画面が開くので、トリガーの選択とワークフローの名前を入力します。

①［無題］のところにわかりやすい名前（今回では「Button出勤」）を入力します。
②トリガーとして［モバイルのFlowボタン］をクリックします。
③［手動でフローをトリガーします］をクリックします。

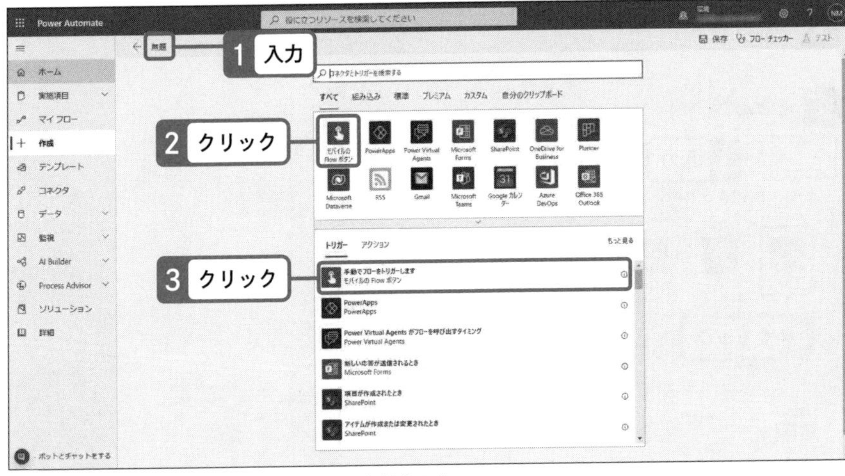

図8.31 トリガーの選択とワークフローの名前を入力

▶アクションの選択：[日時] コネクタ

次に、アクションを選択していきます。

①検索窓に「日時」と入力します。
②［日時］コネクタをクリックします。
③［現在の時刻］をクリックします。

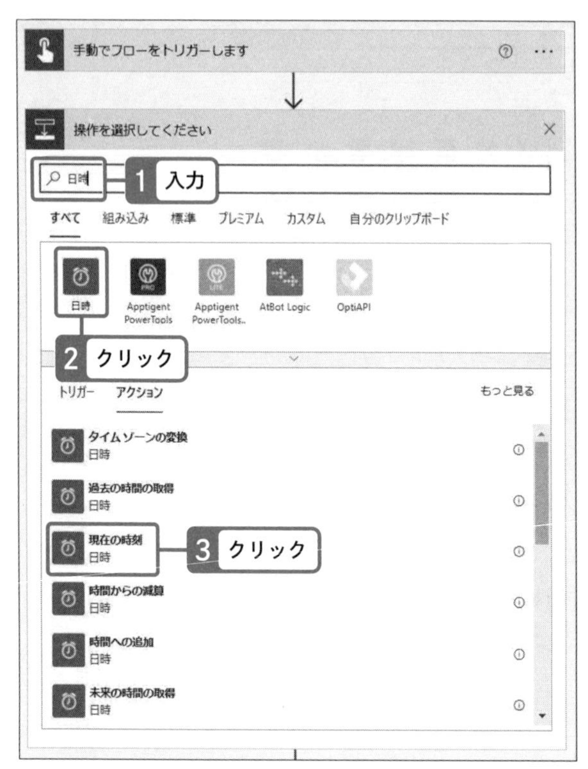

図8.32 アクションの選択

［現在の時刻］コネクタは追加情報が必要ありません。後続の手順で出力を使用できるようになるので、次のアクションを選択します。

［現在の時刻］で表示される時刻は日本のタイムゾーンではないため、変換する必要があります。先ほどと同じように検索窓に「日時」と入力し、表示される一覧の中から［タイムゾーンの変換］コネクタを選んでクリックします。

④基準時間：動的なコネクタから［現在の時刻］を選択します
⑤書式設定文字列：Excelのセルに入力するので［短い形式の時刻パターン］を選択します
⑥変換元のタイムゾーン：［(UTC−09:00) 協定世界時-09］を選択します。

⑦変換先のタイムゾーン：[(UTC＋09:00) 大阪、札幌、東京] を選択します。

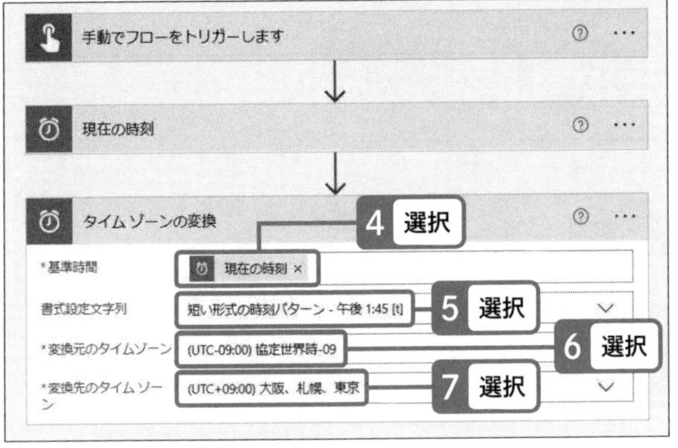

図8.33　次のアクションを選択

時刻を取得するワークフローを作成したい場合、[現在の時刻] コネクタとタイムゾーンの変換をセットで使うということを覚えておくと便利です。

▶ アクションの選択：[Excel Online (OneDrive)] コネクタ

次に、Excelコネクタを選択します。

①検索窓に「excel」と入力します。

②表示される [Excel Online (OneDrive)] をクリックします。

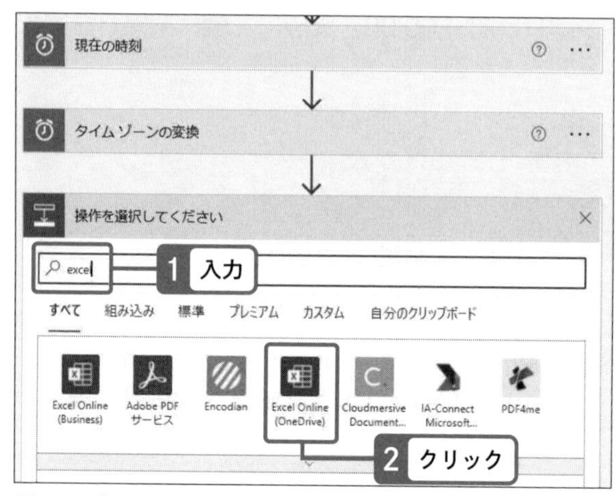

図8.34 ［Excel Online（OneDrive)］を選択

表示される一覧の中から［表に行を追加］をクリックします。

図8.35 ［表に行を追加］を選択

①ファイル：事前に作成しておいたExcelファイル名（今回は［2021出勤簿-matsumoto.xlsx］）を選択します。

②テーブル：表示されているテーブル名（今回は［テーブル1］）を選択します。

このとき、図中の枠内の項目が作成済みのExcelファイルの見出しと同じになっているか確認をしてください。

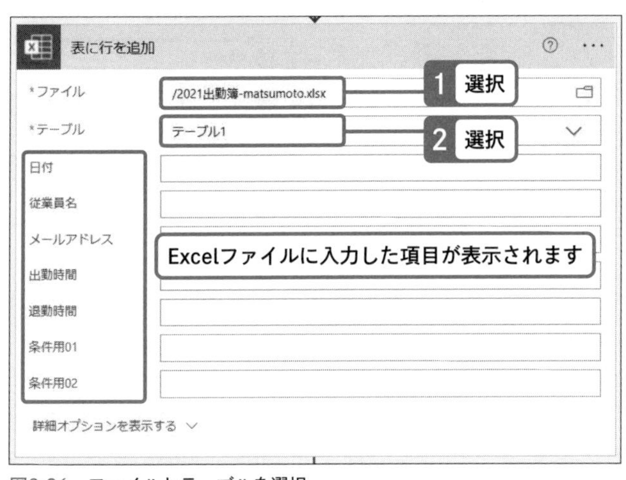

図8.36　ファイルとテーブルを選択

［動的なコンテンツ］の内容を選択していきます。

③［動的なコンテンツ］の［手動でフローをトリガーします］の中から該当する項目を選択します。

・日付：［日付］を選択
・従業員名：［ユーザー名］を選択
・メールアドレス：［ユーザーの電子メール］を選択

④出勤時間：［動的なコンテンツ］の［タイムゾーンの変換］の［変換後の時間］を選択します。

図8.37　動的なコンテンツと出勤時間1

⑤条件用01：出勤時刻が打刻済みかどうかを判定するためのキーになる値を入力します。

⑥［式］をクリック後、fxの部分に以下の内容を入力し［OK］ボタンをクリックします。

```
formatDateTime(addhours(utcnow(),9),'yyyyMMdd')
```

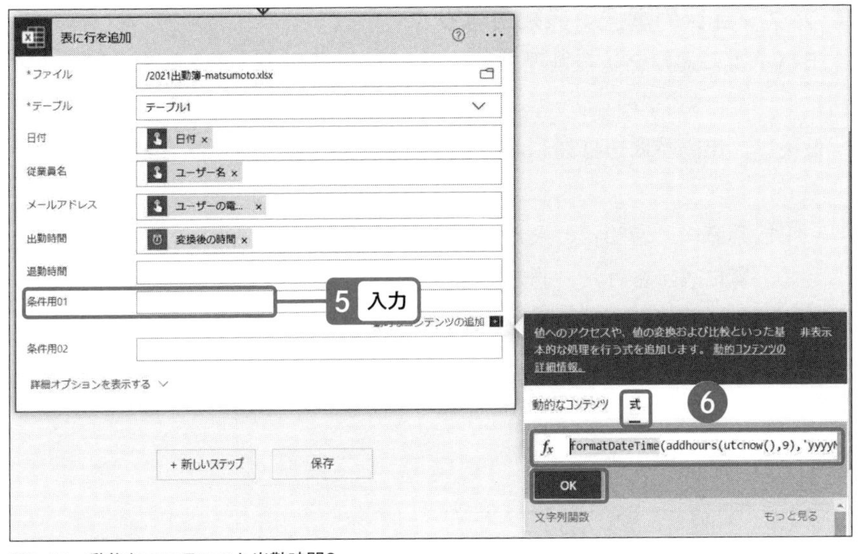

図8.38　動的なコンテンツと出勤時間2

［表に行を追加］コネクタの入力内容が、図8.39のようになっているか確認してください。

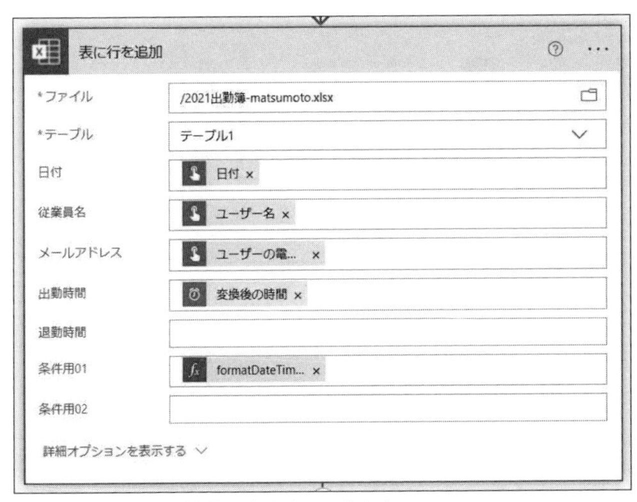

図8.39　［表に行を追加］コネクタの入力内容

▶アクションの選択：通知コネクタ

モバイルに通知を送る処理を追加します。［通知］コネクタを利用する方法については第3章の「5　モバイルアプリ」を確認してください。

最後に、出勤時間を打刻したことを通知するようコネクタを追加します。

①検索窓に「通知」と入力します。

②一覧に表示された［通知］をクリックします。

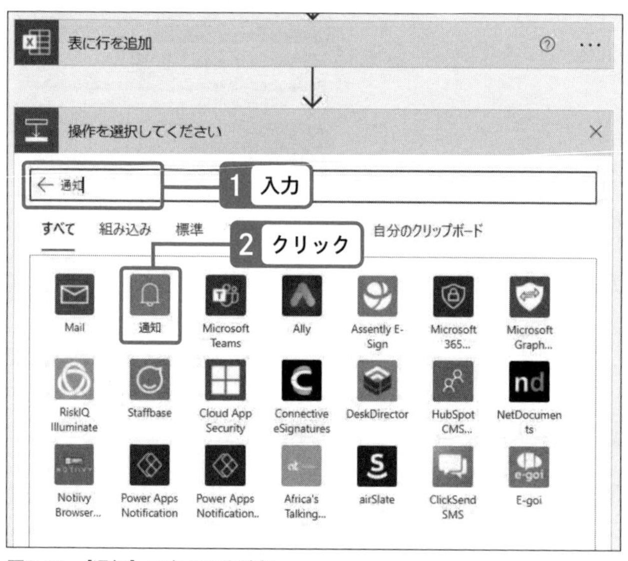

図8.40 ［通知］コネクタを追加

アクションの［モバイル通知を受け取る］をクリックします。

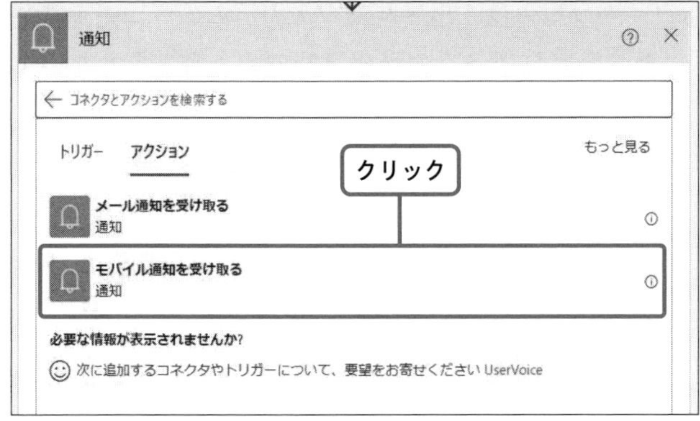

図8.41 ［モバイル通知を受け取る］

［テキスト］の項目に今回は「出勤の打刻が完了しました」と入力しました。この内容がデバイスに通知されます。

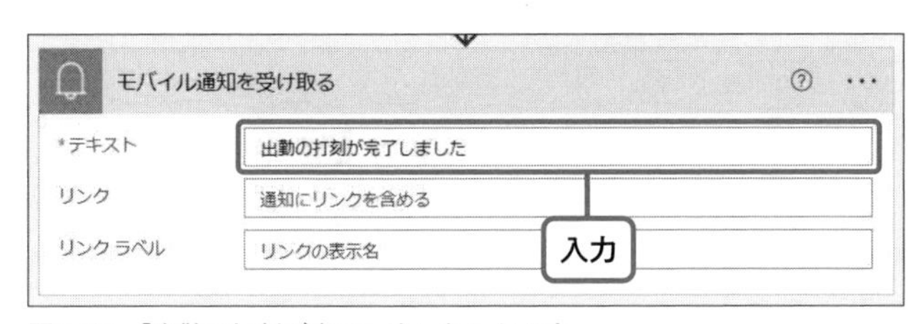

図8.42 「出勤の打刻が完了しました」と入力

Button退勤（退勤時に打刻）ワークフローの作成

退勤時に打刻をするワークフローは、出勤時刻が入力済みの行に退勤時刻を入力する（同日)、退勤時間が打刻済みの場合は時刻の上書きをしないよう処理を入れます。

最終的にワークフローは図8.43のような形になります。

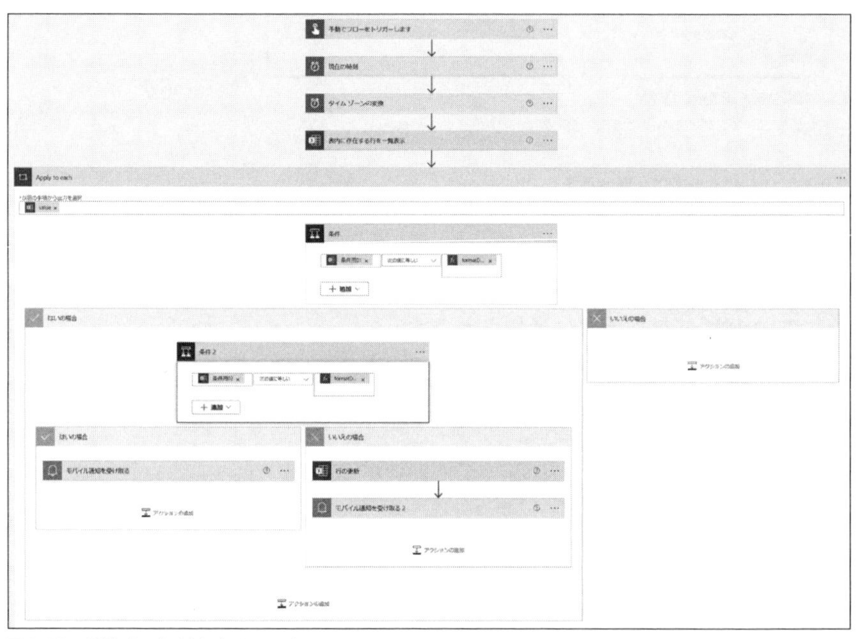

図8.43　退勤時に打刻をするワークフロー

▶ トリガーの選択

出勤時に打刻するワークフロー（Button出勤）と同じく、トリガーにはボタンコネクタを使用します。デザイナー画面が開いたら、ワークフローの名前の入力とトリガーの選択をします。

①［無題］のところにわかりやすい名前（今回は「Button退勤」）を入力します。
②トリガーとして［モバイルのFlowボタン］をクリックします。
③［手動でフローをトリガーします］をクリックします。

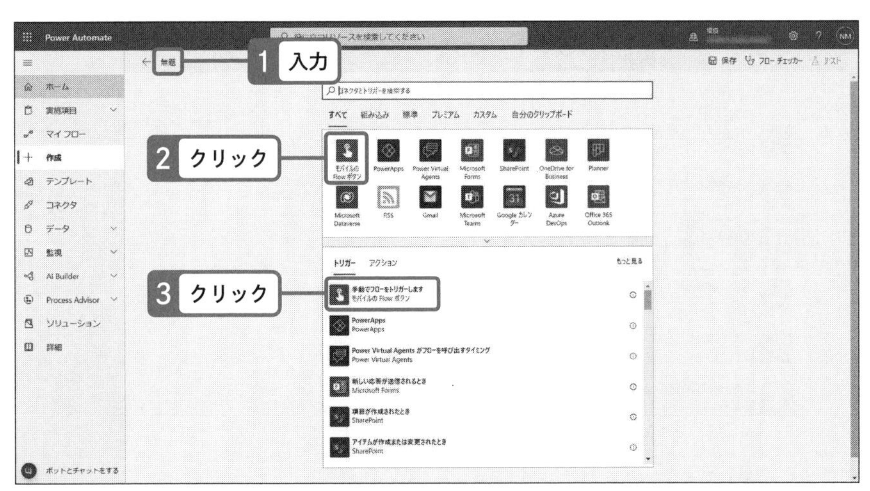

図8.44　ワークフローの名前の入力とトリガーの選択

▶ アクションの選択：日時コネクタ

次に、アクションを選択していきます。

①検索窓に「日時」と入力します。
②［日時］コネクタをクリックします。
③［現在の時刻］をクリックします。

［現在の時刻］コネクタは追加情報が必要ありません。後続の手順で出力を使用できるようになるので、次のアクションを選択します。

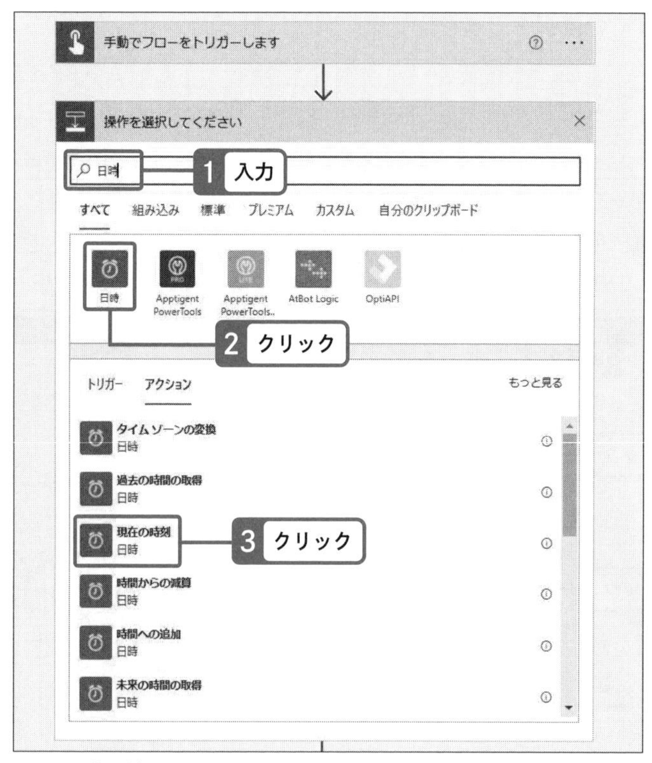

図8.45 ［日時］コネクタのアクションを選択

［現在の時刻］で表示される時刻は日本のタイムゾーンではないため、変換する必要があります。

先ほどと同じように検索窓に「日時」と入力し、表示される一覧の中から［タイムゾーンの変換］コネクタを選んでクリックします。

①基準時間：動的なコネクタから［現在の時刻］を選択します。
②書式設定文字列：Excelのセルに入力するので［短い形式の時刻パターン］を選択します。

③変換元のタイムゾーン：[(UTC−09:00) 協定世界時-09] を選択します。
④変換先のタイムゾーン：[(UTC＋09:00) 大阪、札幌、東京] を選択します。

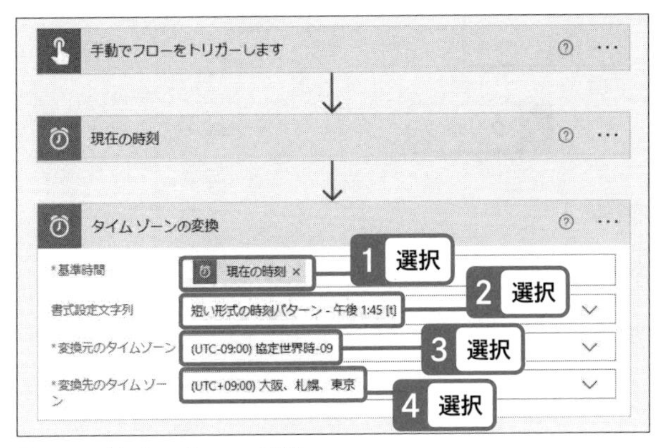

図8.46 [タイムゾーンの変換]

▶ アクションの選択：[Excel Online (OneDrive)] コネクタ

次に、Excelコネクタを選択します。

①検索窓に「excel」と入力します。
②一覧の中から [Excel Online (OneDrive)] をクリックします。
③ [表内に存在する行を一覧表示] をクリックします。

図8.47 [Excel Online（OneDrive)]

［表内に存在する行を一覧表示］の項目を選択します。

④ファイル：時刻を打刻するExcelファイル（今回は［2021出勤簿-matsumoto.xlsx]）を選択します。
⑤テーブル：出勤時刻を打刻済みのテーブル（今回は［テーブル1]）を選択します。

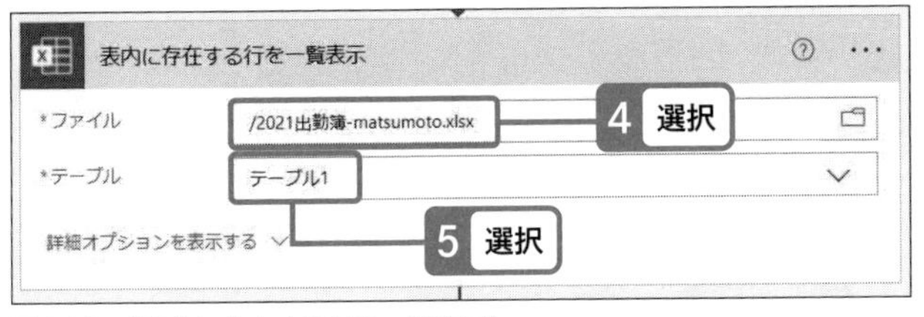

図8.48 ［表内に存在する行を一覧表示］

▶アクションの選択：[コントロール] コネクタ

条件コネクタを利用して、Excelファイル内で同日の出勤時刻の入力がある行に退勤時刻を入力するようにします。

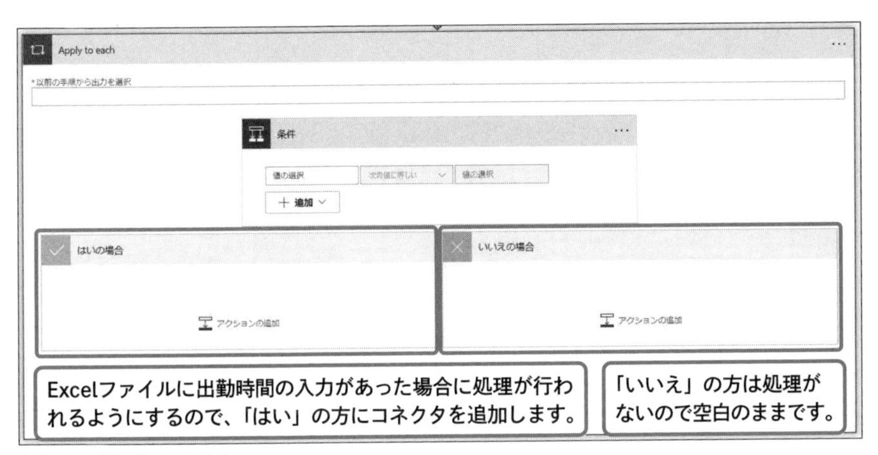

図8.49 ［条件］コネクタ

①検索窓に「コントロール」と入力します。

②一覧に表示される［コントロール］をクリックします。

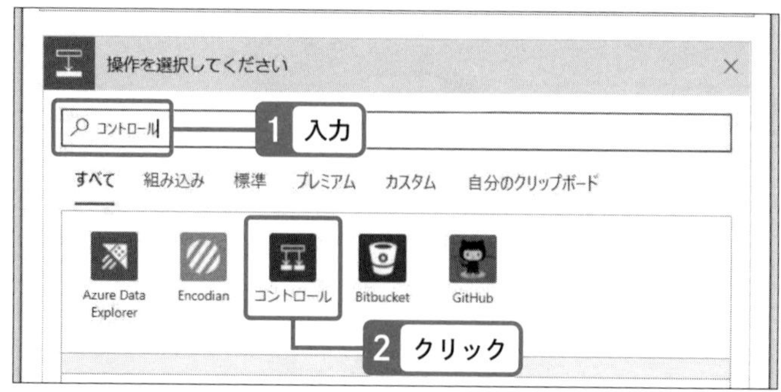

図8.50 [コントロール]

表示された一覧の中から［Apply to each］をクリックします。

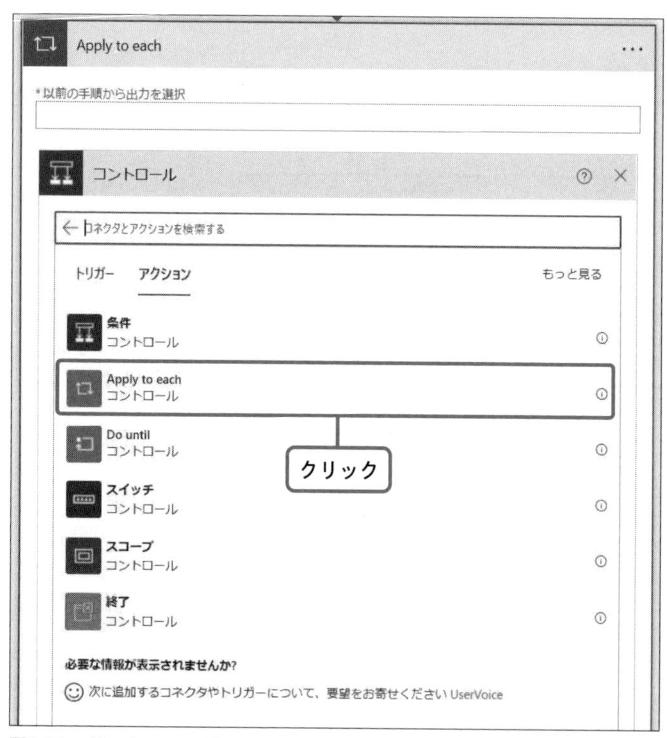

図8.51 [Apply to each]

①Apply to each内の［アクションの追加］をクリックします。
②画面の表示が変わるので検索窓に「コントロール」と入力します。
③一覧の中から［コントロール］をクリックします。

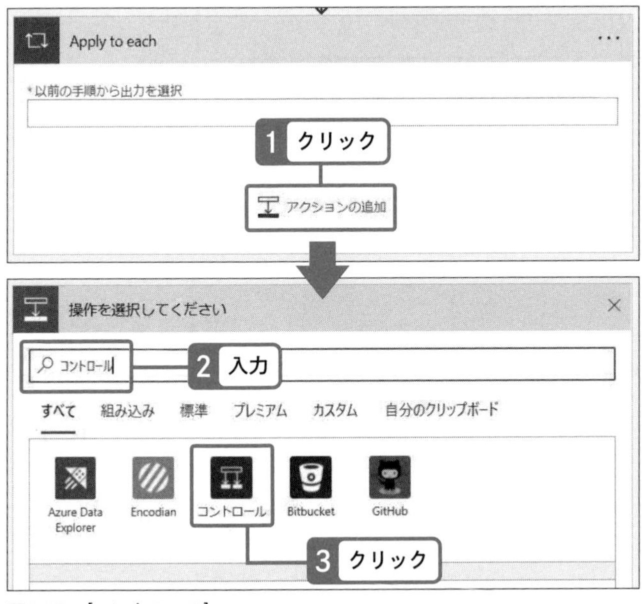

図8.52 ［コントロール］

▶アクションの選択：［条件］コネクタ

一覧の中から［条件］をクリックします。

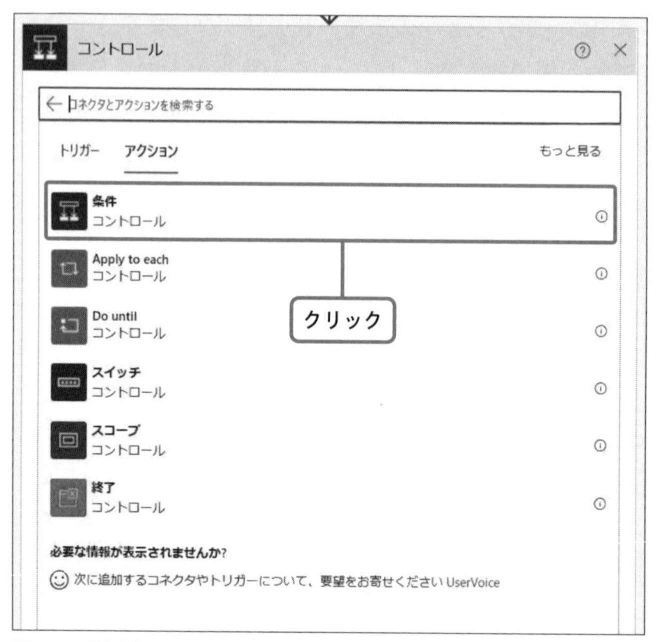

図8.53 [条件]

Apply to each内に［条件］コネクタが入った形を作ります。

図8.54 [条件] コネクタが入った

それぞれの項目に動的なコンテンツの内容を入力していきます。

①動的なコンテンツ［表内に存在する行を一覧表示］の中の［value］を選択します。
②動的なコンテンツ［表内に存在する行を一覧表示］の中の［条件用01］を選択します。
③［次の値に等しい］を選択します。

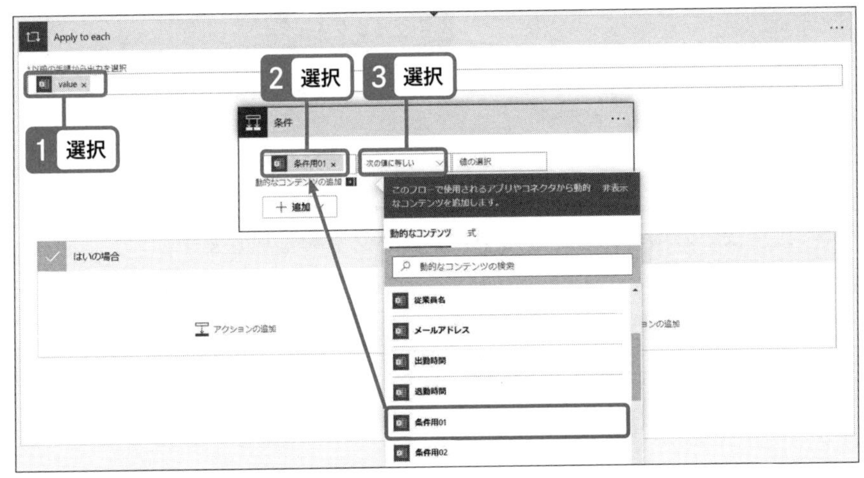

図8.55　動的なコンテンツの内容を入力

④［式］を選択し以下の内容を入力します。

```
formatDateTime(addhours(utcnow(),9),' yyyyMMdd' )
```

⑤入力が完了したら［OK］ボタンをクリックします。

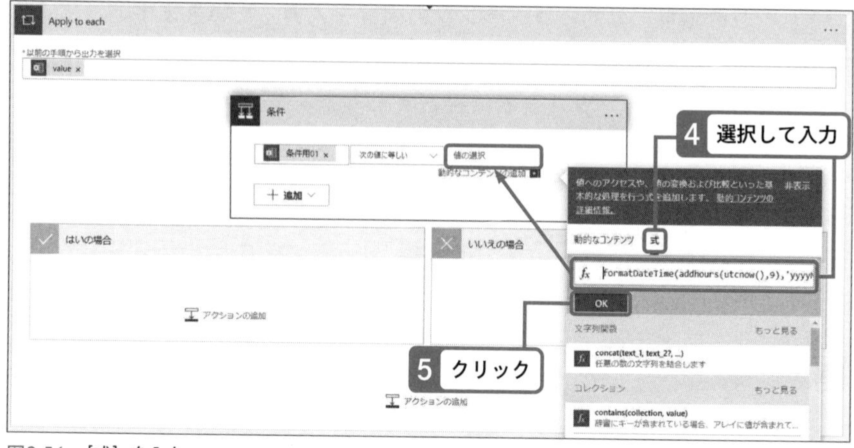

図8.56 ［式］を入力

▶条件コネクタ：［はいの場合］の方にアクションを追加

次に、［はいの場合］の方に［条件］コネクタを追加します。

図8.57 ［はいの場合］の［条件］コネクタ

検索窓に「コントロール」と入力し、表示された一覧の中から［条件］をクリックします。

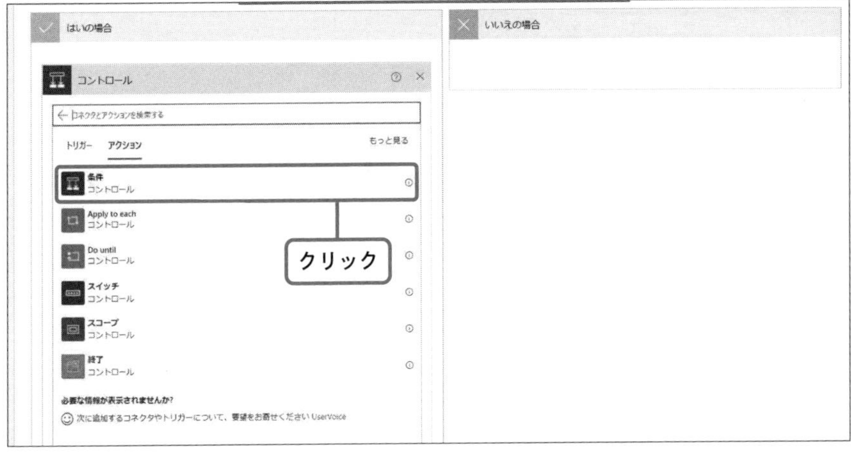

図8.58 ［条件］をクリック

2個目の［条件］コネクタになるため、名前が［条件2］という表記になります。それぞれの項目に動的なコンテンツの内容を入力していきます。

①動的なコンテンツ［表内に存在する行を一覧表示］の中の［条件用02］を選択します。
②［次の値に等しい］を選択します。
③［式］を選択し以下の内容を入力します。

```
formatDateTime(addhours(utcnow(),9),'yyyyMMdd')
```

入力が完了したら［OK］ボタンをクリックします。

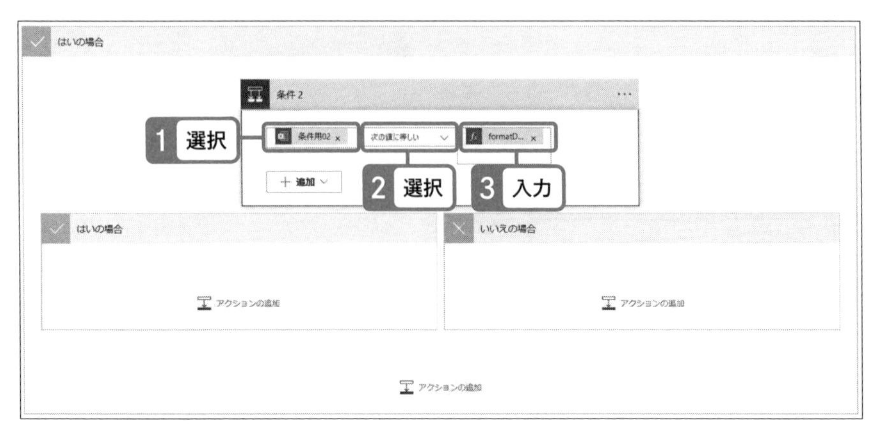

図8.59 [動的なコンテンツの内容を入力

［条件2］は、条件結果によって［はい］と［いいえ］の両方に処理が入ります。

図8.60 両方に処理が入る

▶条件2コネクタ：［いいえの場合］の方にアクションを追加

条件2で退勤時刻に打刻していない場合、［いいえの場合］に追加した以下のアクションが実行されます。

［いいえの場合］の中の［アクションの追加］をクリックし、検索窓に「Excel」と入力します。［Excel Online（OneDrive)］をクリックし、一覧の中から［行の更新］をクリックします。

図8.61 ［いいえの場合］に追加したアクション

それぞれの項目に動的なコンテンツの内容を入力していきます。

①ファイル：事前に作成しておいたExcelファイル（今回は［2021出勤簿-matsumoto.xlsx］）を選択します。
②テーブル：表示されているテーブル名（今回は［テーブル1］）を選択します。
このとき、図中の枠内の項目が作成済みのExcelファイルの見出しと同じになっているか確認をしてください
③キー列：［日付］を選択します。
④キー値：動的なコンテンツ［表内に存在する行を一覧表示］の中の［日付］を選択します。
⑤退勤時間：この部分はExcelファイル内の見出し部分の項目が表示さ

れています。動的なコンテンツ［タイムゾーンの変換］の［変換後の時間］を選択します。

⑥条件用02：［式］を選択して以下の内容を入力します。

```
formatDateTime(addhours(utcnow(),9),' yyyyMMdd' )
```

入力が完了したら［OK］ボタンをクリックします。

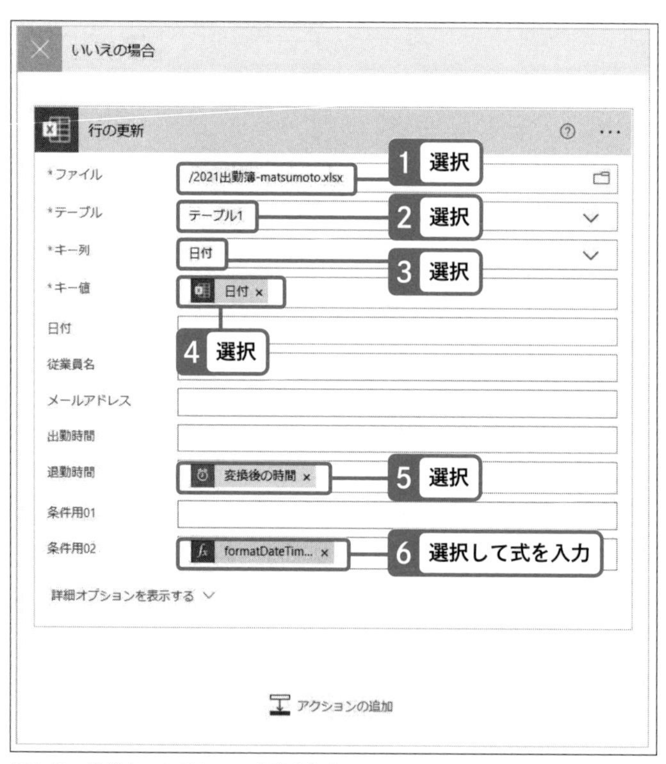

図8.62　動的なコンテンツの内容を入力

次に、デバイスに通知が来るように［通知］コネクタの設定をします。先ほど設定した［Excel Online（OneDrive）］コネクタ直下の［アクションの追加］をクリックし、検索窓に「通知」と入力します。

一覧に表示された［通知］をクリックし、アクションの［モバイル通知を受け取る］をクリックします。

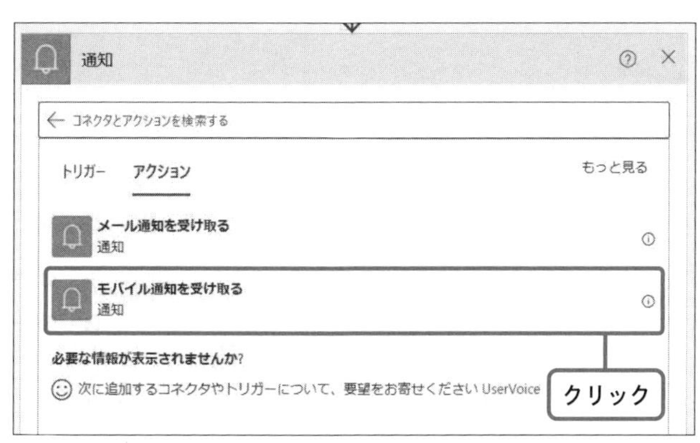

図8.63 ［モバイル通知を受け取る］

［テキスト］の項目に今回は「退勤の打刻が完了しました」と入力しました。この内容がデバイスに通知されます。

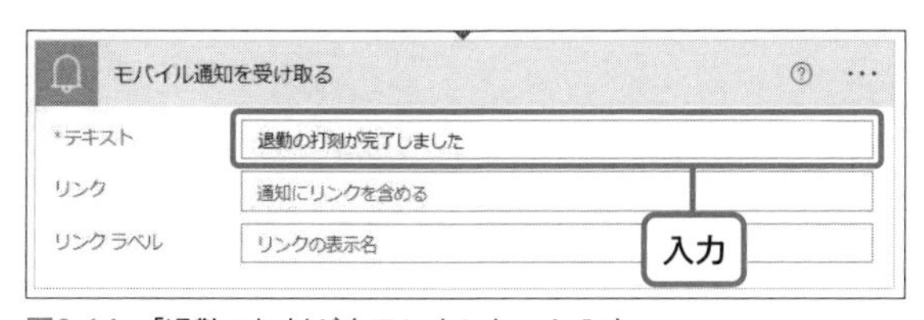

図8.64 「退勤の打刻が完了しました」と入力

▶ 条件2コネクタ：［はいの場合］の方にアクションを追加

条件2で退勤時刻に打刻していた場合、［はいの場合］に追加した以下のアクションが実行されます。

はいの場合
モバイル通知を受け取る 2
*テキスト 本日分の退勤時刻は打刻済みです
リンク 通知にリンクを含める
リンク ラベル リンクの表示名
アクションの追加

図8.65 ［はいの場合］に追加したアクション

シンプルに通知コネクタを利用し、「本日分の退勤時刻は打刻済みです」という通知をデバイスに出すように設定します。

コネクタ名は、同じワークフロー内に同じコネクタがある（いいえの場合で、すでに通知コネクタを利用済み）ので［モバイル通知を受け取る 2］という表記になっています。

条件2の全体図は図8.66このような形になります。

図8.66 ［モバイル通知を受け取る 2］

実行結果

アプリのボタンをクリックすると、図8.67のようにその時刻がExcelファイルに記録されます。

	A	B	C	D	E	F	G
1	日付	従業員名	メールアドレス	出勤時間	退勤時間	条件用01	条件用02
2							
3	2021/11/26	Noriko Matsumoto	Noriko.Matsumoto@　　　.com	3:31 PM		20211126	
4							
5							
6							
7							
8							
9							
10							

Button出勤をクリックした場合、枠内は空欄のまま

図8.67　時刻がExcelファイルに記録される

正常に打刻されると、デバイス側には［出勤の打刻が完了しました］というメッセージが表示されます。

図8.68　デバイス側には［出勤の打刻が完了しました］というメッセージ

次に退勤ボタンをクリックすると、Excelファイルの先ほどは空欄だった［退勤時間］と［条件用02］にデータが入力されます（行の更新）。

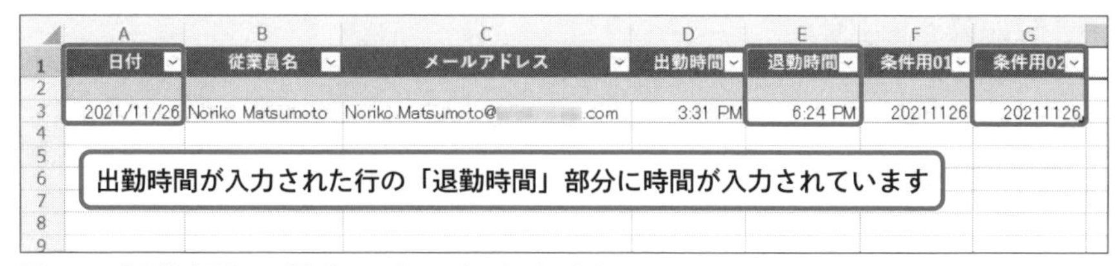

図8.69　［退勤時間］と［条件用02］にデータが入力される

このように、退勤ボタンを押した場合に通知されるメッセージが変わります。一度退勤ボタンを押して時刻の入力が終わった場合、上書きされません。

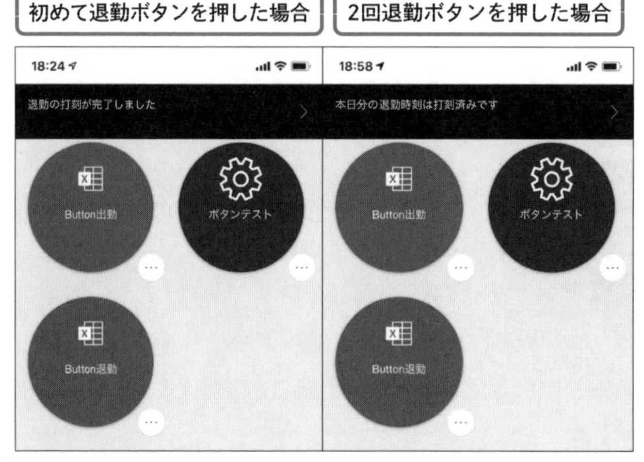

図8.70　通知されるメッセージが変わる

4 Power Appsを組み合わせた入場受付システム

Power Automate単体では実現が難しいものでも、Power Appsを組み合わせることで可能になることは非常に多いです。Power Appsはシステムの画面を作ることができますので、リッチな入力関係の処理を行わせることもできます。目に見える部分をPower Apps、後ろに隠れる部分をPower Automateで作成することで、一般的なシステム開発が行えることもあります。

QRコードを利用した入場者管理

ここでは、QRコードを利用した入場者管理の仕組みを、Power AutomateとPower Appsで作成していきます。全体的なイメージは図8.71の通りです。

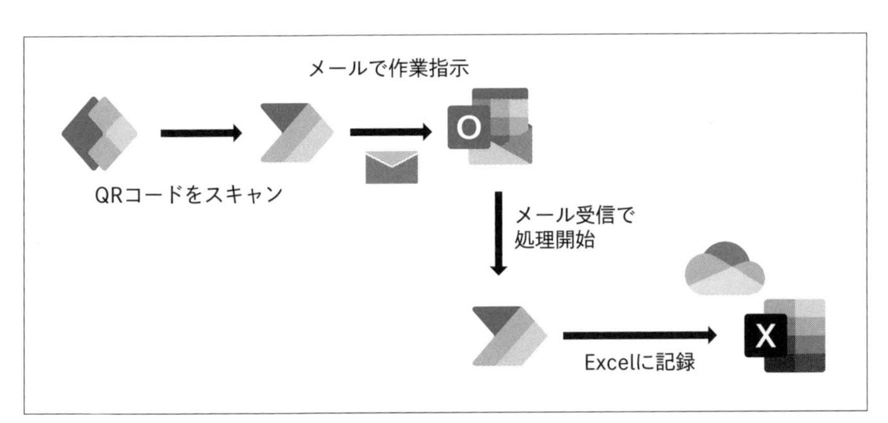

図8.71　全体的なイメージ

QRコードは外部のサービスを利用して作成し、当日の入場者にはスクリーンショットか印刷したものを持参してもらいます。Power AppsはQRコードをスキャンして、誰がいつ入場したかをOneDrive上のExcelファイルに記録するよう指示を出します。Power Automateは実際にExcelファイルへ記録する部分を担当します。Excelファイルへの記録は、入場受付担当者が複数いることを考慮し、メッセージングの考え方を用いて処理を分割し、Excelへの更新処理が衝突しないように考慮しています。

▶ QRコードの作成

QRコードの作成は、無償で公開されているAPIサービスを利用します。

- QR Code Generator
  https://goqr.me/api/

QRコードの値は、今回はシンプルに入場する人のメールアドレスとします。Power Apps上でスキャンした際に、QRコードの持ち主のメールアドレスを取得できるようにするためです。コードに含ませる値は、URLエンコードする必要があります。

たとえば、縦200ピクセル・横200ピクセルの大きさで、「`test@test.com`」というメールアドレスをQRコードに含ませる場合は、「`https://api.qrserver.com/v1/create-qr-code/?size=200x200&data=test%40test.com`」にアクセスします。

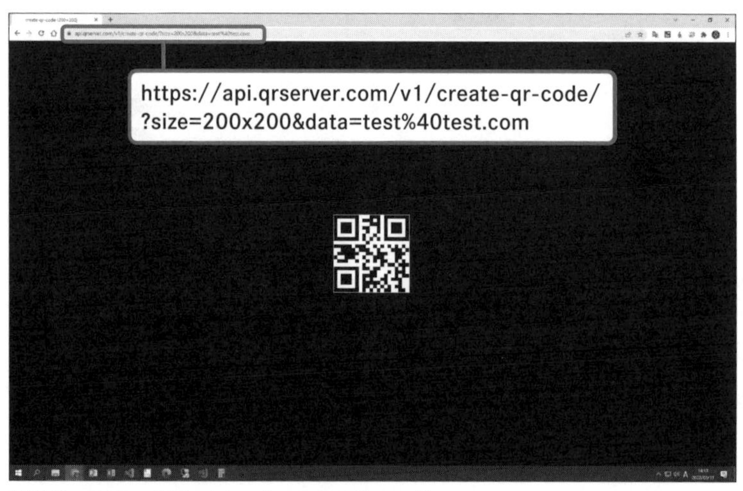

図8.72　QRコードジェネレーターによるQRコード

QRコードスキャンアプリの作成

次に、QRコードをスキャンするPower Appsアプリを作成していきます。Power Appsのライセンスを保有していない場合は、Power Apps開発者向けプランを利用すると無償で開発が行えます。実運用は行えないので注意が必要ですが、開発や動作検証には十分です。ライセンスを準備しPower Appsのポータルサイトを開きます。

●Power Appsポータル
https://make.powerapps.com/

図8.73　Power Appsポータル

▶新規アプリを作成

新規アプリを作成します。必要な機能は、QRコードのスキャンが行えることのみです。画面サイズは、タブレットでも携帯電話でも構いません。

Power Apps Studioで、QRコードをスキャンするためのパーツを画面に配置します。

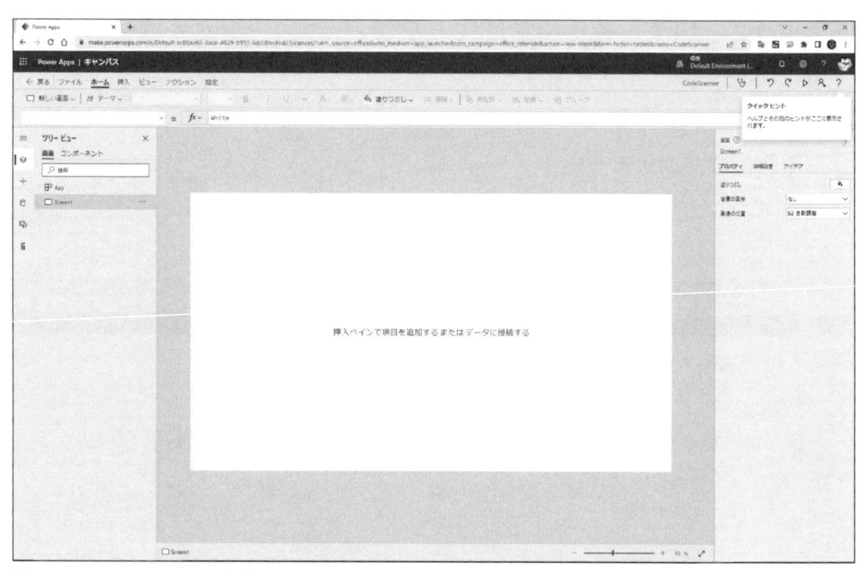

図8.74　Power Appsのデザイナー画面

▶ QRコードスキャナー

QRコードスキャナーは、挿入メニューのメディアグループに［バーコードスキャナー］という名前で用意されています。ドラッグ&ドロップして画面に配置します。配置したコントロールに名前を付けることもできますが、ここでは初期設定のBarcodeScanner1をそのまま利用します。

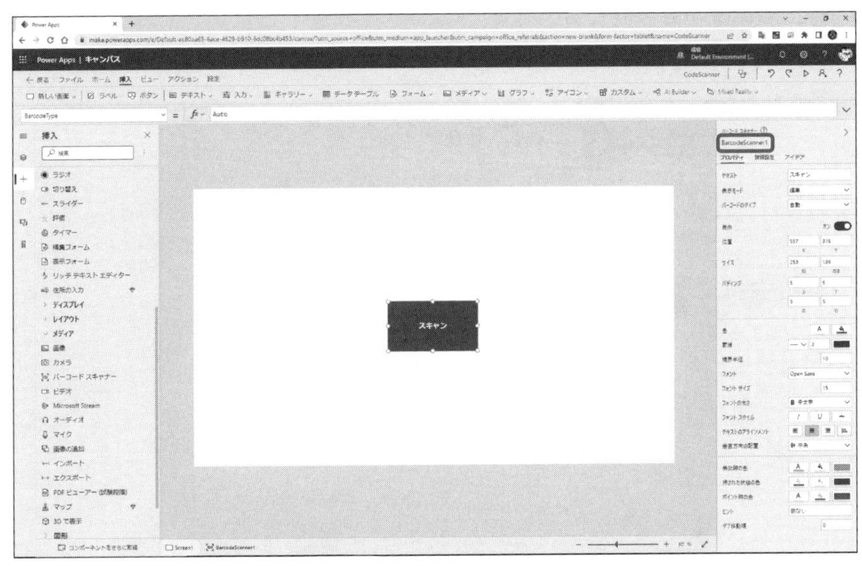

図8.75　バーコードスキャナーを設置

ワークフローの作成

次は、QRコードをスキャンした際に呼び出すワークフローの作成を行います。①画面上に配置したボタンをクリックして選択状態にし、上部メニューにある②［Power Automate］をクリックします。呼び出すことのできるワークフロー一覧が表示されますが、今回は新規に作成するので③［新しいフローの作成］をクリックします。

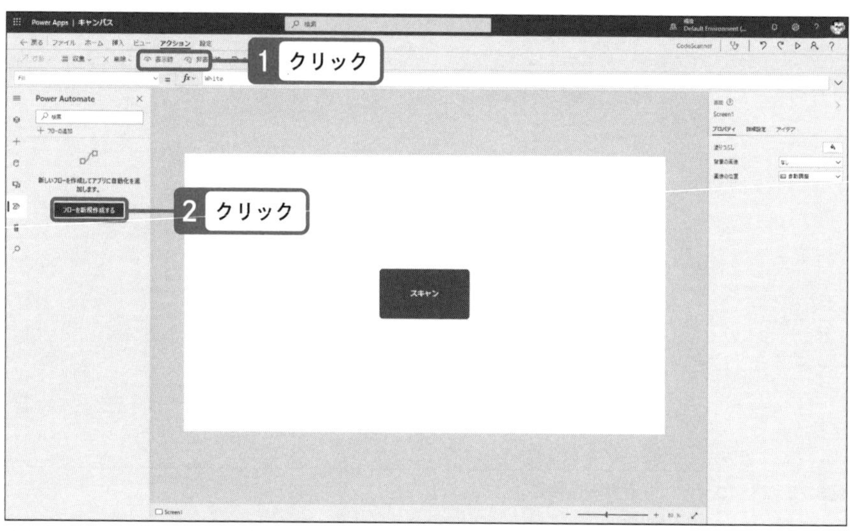

図8.76　ワークフローの新規作成

［フローを新規作成］をクリックすると、Power Apps Studio上にワークフローを作成する画面が表示されます。ここでワークフローを作成します。

図8.77

［一から作成］をクリックすると、［Power Apps］トリガーが設置された状態でワークフローの作成が開始されます。

図8.78　トリガーが設置されたワークフロー

Power Appsトリガーは、Power Appsから値を受け取ることができます。今回は、QRコードに含まれる値をそのまま連携するので、トリガー上でテキストの入力項目を1つ用意します。受け取る値の追加は、ダイヤログに表示される［Power Appsで確認］という名前の値を選択した際に自動で行われます。メールの①［本文］欄を選択し、ダイヤログ上で②［Power Appsで確認］をクリックします。

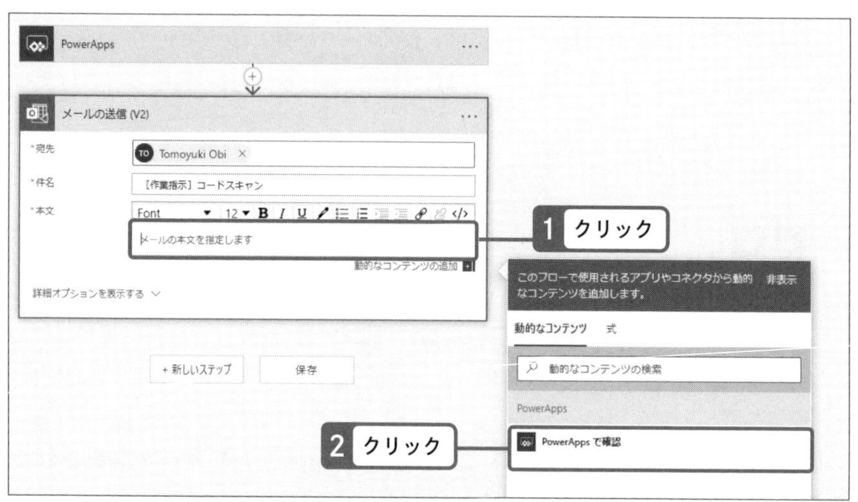

図8.79 ［Power Apps］トリガーで受け取る値を設定

次のアクションで、受け取ったQRコードの値をメールでの作業指示として送信させます。このとき、メールの表題は他と重複しない独自のものを設定します。メールの本文には、トリガーで受け取る値を設定します。Power Appsから呼び出すワークフローは図8.79のような形になります。

ワークフローを保存するとPower Apps側の内容が更新され、作成したワークフローが利用可能になります。［スキャン］ボタンのOnScanプロパティに対して、呼び出すワークフロー名を記述します。途中まで入力すると一覧から候補を選択できますので、ワークフロー名に.Run（）が付属しているものを選択します。ワークフロー名の後の（）には、Power AppsからPower Automateに連携する値を指定します。今回は、QRコードのスキャン結果となる「BarcodeScanner1.Value」を記述します。

図8.80　ワークフロー呼び出し時の引数にBarcodeScanner1.Valueを記述

OnScanプロパティに記述をすると、Power AppsからPower Automateを呼び出す準備が整ったことになります。動作を確認する場合は、作成しているPower Appsアプリを一度保存し、スマートフォンなどの携帯端末からアプリを起動します。スマートフォンから起動するには、事前にPower Appsアプリのインストールが必要です。

ここまででPower Apps側の作業は一段落です。次は、Power Automateから記録されるExcelファイルを作成します。

入場を記録するExcelファイルにテーブルの作成

入場の記録として、入場者のメールアドレス、入場した日時を残すためのExcelにテーブルを作成します。このExcelファイルは、OneDrive上に保存しておきPower Automateから参照できるようにします。

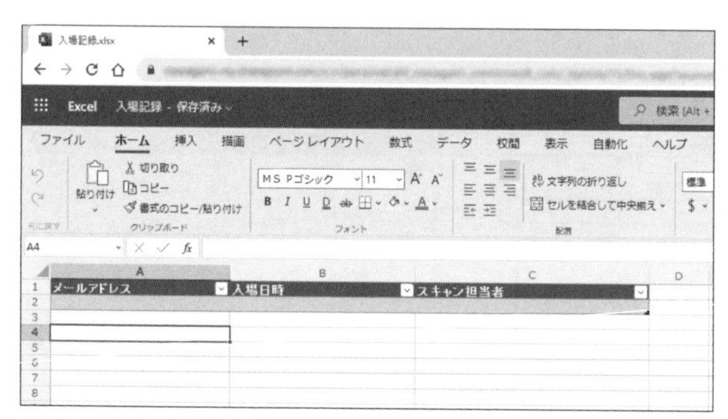

図8.81　入場記録を行うExcelファイル

Power Automate側では、作成したExcelファイルに記録する処理を行います。このときトリガーは、Power Apps側から呼び出されるワークフロー内で送信したメールを対象とするようにします。

▶トリガーの設定

メールの送受信には［Office 365 Outlook］コネクタを利用します。処理対象メールを絞り込むために、トリガーの条件としてメールの件名を利用します。

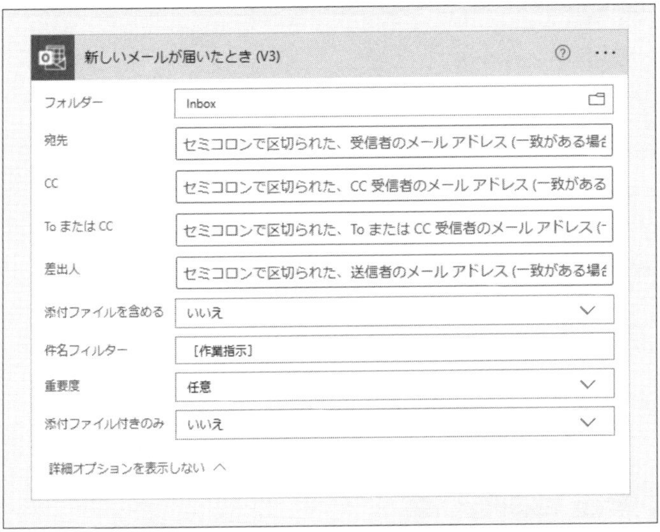

新しいメールが届いたとき (V3)

フォルダー	Inbox
宛先	セミコロンで区切られた、受信者のメール アドレス (一致がある場合
CC	セミコロンで区切られた、CC 受信者のメール アドレス (一致がある
To または CC	セミコロンで区切られた、To または CC 受信者のメール アドレス (一
差出人	セミコロンで区切られた、送信者のメール アドレス (一致がある場合
添付ファイルを含める	いいえ
件名フィルター	［作業指示］
重要度	任意
添付ファイル付きのみ	いいえ

詳細オプションを表示しない ^

図8.82　［Office 365 Outlook］トリガーの設置

また、Excelへの書き込み処理が複数同時に動作すると、書き込み処理のバッティングによりエラーとなることがあります。Excelコネクタで書き込む際には、OneDriveのファイルに対して排他処理を行い他からブロックする仕様があるためです。これを回避するために、トリガーの設定を変更します。

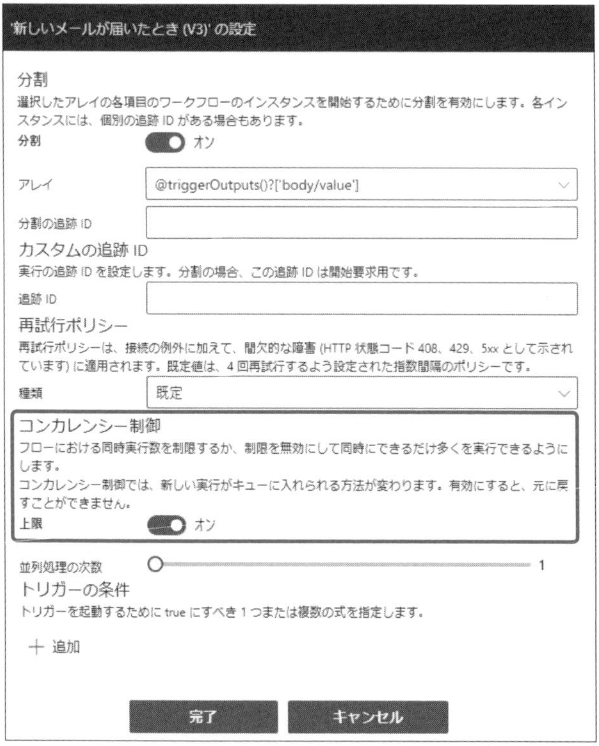

図8.83　トリガーの設定

設定するのは、[コンカレンシー制御] です。初期状態では、複数並列で処理が動作するようになっています。今回のように、処理のバッティングを防ぎたい場合は、並列処理数を「1」に設定します。なお、この設定によって直列で処理されるため、全体的に処理が完了するまでの時間は増加します。

Excelファイルへの履歴書き込み

記録する前に、履歴に必要な入場した日時を算出する処理を用意します。これは日時コネクタの［現在の時刻］アクションと［タイムゾーンの変換］アクションを組み合わせることで行います。クラウド上で動作しているPower Automateは世界標準時（UTC）で動作していますので、取得した現在日時を日本のタイムゾーンに変換を行います。

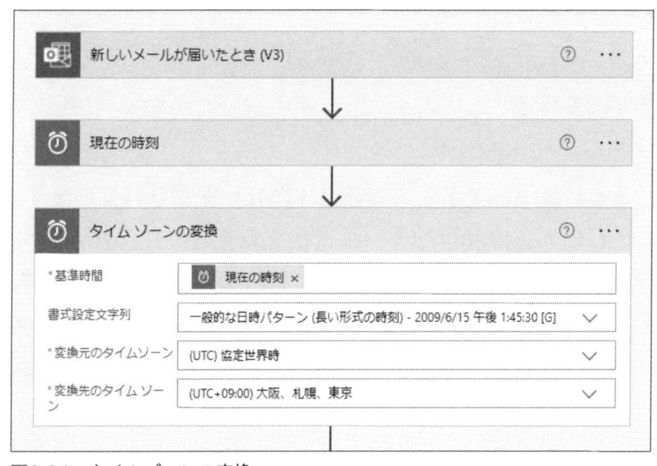

図8.84　タイムゾーンの変換

メールの本文には、QRコードに記録されたメールアドレスを記載してあります。これと先ほど変換した日時をExcelファイルに書き込みます。これで一通り作成は完了です。テストとして実行します。作業指示となるメールをOutlookから送信すると、Power Automateのワークフローが反応し動作するのが確認できます。

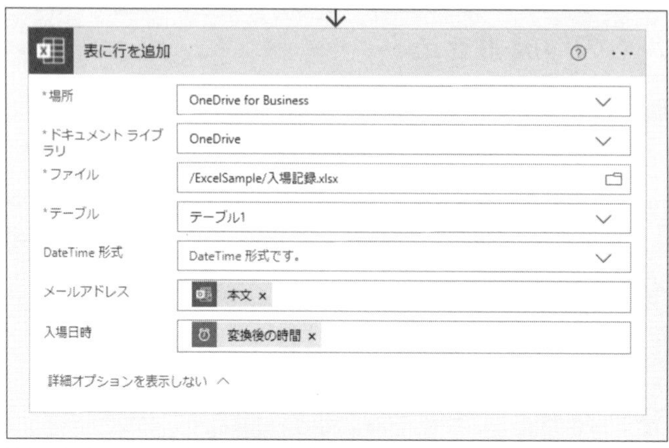

図8.85 Excelファイルへの履歴書き込み

動作した結果を見ると、メールアドレスの欄にHTMLが記載されています。初期設定でOutlookコネクタを利用したメール送信を行うと、HTML形式で送信されるためです。これに対応するにはHTML形式の本文をテキスト形式に変換する必要があります。この機能は［Content Conversion］コネクタで提供されています。

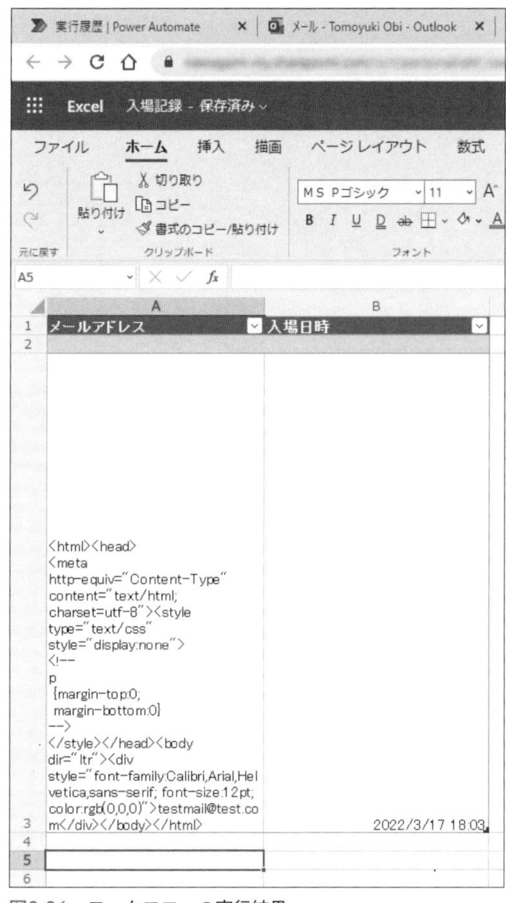

図8.86 ワークフローの実行結果

［Content Conversion］コネクタにはアクションが1つしか用意されていません。このアクションは変換元となるHTMLを指定すると、テキスト形式に変換してくれます。ここでは、メール本文を指定します。その結果をExcelに書き込む設定で利用します。

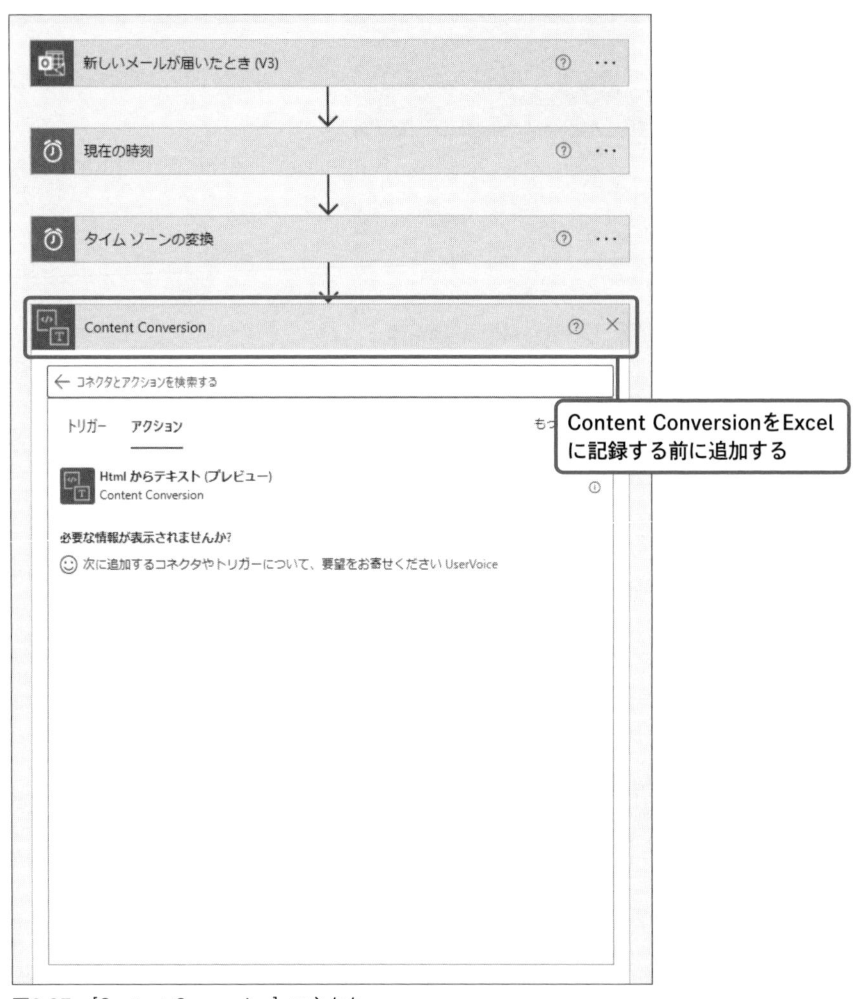

図8.87 [Content Conversion] コネクタ

最終的にはこのようなワークフローになります。

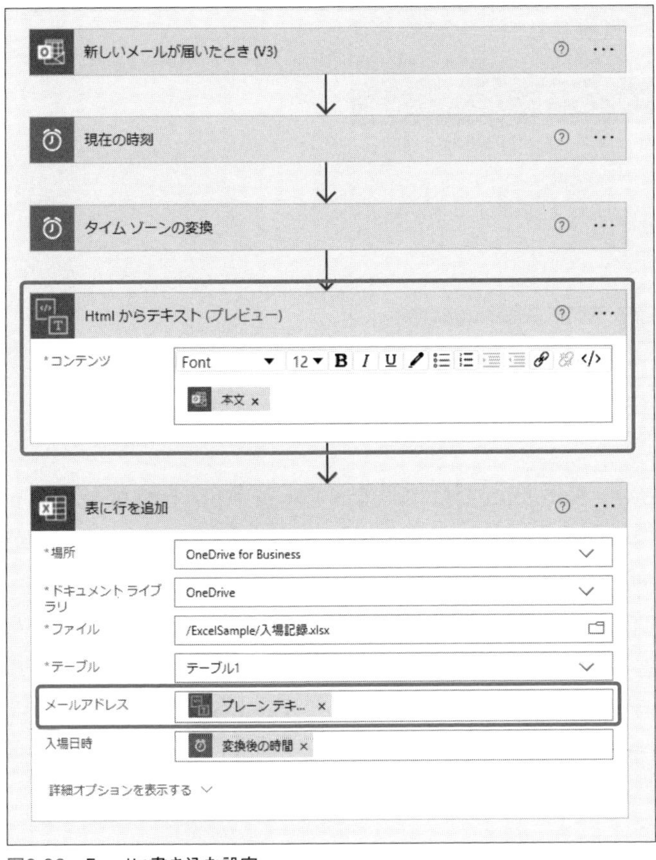

図8.88　Excelに書き込む設定

全てを作成できたので、Power Appsのアプリを起動しQRコードをスキャンさせ、Excelに記録されるかどうかを確認します。ここまでの設定に問題がなければ、図8.89のようにExcelファイルに記録できています。

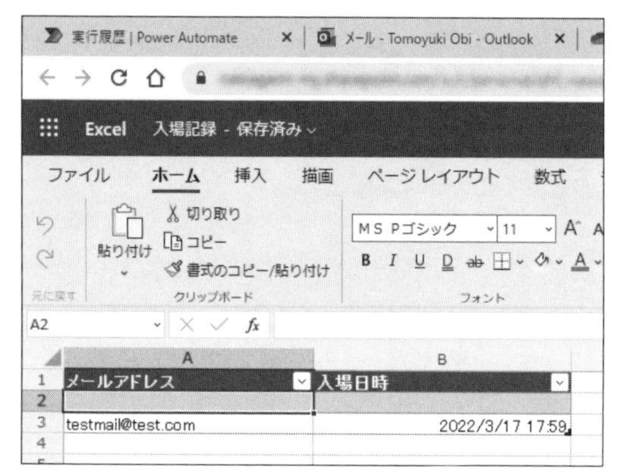

図8.89　Excelに記録されるかどうかを確認

このように、Power AutomateだけではなくPower Appsを組み合わせることで、プログラミングを行わなくても入場した履歴を記録するシステムが作成できました。同じものを一から作成しようとするとかなりの手間が発生しますが、非常に簡易にできることが実感できたと思います。もちろんPower Automateと組み合わせるのはPower Appsだけとは限りません。多くのサービスやアプリと連携がとれるのがPower Automateの強みですので、色々と連携を行い手軽に構築できるのを体感してください。

5 日本語対応の簡易名刺リーダー（カスタムAIモデルの作成）

ここでは「日本語対応の簡易名刺リーダー」を作成する方法を通して、3章で紹介したAI Builderの機能をご紹介します。

Sansanが名刺情報を読み取るサービスを提供しています。これと同じような仕組みを作っていきます。

事前構築済みAIモデルの「名刺リーダー」

AI Builderには「事前構築済みAIモデル」と「カスタムAIモデル」があります。左メニューのAI Builderから［詳細を確認］をクリックします。

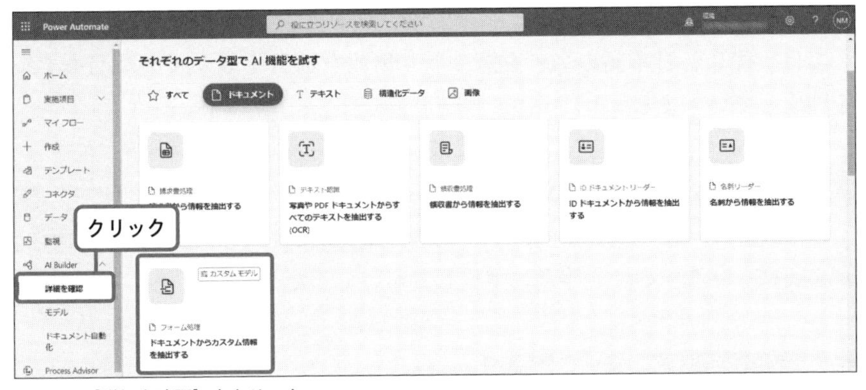

図8.90 ［詳細を確認］をクリック

ドキュメントカテゴリには、事前構築済みAIモデルの［名刺リーダー］があるので、これが利用できればとても便利なのですが、残念ながら本稿執筆時点では日本語に対応していません。

今回は、［フォーム処理］を利用してカスタムAIモデルを作成します。

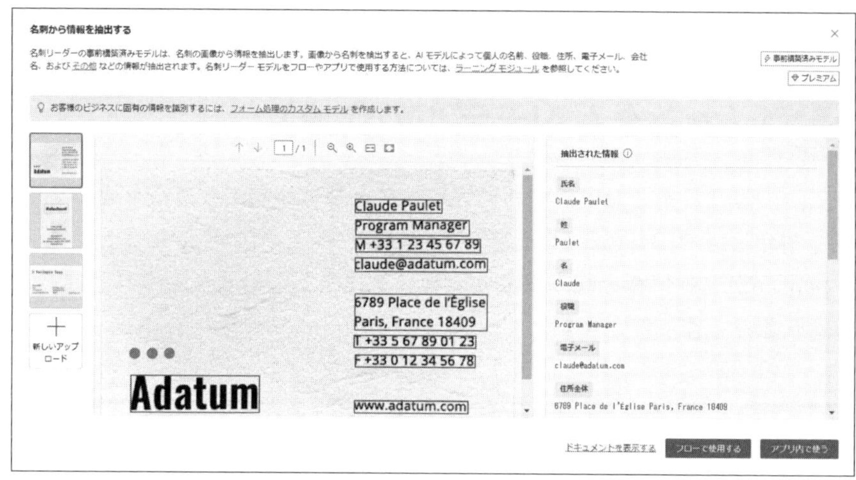

図8.91 ［フォーム処理］を利用

［フォーム処理］でカスタムAIモデルを作成する

では実際に、日本語の名刺を読み取り情報を抽出するカスタムAIモデルを作成していきましょう。

▶ トレーニング用画像の準備

カスタムAIモデルのトレーニング時に「最低5枚のレイアウトが同じ画像」が必要になりますので、事前に準備しておいてください。

図8.92 名刺のイメージ

最初に利用する画像は、名刺の方向は「横向きのみ」か「縦向きのみ」で統一しておくことをお勧めします。本書では、横向きの名刺画像（図中のダミー名刺を含む※1）を準備しトレーニングを行います。

トレーニングに使用する画像は、ローカル環境に置いておきます。

▶ 自作のデータでカスタムAIモデルを作成

ドキュメントカテゴリの［フォーム処理］を利用して日本語対応の名刺リーダー（カスタムAIモデル）を作成します。

図中の枠内［フォーム処理］をクリックします。

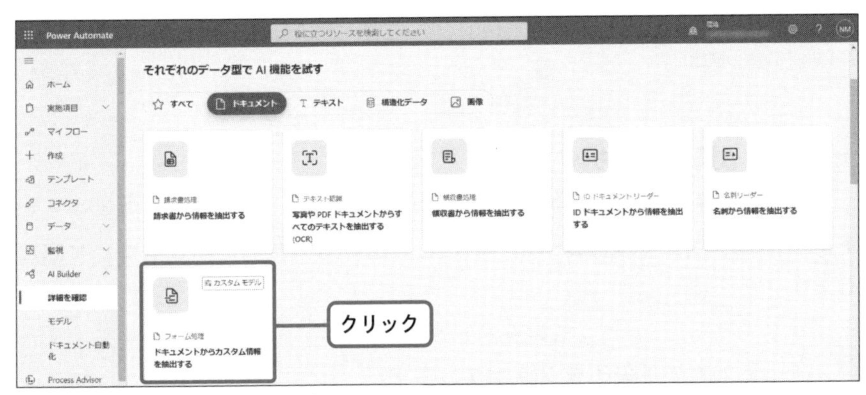

図8.93 ［フォーム処理］をクリック

［フォームからカスタムデータを抽出するフォーム処理モデルを作成する］が開くので、［カスタムモデルを使用する］ボタンをクリックします。

※1 ダミー名刺に記載がある社名の「コントソ（Contoso）」は、マイクロソフトがサンプル用に使う仮想上の会社またはドメインです。https://ja.wikipedia.org/wiki/コントソ

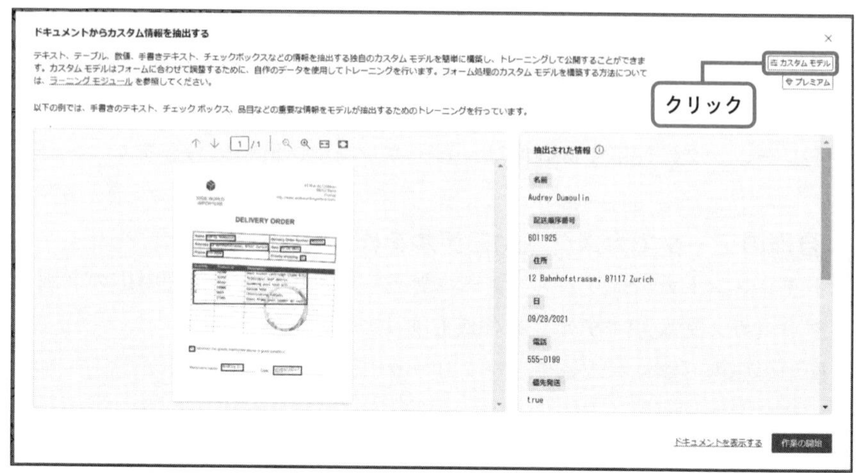

図8.94　作業の開始

▶抽出する情報を選択する

［抽出する情報を選択する］画面が表示されたら、AIモデルでドキュメントから抽出する全ての情報（例：名前、住所、合計金額、品目など）を設定します。

①［追加］の下矢印をクリックします。
②表示される一覧から［フィールド］をクリックします。
③図中のようなウィンドウが表示されるので［名前］に項目名を入力し［完了］をクリックします。

この操作を全ての項目が登録できるまで繰り返します。

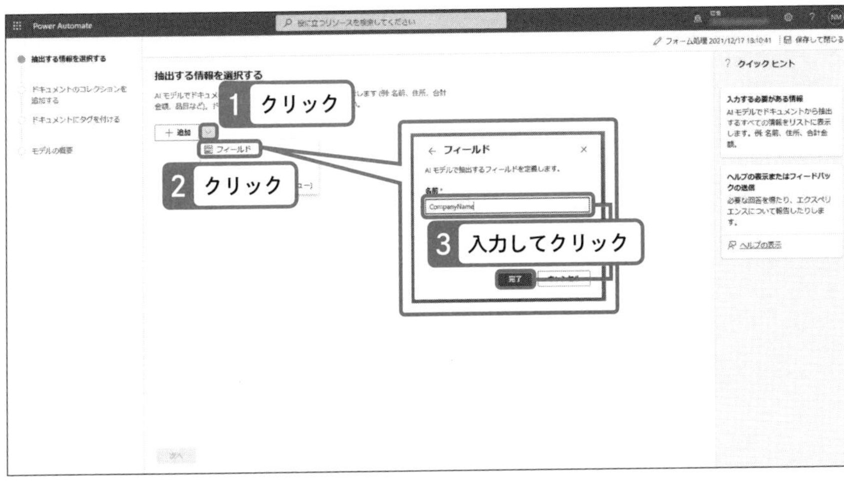

図8.95　抽出する全ての情報を設定

AIモデルで抽出するフィールドの名前を以下のようにしました。

- 会社名：CompanyName
- 部署：Department
- 役職：Position
- 名前：Name
- 住所：Address
- 電話番号：tel
- Email：Email

項目の追加が終わったら［次へ］をクリックします。

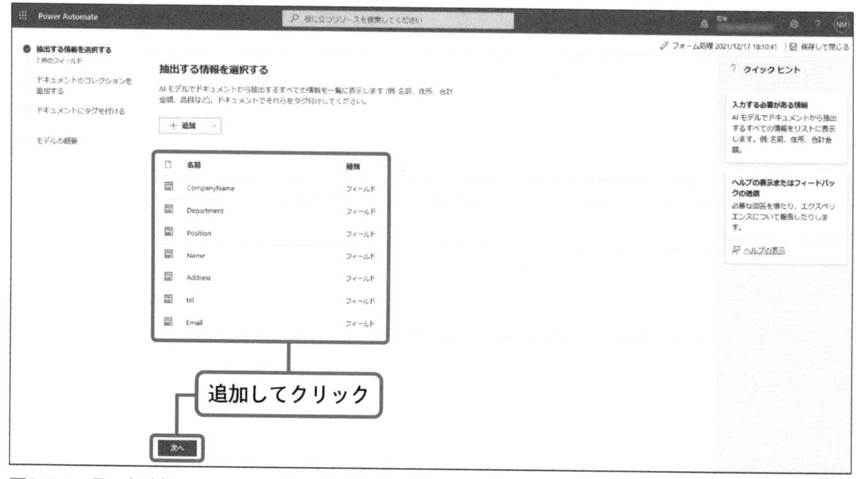

図8.96　項目を追加

▶ドキュメントのコレクションを追加する

［ドキュメントのコレクションを追加する］画面が表示されたらドキュメントの追加をします。

コレクションとは、同じレイアウトを共有するドキュメントのグループのことです。コレクションを利用すると、レイアウトが異なるドキュメントから同じ情報を抽出する独自のAIモデルを作成できます。これを行う場合は、個別のドキュメントレイアウトごとにコレクションを1つ作成し、各コレクションにタグ付けする必要があります。

①［新しいコレクション］をクリックします。
②［ドキュメントの追加］に［コレクション1］が追加されます。［コレクション1］の部分（今回は［NameCard]）を変更します。
③この部分をクリックするとウィンドウが開くので［ドキュメントの追加］をクリックします。

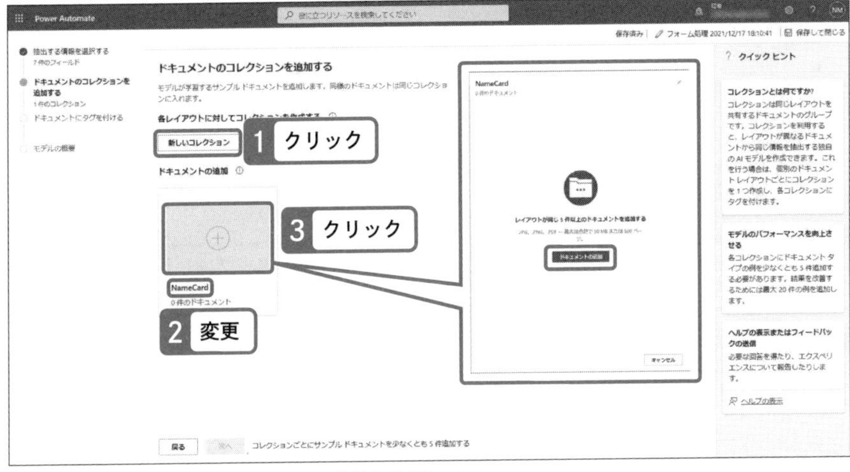

図8.97 ［ドキュメントのコレクションを追加する］

ドキュメントを置いている場所を指定します。今回はローカルにデータを置いているので［ローカルストレージからのアップロード］を選択します。

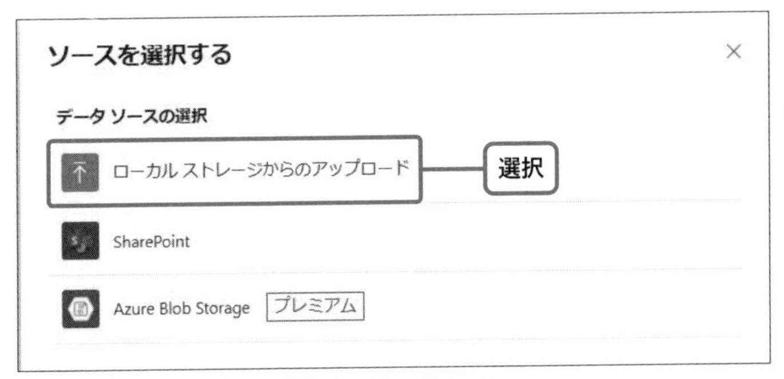

図8.98 ［ローカルストレージからのアップロード］

名刺の画像を選択してアップロードし、完了したら［閉じる］をクリックします。

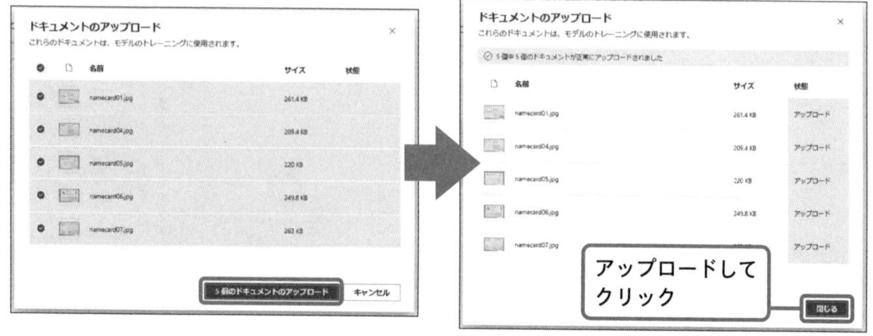

図8.99　ドキュメントのアップロード

登録した名刺の画像が一枚ずつ表示される画面になるので、タグ付けを行います。

①名刺の画像が表示されています。
②タグ付けで利用するAIモデルで抽出するフィールドの名前が表示されています。
③サムネイル表示部分は、ドキュメント内の全ての要素にタグ付けが終わると青色で表示されます。
④アップロードした画像の全てのタグ付けが完了すると［次へ］ボタンがクリックできるようになります。

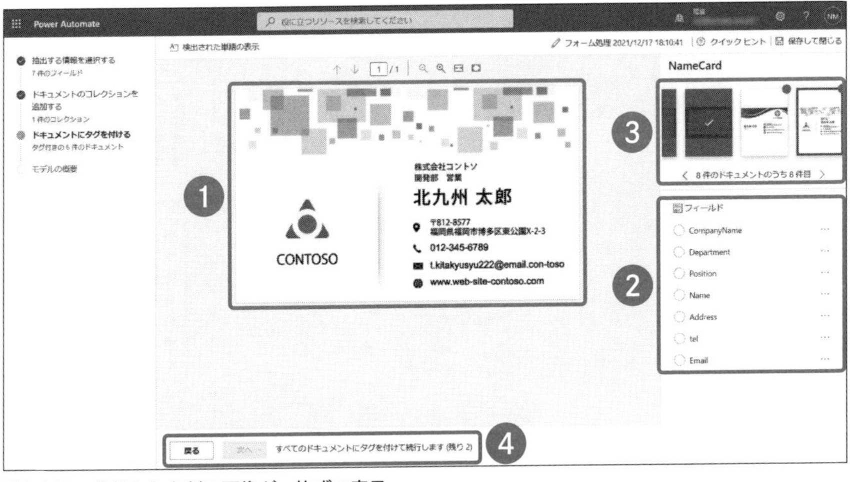

図8.100　登録した名刺の画像が一枚ずつ表示

図8.101のようにドキュメント内の要素に該当するものをタグ付けしていきます。

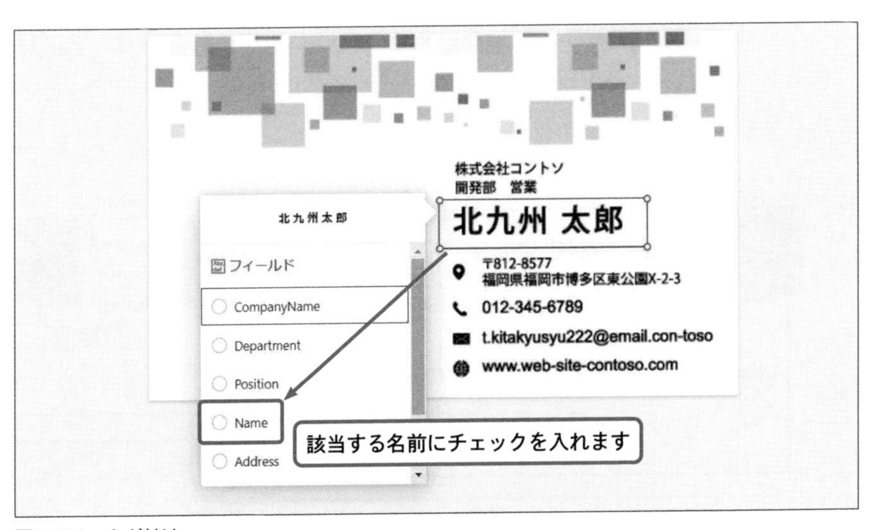

図8.101　タグ付け

タグ付けが全て完了すると、AIモデルで抽出するフィールドの名前にチェックが入り右上のサムネイルが青色で表示されます。

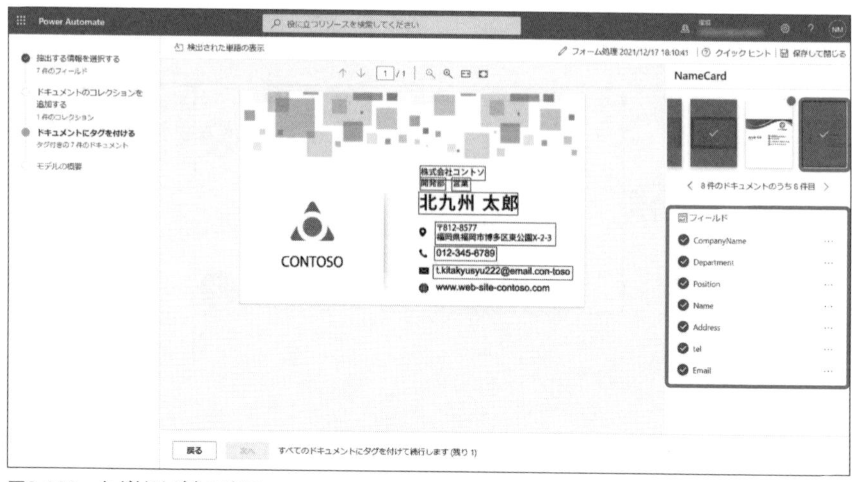

図8.102　タグ付けが全て完了

▶タグ付けする項目がない場合

　このように、AIモデルで抽出するフィールドの名前の全てをタグ付けする必要がありますが、名刺によっては一部の項目がない場合もあると思います。

　ここでは、部署が記載されていない名刺を例とします。この場合、タグ付けするものがないので［フィールド］の［Department（部署）］にチェックを入れられません。

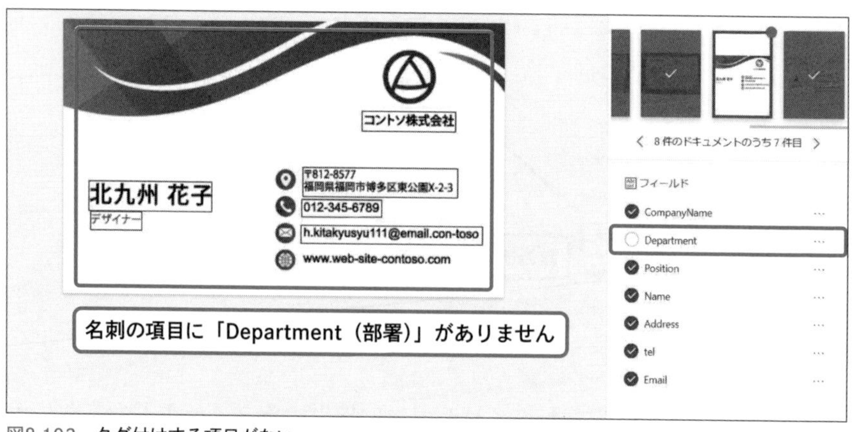

図8.103　タグ付けする項目がない

［Department］の［…］をクリックすると図8.104のような一覧が表示されるので［ドキュメントで使用不可］をクリックします。これにより、該当のドキュメントでは［Department］がない状態でもタグ付け完了になります。

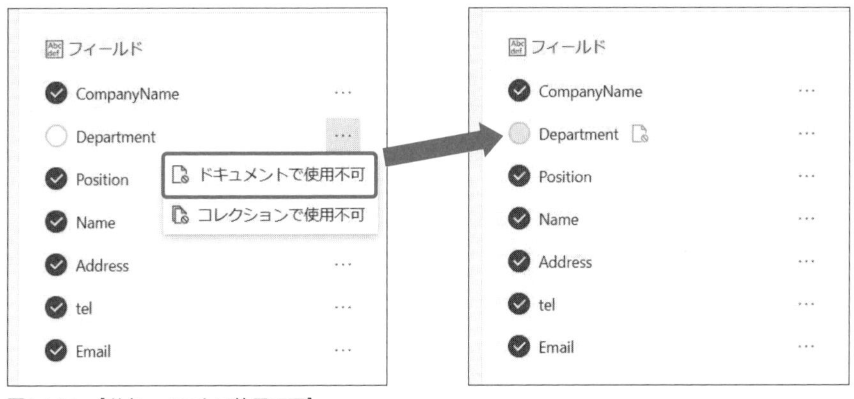

図8.104　［ドキュメントで使用不可］

全てのタグ付けが完了すると、図8.105のように［すべてのドキュメントがタグ付けされました］という緑色のバナーが表示されます。［次へ］がクリックできるようになっているのでクリックします。

図8.105　［すべてのドキュメントがタグ付けされました］のバナー

▶モデルの概要

［トレーニングする］をクリックします。モデルのトレーニングには若干時間がかかりますが、画面上に表示される指示に従ってください。

図8.106　モデルの概要

トレーニングが完了したら［公開］をクリックします。

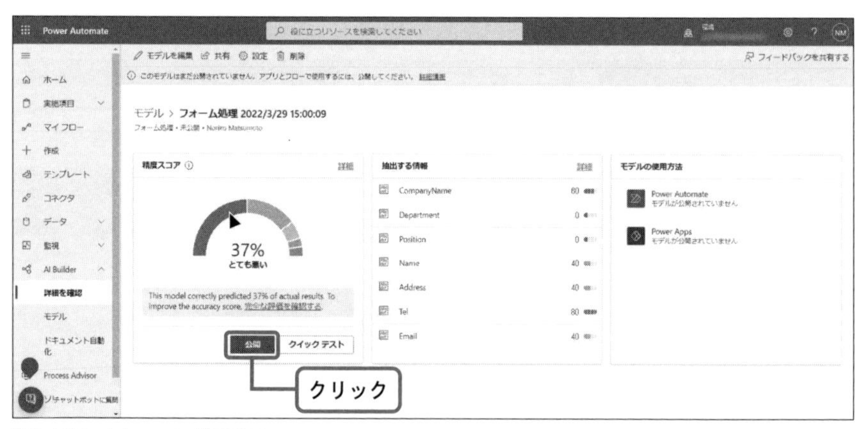

図8.107　トレーニングが完了

画面が図8.108のような表示になったら作成したカスタムAIモデルをPower Automateのワークフロー内で利用できます。

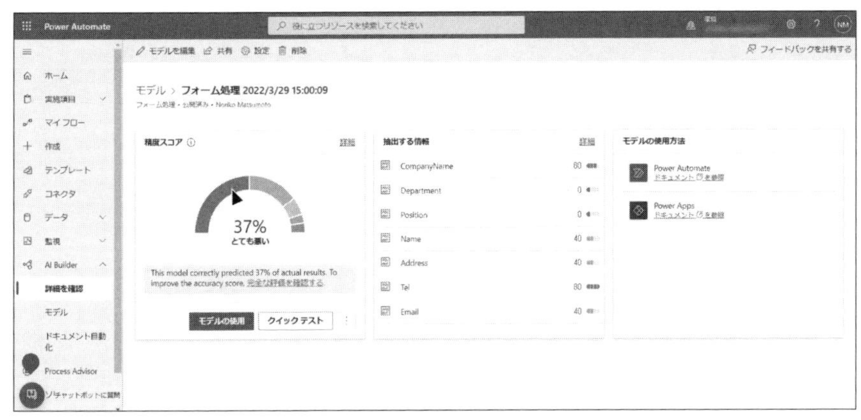

図8.108　カスタムAIモデルをPower Automateのワークフロー内で利用できる

トレーニングが完了すると［精度スコア］が表示されるようになりました。［詳細］をクリックします。

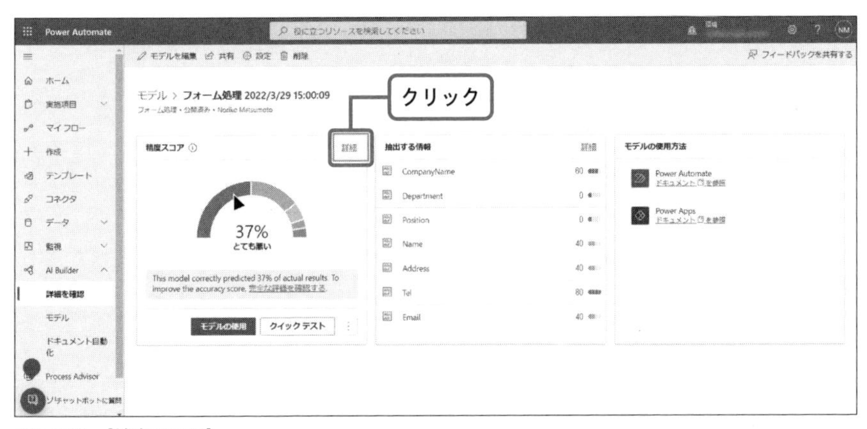

図8.109　［精度スコア］

［モデルの評価］画面が表示されるので、タブメニューの［フィールド］をクリックします。すると、学習が足りていない項目（フィールド名）が確認できます。

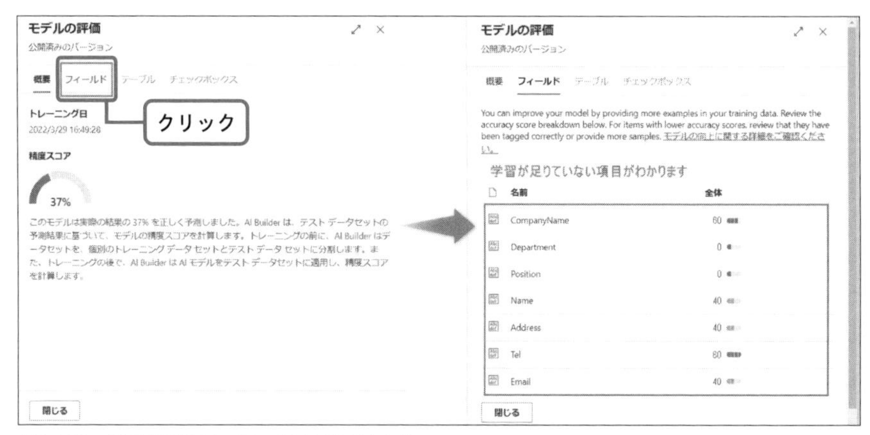

図8.110　学習が足りていない項目が表示される

精度スコアを上げるには、学習させるデータを増やす必要があります。作成済みのモデルを編集する場合は、［モデルを編集］をクリックします。

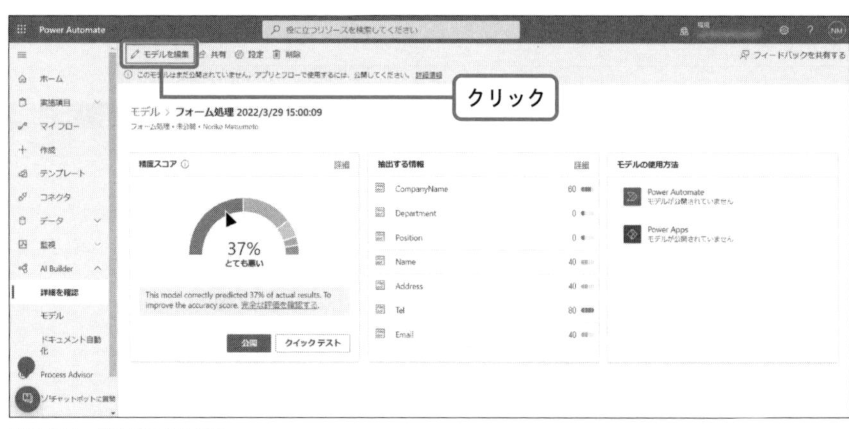

図8.111　［モデルを編集］

すると前述の［抽出する情報を選択する］で説明したものと同じ画面が表示されます。［ドキュメントのコレクションを追加する］で追加の学習用データ（今回は横向きの名刺画像）を追加し、タグ付け作業を行ってください。

6 HTTPコネクタを利用したSlack連携

Slackは、テキストベースでコミュニケーションを行うサービスです。リモートワークが一般的になった現在では、利用したことのある人も多いのではないでしょうか。Slackでは外部サービスと連携を行う機能が開放されており、だれでもBotのようなサービスを独自に作成することが可能です。

Power Automateでは外部から呼び出されるワークフローを作成することができますので、それと組み合わせてSlackから呼び出される処理を作成できます。

図8.112　コミュニケーションサービスSlack

Power AutomateではSlackのコネクタが提供されていますが、現在提供されているトリガーとアクションでは、メッセージが投稿された際に反応することができません。また、コネクタでは投稿者が接続を作成したユーザーになりますので、Botとして動作させることはできません。この場合は、Slack側からPower Automateを呼び出してもらう方法を利用します。

Power Automateで作成したワークフローを、Slackにアプリケーションとして登録するとBotとして会話中から利用できます。その際の登録作業ではSlack側とPower Automate側を行き来する必要があります。

登録するアプリの情報を設定

まずはSlack側で、登録するアプリの情報を設定します。Slack apiのサイト（https://api.slack.com/）をブラウザーで表示し、右上にある［Your apps］から［Create your first app］をクリックします。

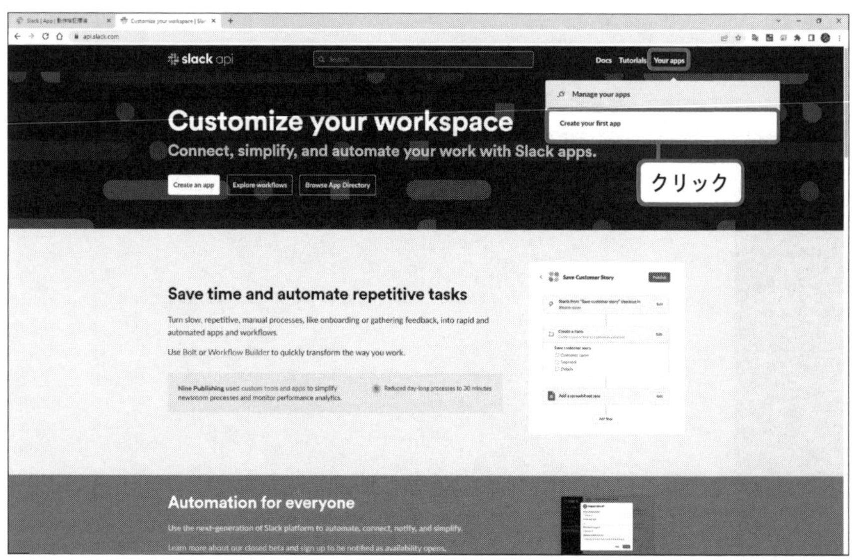

図8.113 ［Your apps］から［Create your first app］を選択

アプリの作成方法を確認するダイアログボックスが表示されます。今回は全て手作業で行いますので、［From scratch］をクリックします。

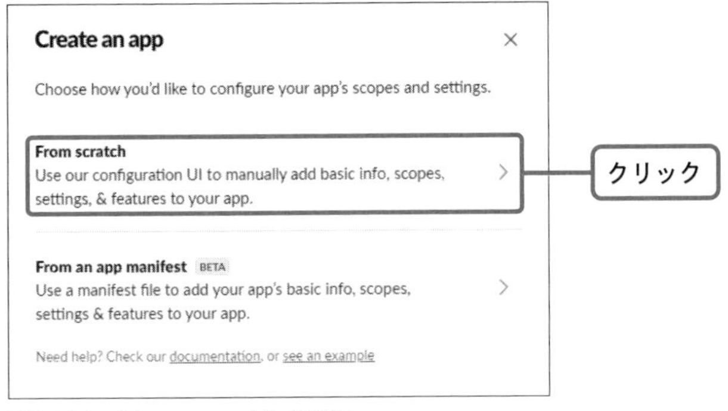

図8.114 [From scratch] を選択

最初に必要なのはアプリの名前です。アプリ名を入力し、利用するワークスペースを選択してから下部にある［Create App］をクリックします。

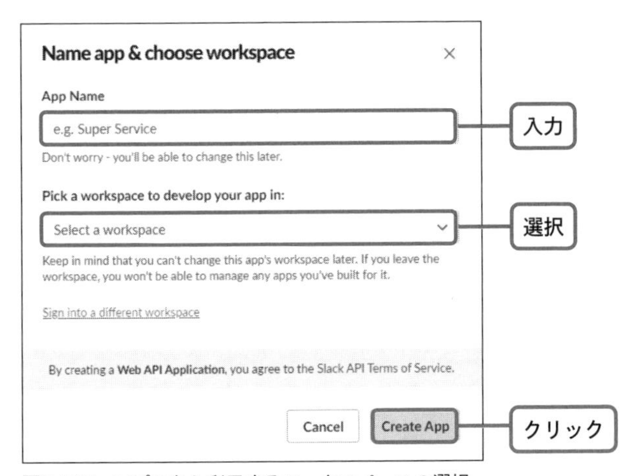

図8.115 アプリ名と利用するワークスペースの選択

Basic Informationが表示されたら［Event Subscriptions］をクリックします。［Event Subscriptions］では、アプリに連携を行うイベントを選択して設定します。Slackでのイベントとは、「メッセージが投稿された」「ファイルがアップされた」など、ユーザーがSlackに対して何かしらの行動をした際に発生するものです。今回は、メンション付きメッセージが投稿された際に反応させたいので、それに見合うイベントを設定します。

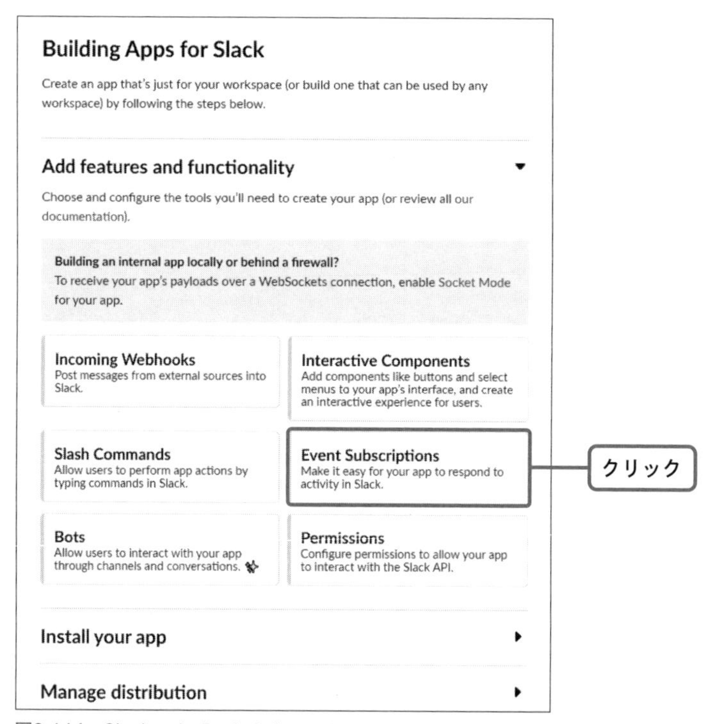

図8.116　Slack apiのBasic Information

［Event Subscriptions］の設定では、まず最初に［Enable Events］をOnにします。すると、Request URLの設定が表示されます。このURLが、Slackから呼び出すURLになりPower Automate側で用意する必要のあるものです。

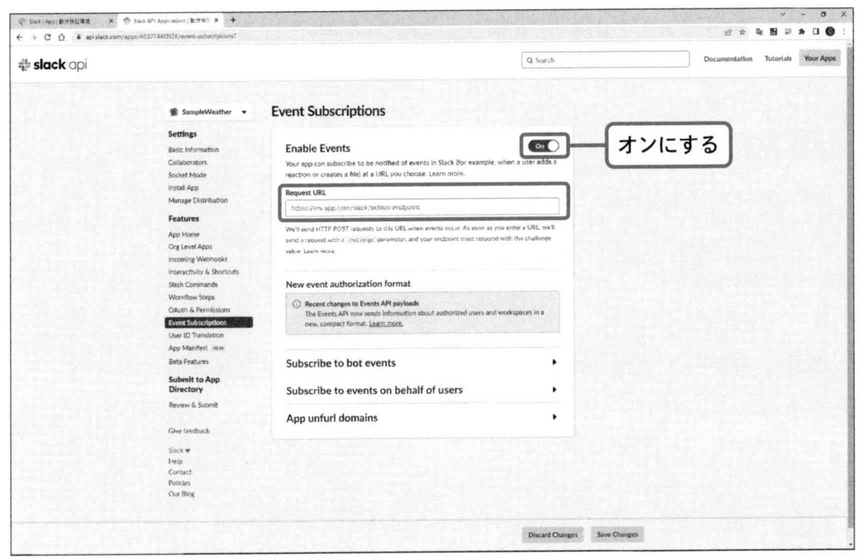

図8.117 [Event Subscriptions] の [Enable Events] をOnに設定

Slackから呼び出されるワークフローの作成

ここまで設定を進めたら、一度Power Automate側へ戻ります。Power Automate側で必要なのは、Slackから呼び出すことのできるワークフローです。先ほどのURL登録時には、Slack側からテスト呼び出しを行い必要な値を返却するワークフローが必要です。このチェックに通らなければURLの登録が行えません。

▶ 要求トリガーの設置

Power Automateで外部から呼び出すことのできるワークフローは、要求トリガーを利用して作成します。要求トリガーは、外部からHTTPSで呼び出すことのできるトリガーです。

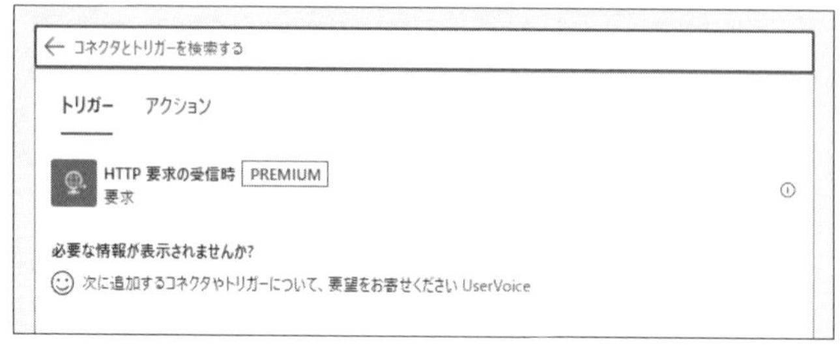

図8.118　要求トリガー

要求トリガーには、［HTTP要求の受信時］のみが用意されています。これをクリックしてワークフローに設置します。

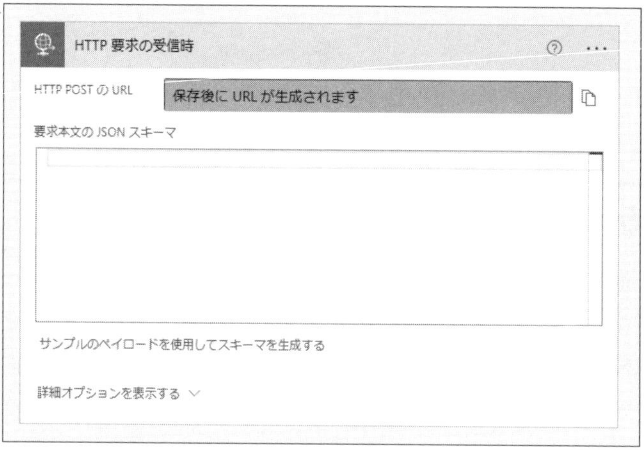

図8.119　要求トリガーをワークフローに設置

トリガーでは特に設定する項目はありません。トリガーを設置した時点ではURLが空欄になっていますが、ワークフローを保存したタイミングで生成され外部から呼び出しが可能になります。

▶［応答］アクションの設置

要求トリガーを利用したときには、セットで利用するアクションがあります。要求コネクタのアクションで用意されている［応答］アクションです。

［応答］アクションでは、呼び出し元に対して何らかの結果を返却します。

設定できる項目には［状態コード］［ヘッダー］［本文］があり、まず必要なのは状態コードです。HTTPで呼び出されたときに返却する状態コードには、ルールが定められています。「200」は全て正常を意味し、「404」は呼び出そうとしたものがないことを表します。他にもコードによって表す意味がありますので、状況に応じて適切なコードを返却する必要があります。

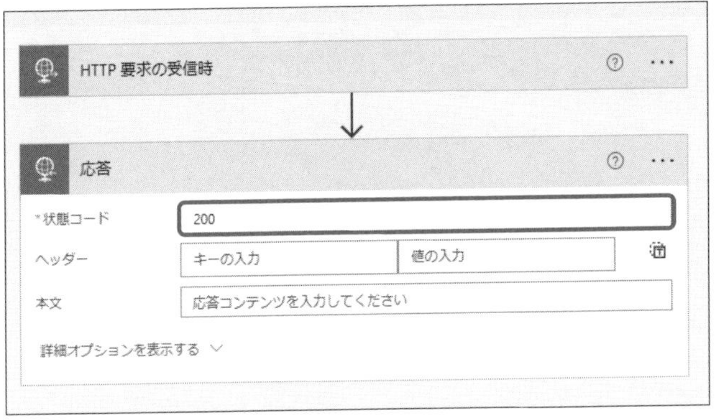

図8.120 ［応答］アクションを追加

今回は、Slack側からのチェックに対して、正常に応答できる必要があるので「200」を返却します。ここまで設定を行ったら、一度ワークフローを保存し要求トリガーにURLを生成させます。

生成されたURLをコピーし、Slack側でURLとして設定します。このとき、Slack側からすぐに呼び出しが行われますが、チェックをクリアするために必要な条件を満たしていないので、この時点ではエラーとなります。

図8.121 ［要求］トリガーが生成したURL

エラーの内容として、「Your URL didn't respond with the value of the challenge parameter.」と表示されており、Slackからのリクエストに対して値を返却していないことを表しています。

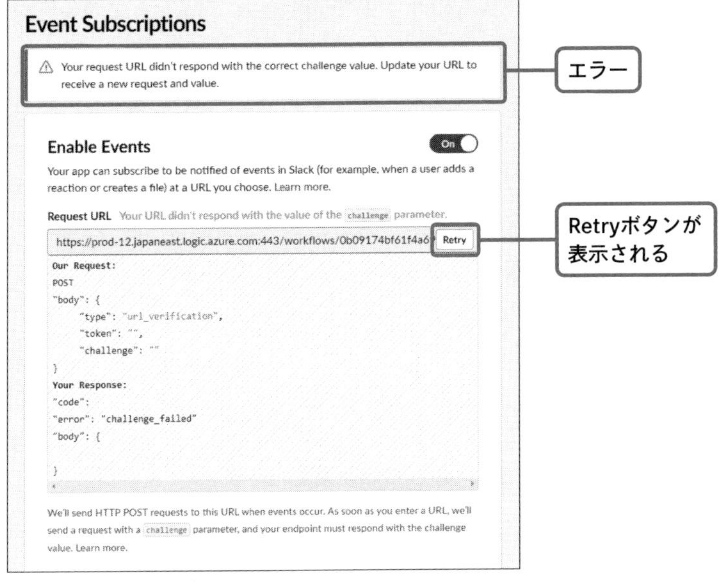

図8.122 Slack api側でのエラー

Slackから送られてくる以下の値から、「challenge」に設定されている値をそのまま戻す必要があります（apicheck_data.json※）。

```
{
    "type":"url_verification",
    "token":"",
    "challenge":""
}
```

この値を返却するために、要求トリガーと［応答］アクションで設定を行います。まず、要求トリガーでは、受け取る値のJSONデータを扱いやすくするためにスキーマの設定を行います。このとき、サンプルの値として上記

※このファイルはWebダウロード提供しています。詳しくはxiページを参照してください。

のJSONデータを利用します。Slackのサイトで表示されている上記の値をコピーしてくるのが便利です。

要求トリガーで表示されている［サンプルのペイロードを使用してスキーマを生成する］をクリックし、サンプルとなるJSONデータを貼り付けます。貼り付けた後に［完了］をクリックすると、JSONデータの構造を表すスキーマが［要求］トリガーに設定されます。スキーマを設定すると、以後のアクションではダイアログに値候補として表示されますので、設定を行いやすくなります。

図8.123 ［要求］トリガーにJSONスキーマを設定

［応答］アクションの［本文］欄に、ダイアログから［challenge］を選択し設定します。ここまで設定を行い、ワークフローを保存します。保存できたらSlack側へ戻り、URLの再チェックを行うために［Retry］をクリックします。

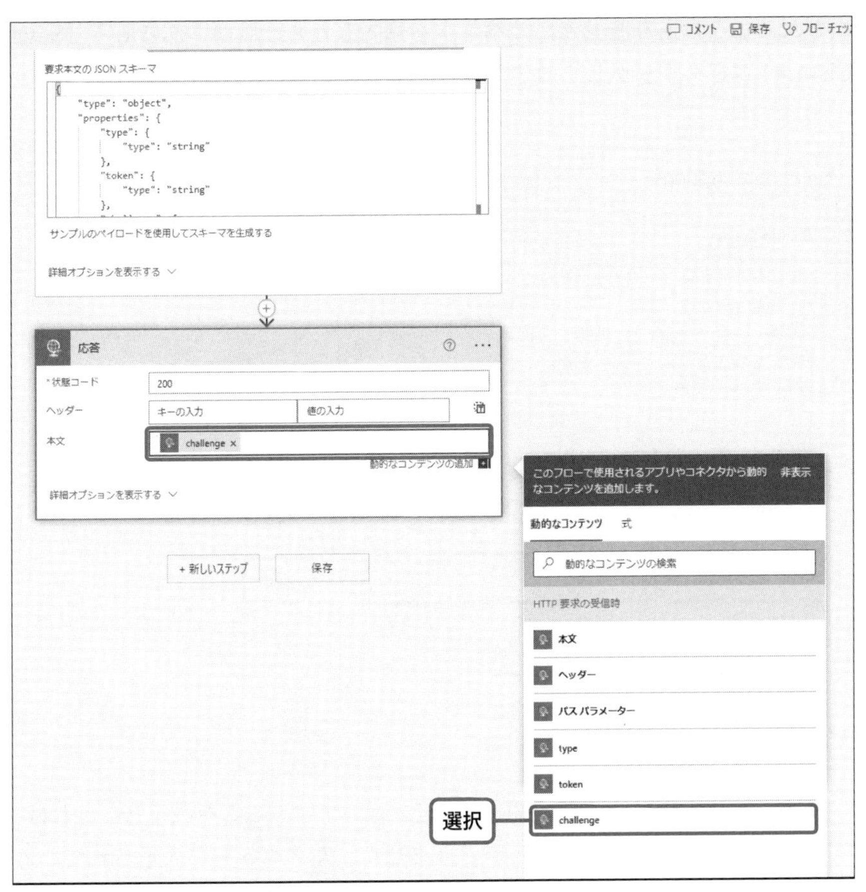

図8.124 ［本文］に［challenge］を設定

ワークフロー側に問題がなければ、正常にチェックが完了します。

▶ Slackでの権限設定

次はSlack側でワークフローを呼び出す条件とする、対象イベントの設定です。今回はメンション付きで投稿された際に限り反応させたいので、［Subscribe to bot events］をクリックして展開し［Add Bot User Event］をクリックします。ここでイベントが表示されますので、［app_mention］をクリックして追加します。このイベントはメンションされた際に発生するイベントで、これを設定しなくてはメンションされてもワークフローが呼び出されることはありません。イベントを選択したら、画面下部にある［Save Changes］をクリックして設定を保存します。

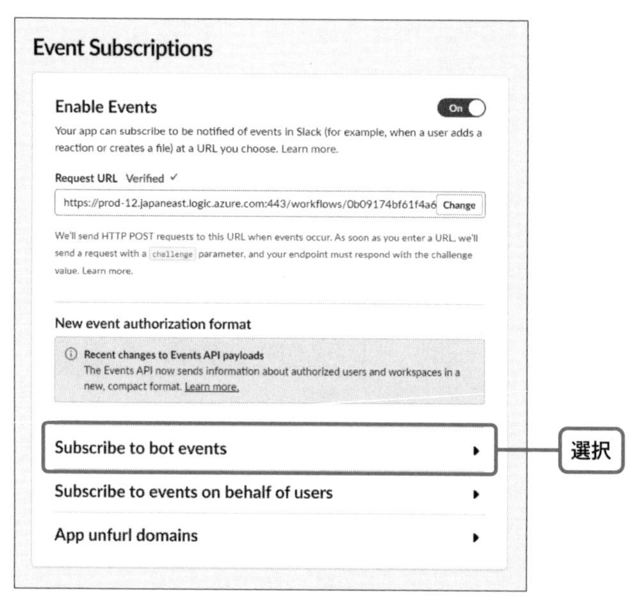

図8.125 Subscribe to bot events

次に、アプリとして必要な権限の設定を行います。ここを設定しなければ、ワークフローから投稿することができません。左メニューに表示されている［OAuth & Permissions］をクリックし、権限設定を開きます。

表示された権限設定を下にスクロールしていくと、［Scopes］と書かれた部分があります。この中にある、［Bot Token Scopes］がBotに付与する権限設定になります。もう1つの［User Token Scopes］は、ユーザーとして動作させる際に必要となる権限設定です。今回はBotとして投稿させたいので利用しません。

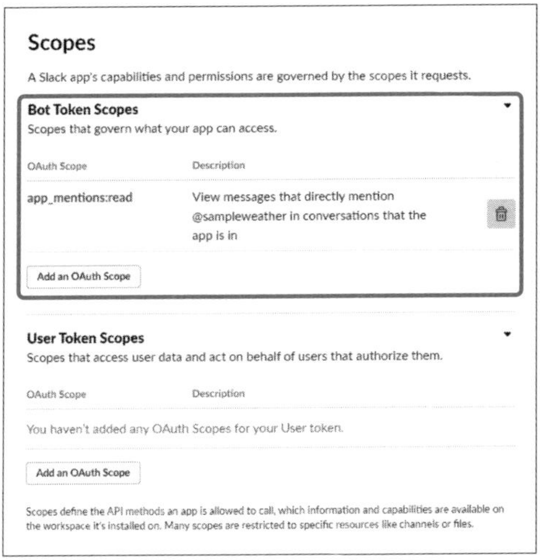

Scopes

A Slack app's capabilities and permissions are governed by the scopes it requests.

Bot Token Scopes

Scopes that govern what your app can access.

OAuth Scope	Description
app_mentions:read	View messages that directly mention @sampleweather in conversations that the app is in

Add an OAuth Scope

User Token Scopes

Scopes that access user data and act on behalf of users that authorize them.

OAuth Scope	Description
You haven't added any OAuth Scopes for your User token.	

Add an OAuth Scope

Scopes define the API methods an app is allowed to call, which information and capabilities are available on the workspace it's installed on. Many scopes are restricted to specific resources like channels or files.

図8.126 ［Bot Token Scopes］の設定

［Bot Token Scopes］で必要なのは、Slackに投稿できる権限です。投稿の権限はchatで始まる名前のものが該当します。「chat:write」が特定のチャンネルに投稿できる権限、「chat:write.public」がgeneralチャンネルに投稿できる権限になります。もう1つ「chat:write.customize」がありますが、これはアイコンの変更などを行う際に必要な権限で、今回は利用しません。どこのチャネルでも利用できるように、「chat:write」と「chat:write.public」を追加します。

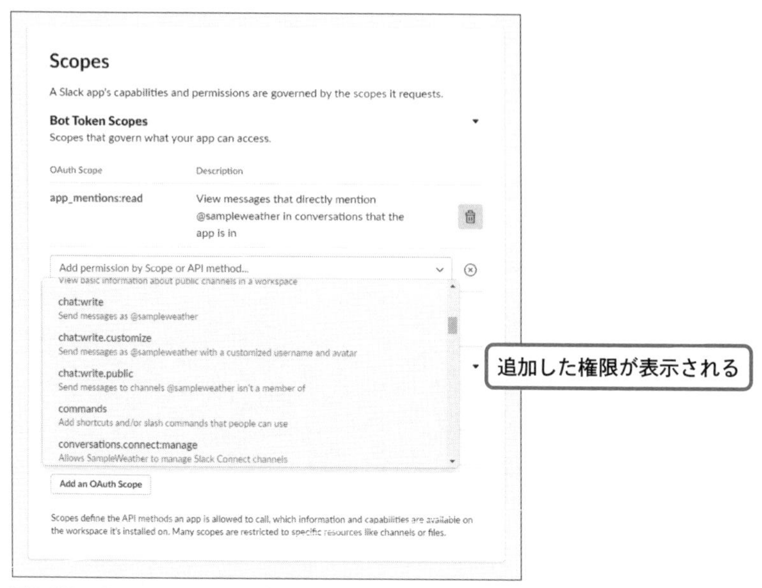

図8.127 [Bot Token Scopes] の設定

Scopesの設定は、一覧から権限を選択したタイミングで自動的に保存が行われます。画面上部に「Success!」と表示されれば、保存が無事行われたことになります。

他にも [Bot User OAuth Token] の値がありますので、これを別途メモ帳などで控えておいてください。これは、Power AutomateからSlackに投稿する際に必要となる値です。

左メニューにある [Basic Information] をクリックし、[App Credentials] 欄を確認します。ここにはセキュリティにまつわるものが表示されており、本来であればシークレット情報を利用して送信された値を検証する必要があるのですが、Power Automateではその検証を行う処理を作成することができません。そのため、レガシーな仕組みとなる「Verification Token」を利用します。Verification Tokenは送信される値に必ず含まれている値で、この値が一致しているものが正しくSlackから送信されたものであることを保証するためのものです。ただし、レガシーな仕組みと書いたように最低限のセキュリティでしかありません。[App Credentials] に表示されている [Verification Token] の値が外部に漏れた場合は、送信される内容を検証することができなくなります。この値の管理を厳密に行うことと、万が一外部に漏れた場合には再生成を行い過去のトークンを利用できなくするように対応する必要があります。[Verification Token]の値をメモ帳に保存しておき、後程Power Automate側で検証に利用します。

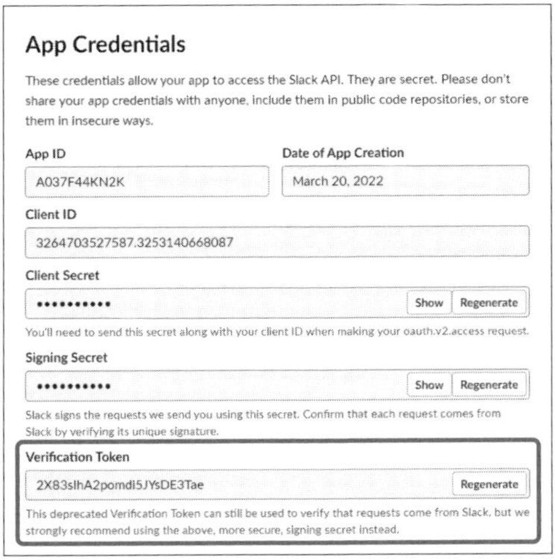

App Credentials

These credentials allow your app to access the Slack API. They are secret. Please don't share your app credentials with anyone, include them in public code repositories, or store them in insecure ways.

App ID: A037F44KN2K
Date of App Creation: March 20, 2022
Client ID: 3264703527587.3253140668087
Client Secret: •••••••••• Show Regenerate
You'll need to send this secret along with your client ID when making your oauth.v2.access request.
Signing Secret: •••••••••• Show Regenerate
Slack signs the requests we send you using this secret. Confirm that each request comes from Slack by verifying its unique signature.
Verification Token: 2X83slhA2pomdi5JYsDE3Tae Regenerate
This deprecated Verification Token can still be used to verify that requests come from Slack, but we strongly recommend using the above, more secure, signing secret instead.

図8.128 [App Credentials]の設定

確認できたらアプリをSlackワークスペースにインストールします。[Basic Information]を上までスクロールすると、[Install your app]のところに[Install to Workspace]がありますので、これをクリックします。

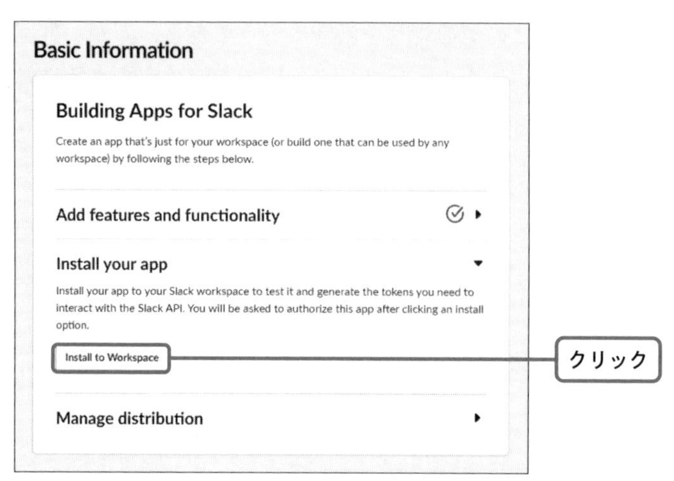

図8.129 ［Basic Information］の状態

インストール時には、設定した権限を与えてもよいか確認が来ますので［許可する］をクリックして権限を付与します。

図8.130 Slackワークスペースにアプリを追加

インストールが無事行われれば、Slack上でアプリが表示されるようになります。実際に送信されるデータの確認も含め、チャネル上でメンションを送信します。このとき、初めてのアプリに対して、チャンネルにアプリを招待するかを求められますので、招待してください。

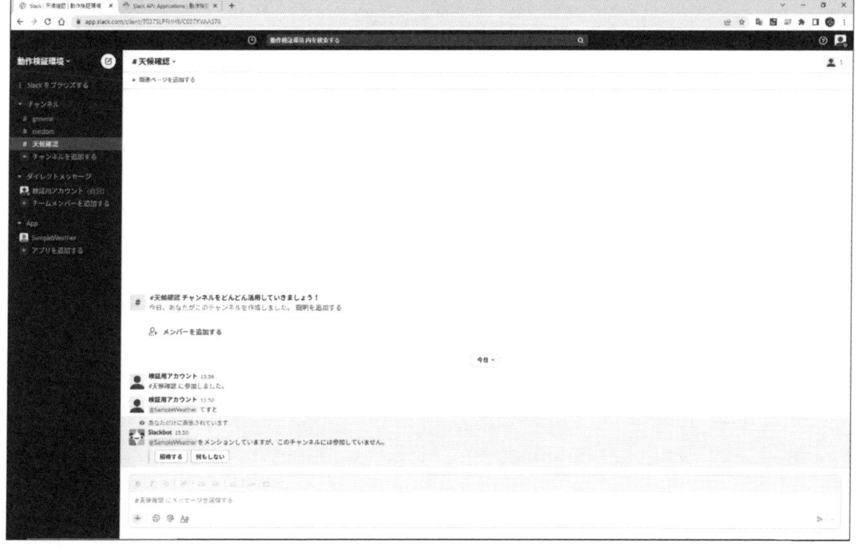

図8.131　求められるアプリの招待

クラウドフローによるBotの作成

　メンションを付けてアプリに投稿すると、Power Automate側が呼び出されています。実行履歴を表示し、要求トリガーの未加工出力を確認すると実際にSlackから送信されたデータが確認できます。このデータに対応するようワークフローを組む必要があります。

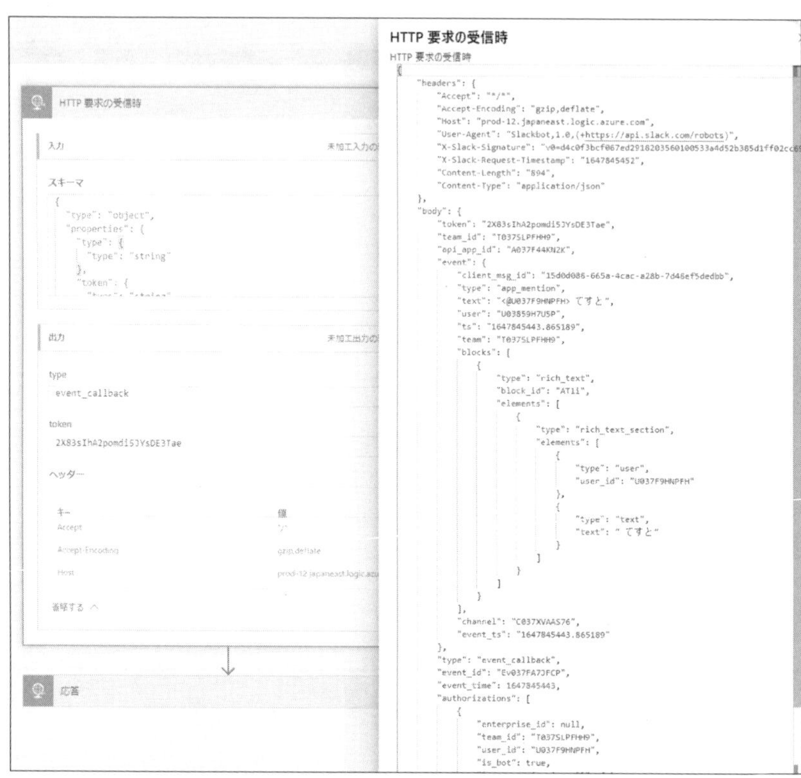

図8.132　Slackから送信されたデータ

body部分に表示されているものが、送信されたデータになりますのでメモ帳などに保存しておきます。次のようなデータ※が送信されてきています。

```
{
        "token" : "XXXXXXXXXXXXXXXXXXXXXXXX" ,
        "team_id" : "XXXXXXXXXXX" ,
        "api_app_id" : "XXXXXXXXXXX" ,
        "event" : {
```

※sampletxt_data.jsonとしてWebダウロード提供しています。詳しくはxiページを参照してください。

```
"client_msg_id": "15d0d088-665a-4cac-a28b
-7d48ef5dedbb",
"type": "app_mention",
"text": "<@U037F9HNPFH> てすと",
"user": "U03859H7U5P",
"ts": "1647845443.865189",
"team": "T037SLPFHH9",
"blocks": [
    {
        "type": "rich_text",
        "block_id": "AT1i",
        "elements": [
            {
                "type": "rich_text_section",
                "elements": [
                    {
                        "type": "user",
                        "user_id":
                        "U037F9HNPFH"
                    },
                    {
                        "type": "text",
                        "text": " てすと"
                    }
                ]
            }
        ]
    }
],
"channel": "C037XVAAS76",
"event_ts": "1647845443.865189"
```

```
        },
        “type”:“event_callback”,
        “event_id”:“Ev037FA7JFCP”,
        “event_time”: 1647845443,
        “authorizations”: [
            {
                “enterprise_id”: null,
                “team_id”:“T037SLPFHH9”,
                “user_id”:“U037F9HNPFH”,
                “is_bot”: true,
                “is_enterprise_install”: false
            }
        ],
        “is_ext_shared_channel”: false,
        “event_context”:“4-eyJldCI6ImFwcF9tZW50aW9uIi
widGlkIjoiVDAzN1NMUEZISDkiLCJhaWQiOiJBMDM3RjQ0S04ySyIs
ImNpZCI6IkMwMzdYVkFBUzc2In0”
    }
```


本来であれば、このデータをもとにスキーマを設定し以後のワークフロー作成を行いやすくするのですが、Slackから送信されてくるデータの種類は他にも数多くあり、そのパターンを全てカバーするスキーマを用意するのは大変です。そのため、スキーマは設定せずに直接利用します。記述が複雑になりますが、スキーマを用意するよりも楽です。

この値の中で利用する項目は、「token」と「text」です。「token」は「Verification Token」の値と一致するかを確認するためのもので、一致しなかった場合は処理を終了させます。「text」は投稿されたメッセージの内容です。まずは「token」のチェックを行う処理を作成します。その前に、要求トリガーにURLチェック用のスキーマが定義されたままになっていますので、これを削除します。また、[応答] アクションでも本文で値を設定していましたので、これも併せて削除しておきます。

要求トリガーの次に［応答］アクションがある状態のまま、［応答］アクション以下に新しくアクションを追加していきます。この形にするには理由があります。Slack側から呼び出された際に、一定時間内に応答を返さなければエラーと判定されてしまいます。エラーと判定された場合はSlack側から再送信されますので、Power Automate側が処理中であっても再度同じデータが送信されてしまい、二重に処理を行ってしまうことになります。そのため、要求トリガーで送信を受けたら、すぐに［応答］アクションでSlack側に正常に受け付けたことを返却しなくてはなりません。

［応答］アクションの直下では、条件判断を行います。triggerBody関数を利用して以下のような判断を行います。判断の結果、いいえの側にワークフローを終了するアクションを設置します。

```
triggerBody()['token'] が次の値に等しい (Verification Token)
```

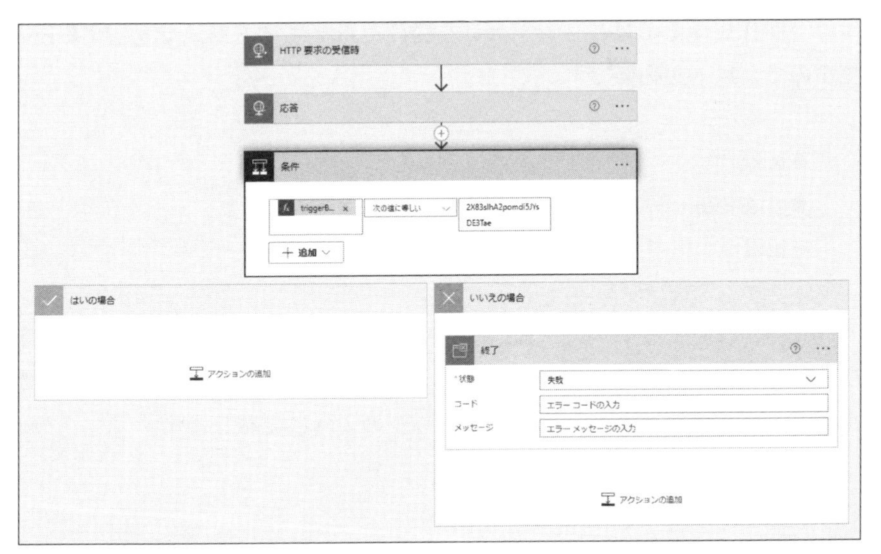

図8.133 Verification Tokenの判定

［条件］の判断で［いいえの場合］に制御が移るのは、送信された値でVerification Tokenの値が不一致だった場合ですので、即時に終了して大丈夫です。

▶ Slack側へ返信を投稿する処理

次に行うのはSlack側へ返信を投稿する処理です。最初に書いた通り、コネクタで提供されているアクションでも投稿は行えますが、その場合投稿者がBotではなくユーザーになります。今回はBotとして投稿するために、Slackから提供されているAPIを呼び出します。

APIの利用方法は公式ドキュメントが参考になります。

- chat.postMessage
  https://api.slack.com/methods/chat.postMessage

指定されたURLをPOSTで呼び出す必要があります。また、その際のヘッダー情報にはContent-Typeの指定が必要です。他に必要な項目はArgumentsに記載されています。少しわかりにくい記述となっているので注意が必要です。今回作成するのは、メンションを受けたらテキスト形式で返信するBotですので、以下が必要です。

- token
- channel
- text

「token」は控えておいた「Bot User OAuth Token」の値です。この情報はHTTPで呼び出す際のヘッダー情報として設定を行います。ヘッダーにAuthorizationキーを追加し、値として以下のように記載します。

```
Bearer (Bot User OAuth Token)
```

「Bearer」の後に半角スペースが1つ必要ですので注意してください。これとは別に、ヘッダーにはContext-TypeとしてApplication/Jsonの値も必要ですので、併せて設定を行います。

次に［本文］として必要なのは、投稿先となるチャンネルの情報と、投稿する文章の情報です。これらは以下のJSONの形でHTTPコネクタのアクションに本文として設定します。

```
{
"channel":"(チャンネルのID)",
"text":"(投稿する文章)"
}
```

ここで必要なチャンネルのIDは［要求］トリガーに送信される値に含まれているものを利用します。以下の関数を記述すると、必要なチャンネルのIDを指定できます。

```
triggerBody()?['event']?['channel']
```

最終的には、次のようにHTTPアクションが設定できていれば大丈夫です。チャンネルの値を関数で記述しましたが、一度ワークフローを保存し再度編集画面を開くと表示が［event.channel］に切り替わっていますが問題はありません。

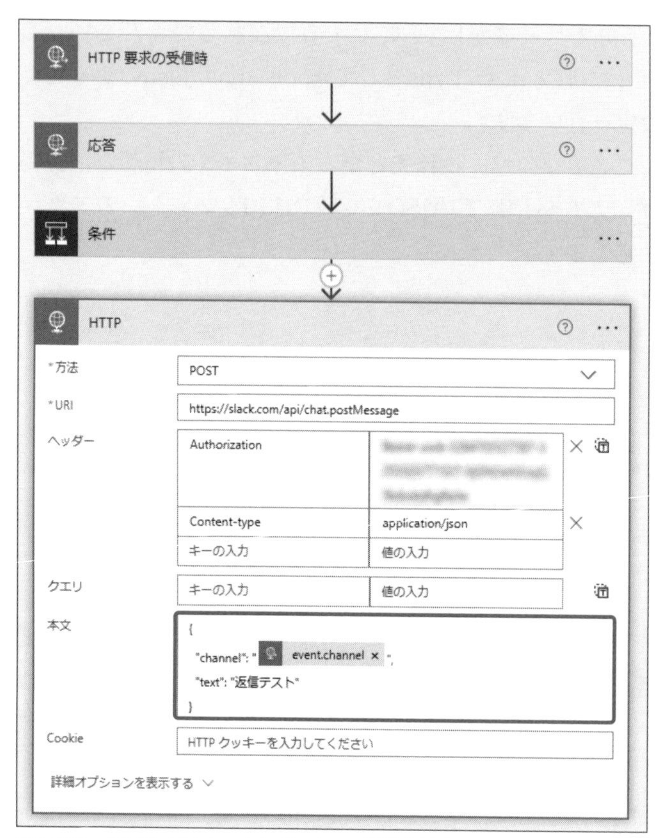

図8.134 ［応答］アクションにSlackへの返信を設定

ワークフローをここまで作成したら、一度保存しSlack側で試験投稿を行ってみます。

図8.135　テスト実行した結果

Slackからメンションを付けてアプリに投稿すると、Power Automate側で設定したテスト用の文章が投稿されたことが確認できます。ここまでのワークフローで、メンション付きの投稿が発生した際に、Slackへ何かしらの応答を行う処理が実装できました。ここからは今回のBotに持たせる機能の実装を行います。

気象情報を返答するBotの作成

今回のBotには、気象庁が公開している天候情報をもとに、Slackから指示された特定地域の天気情報を抽出して返答する機能を持たせます。気象庁はJSON形式で天候情報を公開しています。参照したい地区コードを併せて指定して呼び出すことで、JSON形式の天候情報を取得できます。

● 全国の天気予報
https://www.jma.go.jp/bosai/forecast/

●東京都の全国の天気予報
https://www.jma.go.jp/bosai/forecast/data/forecast/130000.json

Slackから、[@ボット名 地域]とメンションされた際に、上記から天気予報を取得し結果をSlackに返却する処理を作成していきます。

処理を行うにあたり準備するものとして、問い合わせる際の地区コードがあります。このコードは気象庁側で定めたものです。次のURLからJSON形式で一覧が取得できます。

●地区コード
https://www.jma.go.jp/bosai/common/const/area.json

上記の天気予報は、この地区コード全てに対応しているのではなく気象台によって観測されている地区に限定されています。執筆時点では、観測所の天気予報は取得できませんでした。今回は、地区コードと地区名の組み合わせを、OneDrive上にExcelファイルにテーブル(AreaCode.xlsx※)としてあらかじめ保存しておきます。

※このファイルはWebダウロード提供しています。詳しくはxiページを参照してください。

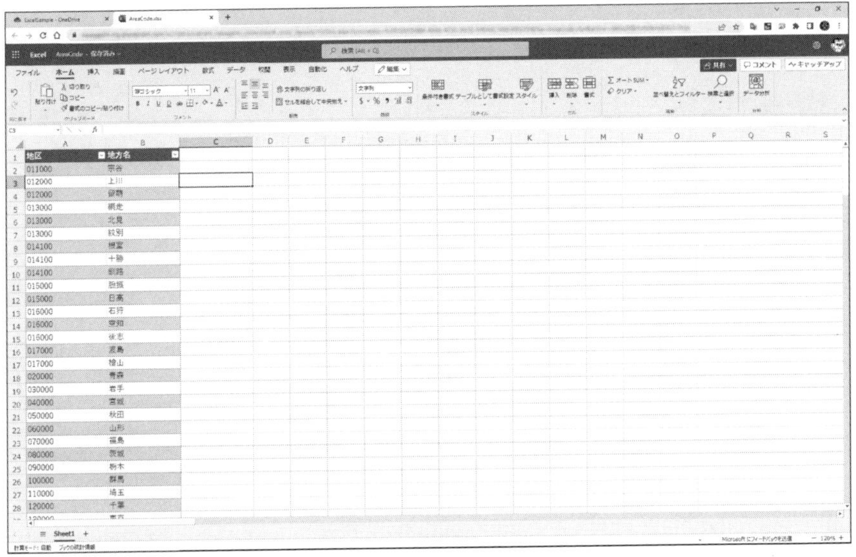

図8.136　事前に用意する地域コードと地域名を記載したExcelファイル

全ての地区コードをExcelファイルに用意できればよいのですが、結構な数になるので自分が参照したい地域に限定して用意しておくのでもよいと思います。ファイルが準備できたら、実際の処理をワークフローに作成していきます。

まずは投稿された地域名をExcelファイルから抽出する処理です。これはExcelコネクタの［表内に存在する行を一覧表示］アクションを利用します。

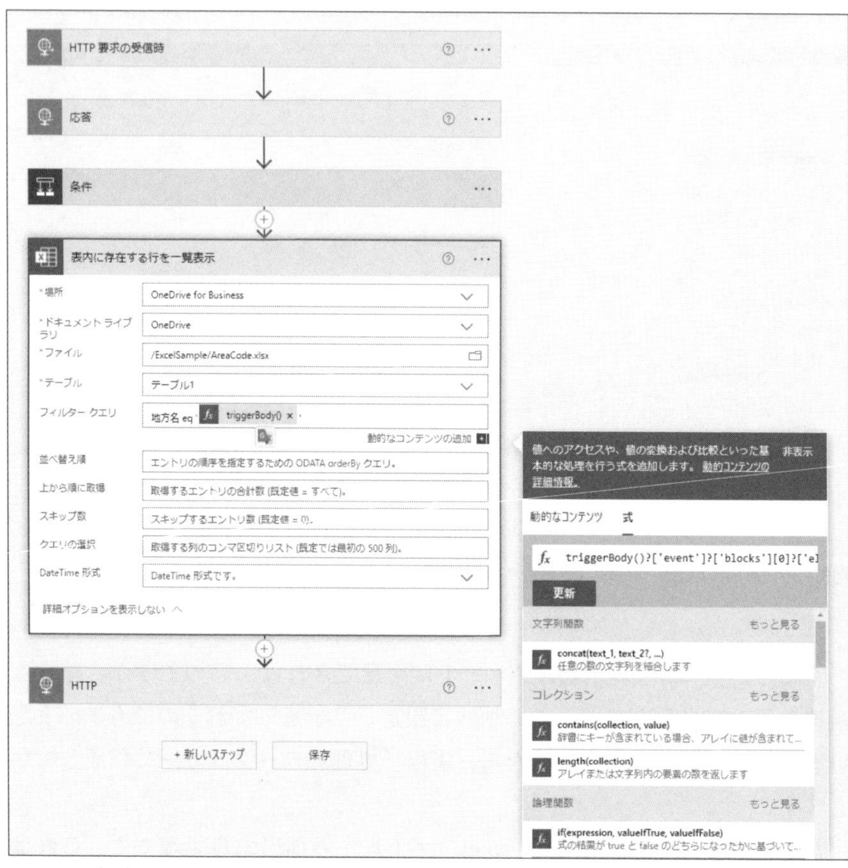

図8.137　投稿された地域名をExcelファイルより検索

対象となるファイルやテーブルを指定するのと合わせて、抽出条件となるフィルタークエリの設定も行います。指定された地域名で限定させたいので、以下のように記述します。

```
地方名 eq ‘trim(triggerBody()?[‘event’]?[‘blocks’]
[0]?[‘elements’][0]?[‘elements’][1]?[‘text’])’
```

シングルクォーテーションの中に記述する関数は、ダイアログ上から入力する必要があります。内容としては、要求トリガーに渡された値から、テキスト情報を抽出しtrim関数で前後の余白を除去したものを条件に利用しています。triggerBody関数の後で記述しているのは、受け取ったデータから階層を直接指定している部分です。「[‘event’]?['blocks'][0]?['elements'][0]?['elements'][1]?[‘text’]」の記述が意味するのは、次のようになります。

> eventの中にある配列blocksの最初のデータにある配列elements、その最初のデータに配列elementsがさらにあるのでその2件目のデータを参照、そのデータにあるtextを指定

スキーマが定義できればダイアログから選択するだけで済みます。しかしスキーマ定義を準備することは、直接参照する関数を記述するよりも遥かに手間がかかります。ただし、今回のように数か所で値を利用する程度であれば、スキーマを定義せずに直接値を指定する方が楽なケースもありますので、適宜使い分けてください。

これで、地域名に対する地区コードがExcelから取得できるようになりました。実際に利用する場面では、さらに入力ミスなどを考慮し対象が存在しなかった場合の制御が必要になります。Excelコネクタのアクションの結果が何も得られない場合は、対象が見つからなかったなどの返答をSlackに行うのがよいでしょう。この処理を次のように作成していきます。

まずは、Excelから抽出した結果を見て、地区コードを抽出します。このときは［データ操作］コネクタの値の［作成］アクションを利用します。値に指定するのは、以下のものです。

```
first(outputs('表内に存在する行を一覧表示')?['body/value'])
?['地区']
```

Excelからの抽出結果は、outputs関数で参照できます。さらに['body/value'])?['地区']の指定をすることで、抽出した結果の地区コードを参照します。この結果をfirst関数でさらに処理しています。これは、Excelからの抽出結果は複数ある配列形式であり、その値をワークフローで利用する場合に自動で［Apply to each］アクションが設定されてしまい、ワークフローが見にくくなってしまうのを防ぐためです。first関数で処理することで、配列ではなく1件と限定できますので、無用な［Apply to each］アクションが挿入されることはありません。

このように［作成］アクションで値を指定しましたが、Excel上で対象データが存在しなかった場合は［作成］アクションの結果が空の状態になります。そのため、［作成］アクションの次に［条件判断］アクションで作成結果があるかどうかを確認すれば、指定した地域が存在したかどうかを判断できることになります。これをワークフロー上に設置すると、次のようになります。

条件判断では、empty関数を利用して作成アクションの結果があるかどうかを判定させます。左辺にはempty(outputs('作成'))、右辺にはtrueと設定しempty関数の結果がtrueかどうかを判断させます。empty関数の結果がtrueだった場合は対象地区が存在しない場合ですので、HTTPアクションを利用してメッセージを返答します。

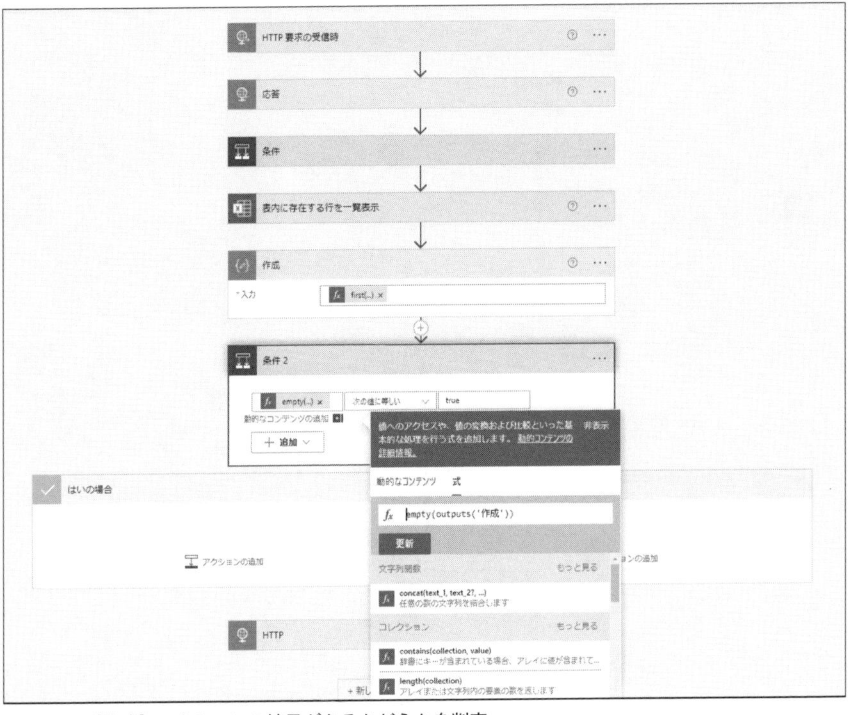

図8.138 ［作成］アクションの結果があるかどうかを判定

対象なしメッセージの投稿は、最初にテスト的に返答を投稿した際のアクション設定をコピーして貼り付けてから、メッセージを書き換えるのが楽です。メッセージ以外の設定は同一ですので、こういう場面ではアクションのコピー&ペーストを活用すると楽ができます。また、メッセージを投稿した直下には、［終了］アクションを設置し余分に処理が実行されないようにしておきます。このように［終了］コネクタを適宜利用することで、条件判断アクションの［はいの場合］［いいえの場合］それぞれに処理を盛り込んでしまい横幅が大きいワークフローとなるのを防げます。

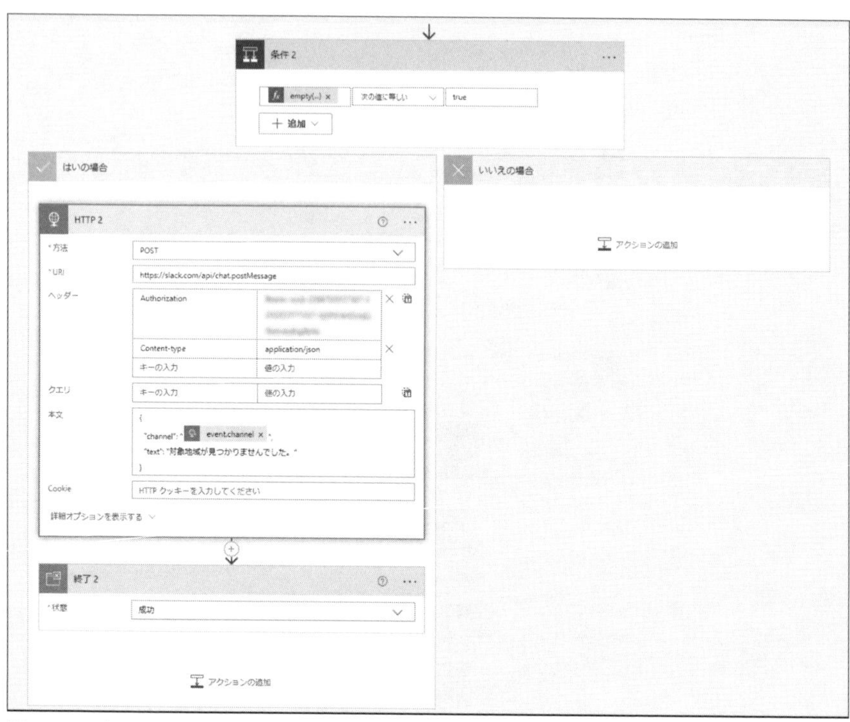

図8.139　該当する地区が存在しなかった場合の処理

残すところは、地区コードを用いて気象庁から天気予報を取得する部分と、その結果をSlackに投稿する部分です。地区コードは、すでに［作成］アクションで定義できています。この値を用いて［HTTP］アクションで呼び出しを行います。

取得するデータはtextの値に天気予報が設定されています。この値を、Slackに投稿する文章とするように記述します。これでワークフローは完成ですので保存します。その後にSlackから地区名を付けてのメンションと、Excelファイル上に存在しない地区名を付けてのメンションの両方を試します。

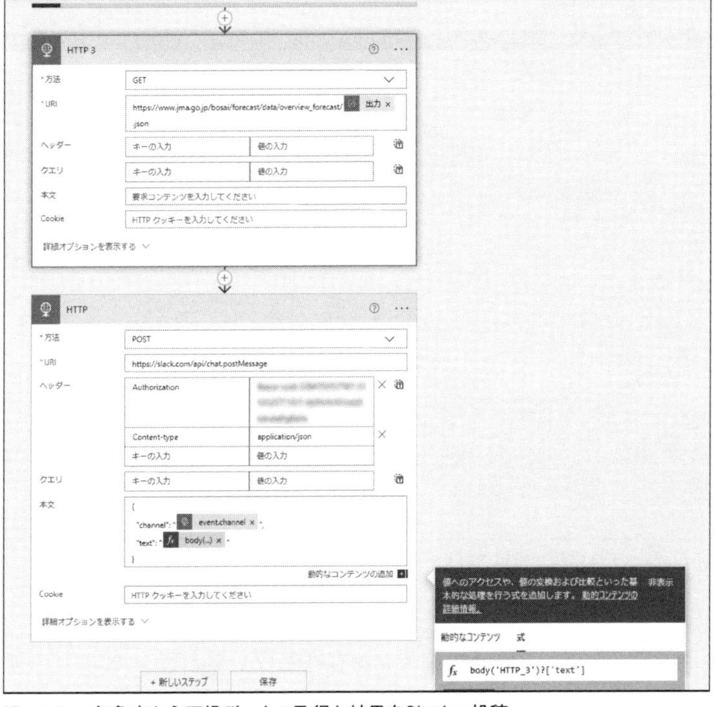

図8.140　気象庁から天候データの取得と結果をSlackへ投稿

図8.141のように結果が投稿されていれば成功です。Slackから連携された値をもとに、Power Automate上でうまく処理が行えています。

図8.141　BotからSlackへ天候情報が投稿される

HTTPコネクタを利用すると、コネクタが存在しない外部サービスとの連携や、コネクタには提供されていない機能を利用する場合などにも活用できます。プレミアムコネクタなのでライセンスが必要ですが、利用する価値があると思います。より多くのことをワークフロー化できるよう検討してみてください。

LINEで使える簡易名刺アプリ(LINE Bot)

LINEで名刺の画像を送信（LINEのカメラで撮影した画像も可）すると、「5　日本語対応の簡易名刺リーダー」で作成したカスタムAIモデルが名刺の情報を解析し、自動でExcelに情報を記載するLINE Botを作成してみましょう。

LINE Botとは

Bot（ボット）とは、事前に手順が決まっている作業の自動処理やユーザーからの応答に自動で返答するアプリケーションのことです。LINE BotはLINE上でメッセージの返答などを自動化できる仕組みです。

通常、LINE Botを作成するにはプログラミング知識が必須ですが、Power Automateを利用することでノーコードでも簡単にLINE Botを作ることができます。

事前準備

今回はPower Automateでワークフローを作成する前に、以下の準備を行う必要があります。

1. LINE側の設定と準備
2. Excelファイルの準備
3. カスタムAIモデルの準備

▶ LINE側の設定と準備

Power AutomateでLINE Botを作成する場合でもLINE Developersサイトで必要事項の入力作業が必要になります。

チャネルの新規作成

LINE Botを作成する際に［LINE Messaging API］を利用します。このAPIを利用するには、［チャネル］を作成する必要があります。チャネルを未作成の場合は、LINEの公式ドキュメントに手順が記載されているので、そちらを参考に準備をしてください。

- Messaging APIを始めよう
  https://developers.line.biz/ja/docs/messaging-api/getting-started/

ボットの応答設定

LINE Botを利用する際、必要になる設定を行います。作成したチャネル名（今回は［名刺スキャン］）をクリックします。

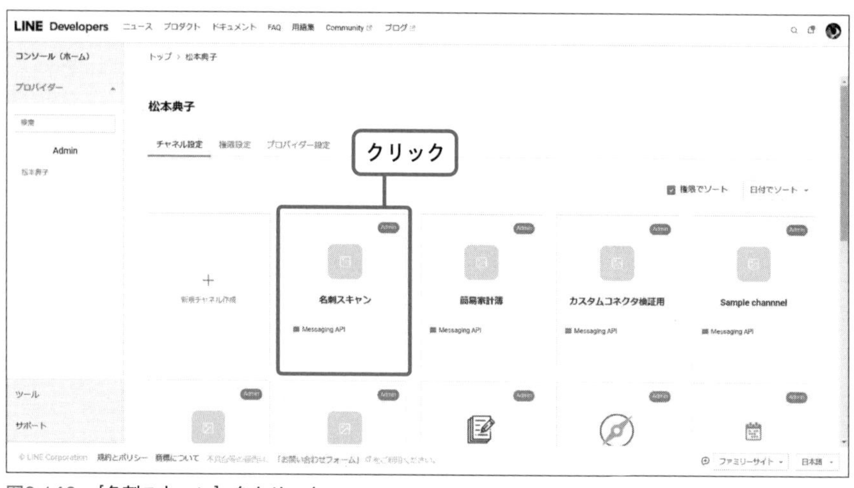

図8.142 ［名刺スキャン］をクリック

次に、タブメニュー内の［チャネル基本設定］をクリックし、ページ内の［LINE Official Account Manager］をクリックします。

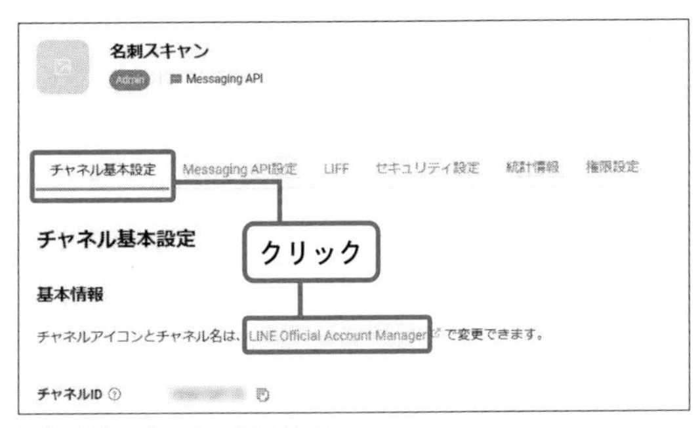

図8.143　チャネル基本設定

別ウィンドウで［LINE Official Account Manager］ページが開くので、開いたページの左メニューにある［応答設定］をクリックします。

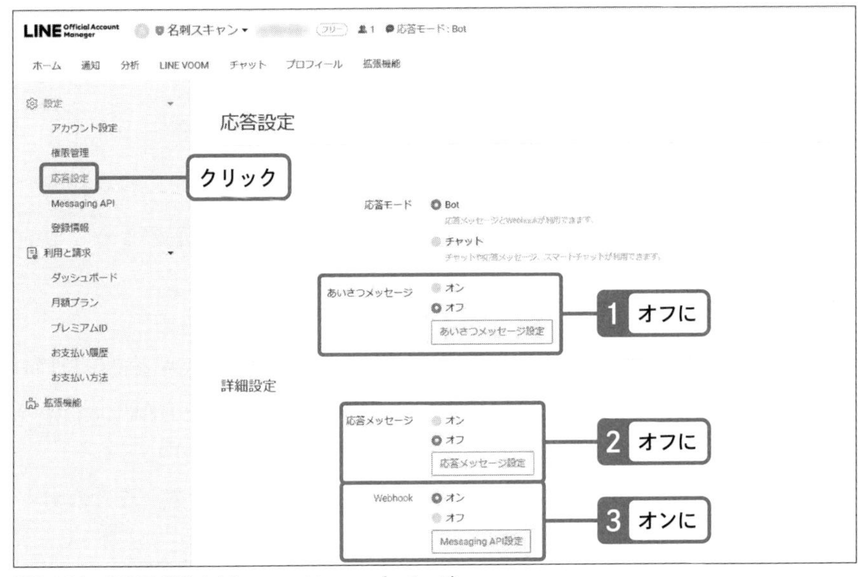

図8.144　［LINE Official Account Manager］ページ

［応答設定］ページの中のあいさつメッセージ、応答メッセージ、Webhookの3つの項目を以下の内容に変更します。

①あいさつメッセージ：オフ
②応答メッセージ：オフ
③Webhook：オン

Messaging APIの設定

［LINE Developers］のページに戻ります。タブメニューの［Messaging API設定］をクリックします。

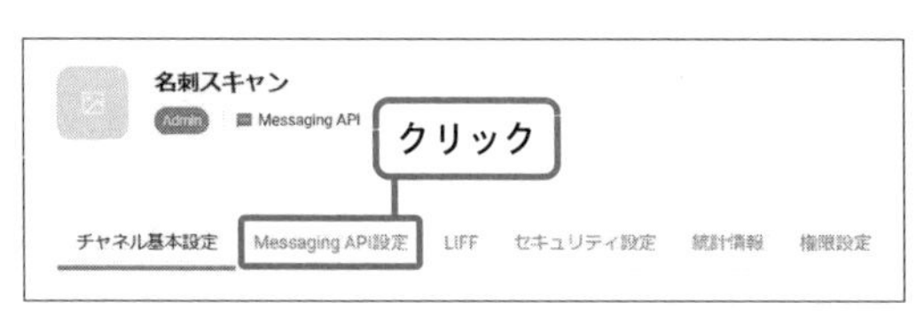

図8.145 ［Messaging API設定］

下にスクロールすると［Webhook設定］があるので、以下のように設定します。

①Webhook URL：Power Automateのトリガーに表示される「HTTP POSTのURL」を貼り付けます（※この部分は、Power Automateのワークフローを一度保存しないと設定できない項目です）。
②Webhookの利用：図8.146のように［オン］にします。この部分が［オフ］になっているとボットが動きません。

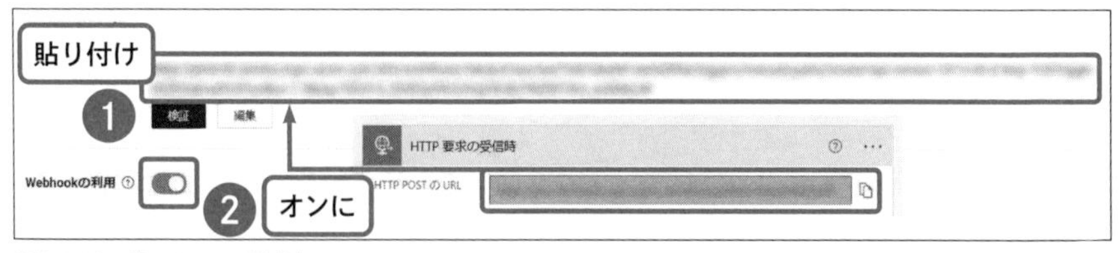

図8.146 ［Webhook設定］

チャネルアクセストークンの発行

チャネルアクセストークンを発行します。初めは空白ですが［発行］ボタンをクリックすると文字列が表示されます。

この文字列をPower Automateのワークフロー内で利用します。

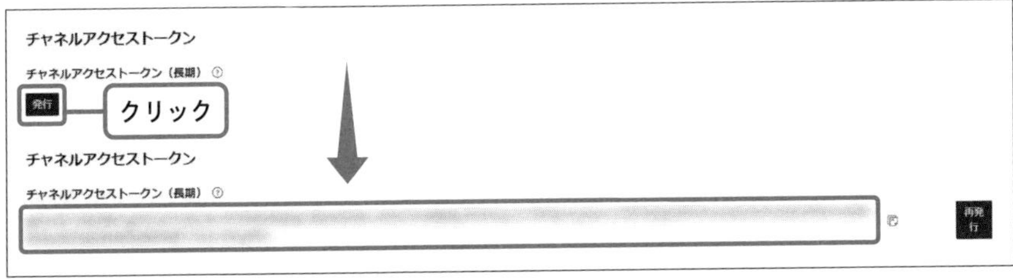

図8.147　チャネルアクセストークン

ボットを友だちとして追加する

Messaging API設定の上部に表示されているQRコードをスマホのLINEアプリで撮影し、ご自身の友だちとして［追加］します。

スマホ側の操作：作成したチャネル（今回は［名刺スキャン］）は、ホーム画面の「友だち -> 公式アカウント」の中に表示されています。スマホのLINEで、作成したチャネルのトーク画面が表示されるようにしておいてください。

図8.148　ボットを友だちとして追加

▶ Excelファイルの準備

Power Automateのワークフローで名刺の情報を［Excel Online（OneDrive）］を利用してExcelファイルに書き込むので、事前にExcelファイルを準備します。

Excelファイルの項目は以下の内容にし［テーブルの作成］を選択します。［Excel Online（OneDrive）］コネクタはテーブル設定をする必要があります。

- 会社名
- 役職
- 部署
- 名前
- 住所
- 電話番号

● Email

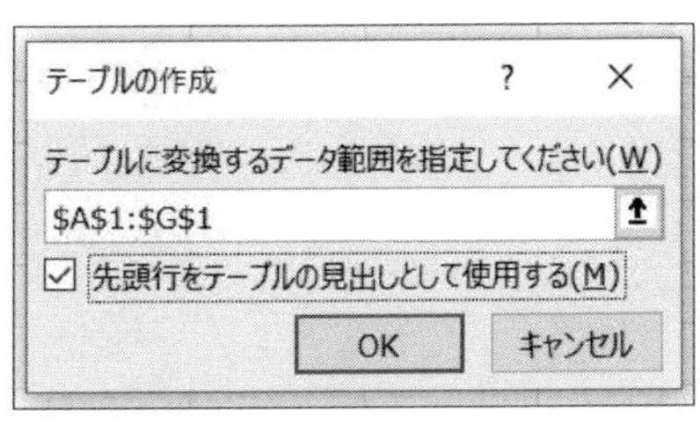

図8.149 [テーブルの作成]

［Excel Online（OneDrive）］コネクタでアクセスできるよう、OneDrive内に保存しておきます。今回のExcelファイルは「名刺名簿.xlsx」という名前にしました。

	A	B	C	D	E	F	G	H
1	会社名	役職	部署	名前	住所	電話番号	Email	
2								
3								
4								

図8.150 名刺名簿.xlsx

▶ カスタムAIモデルの準備

「5 日本語対応の名刺リーダー（カスタムAIモデルの作成）」で作成したカスタムAIモデルを利用します。作成がまだの場合は、事前に作成を完了させてください。

Power Automateでワークフローを作成

ワークフローの全体図は、図8.151のような形になります。

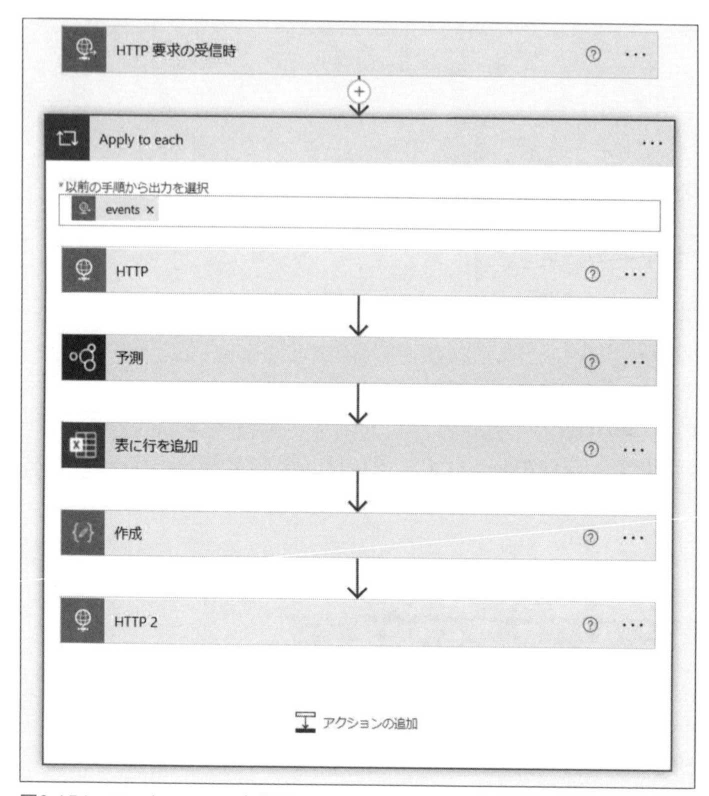

図8.151　ワークフローの全体図

ワークフローでは、以下の処理を行っています。

1. LINEから名刺画像を受信
2. AI BuilderのカスタムAIモデルで画像を分析
3. 結果をExcelに記載
4. LINEにリプライメッセージを送信

ワークフローを作成していきます。Power Automateポータルの左メニュー［作成］をクリックし［自動化したクラウドフロー］をクリックします。

図8.152　ワークフローを作成

［自動化したクラウドフロー］ウィンドウが開くので、ここでは［スキップ］をクリックします。

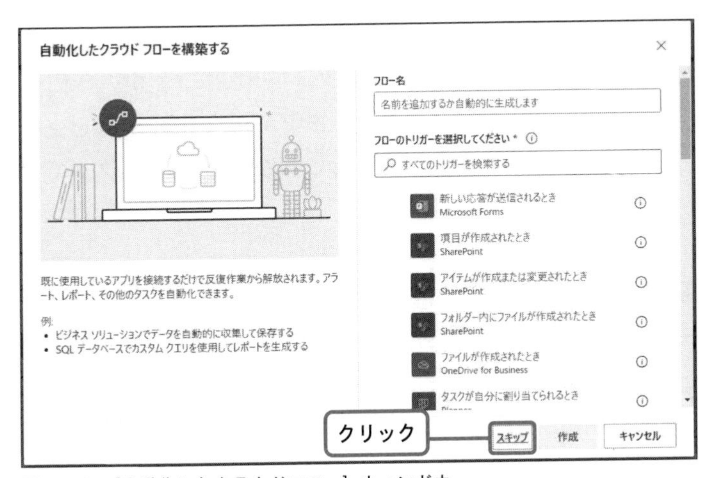

図8.153　［自動化したクラウドフロー］ウィンドウ

デザイナー画面が開きます。

図8.154　デザイナー画面

▶トリガーの設定

トリガーには［HTTP要求の受信時］コネクタを利用します。今回はLINEから送信された画像を受信して処理を行いますが、適切なJSONを生成するためにLINEの公式ドキュメントに記載されているJSONをコネクタで利用します。

LINEからの情報を受信するJSONを生成する

Power Automateポータル画面は開いたまま、別のタブでLINE Developerページの「Messaging APIリファレンス（`https://developers.line.biz/ja/reference/messaging-api/`）」を表示します。

左メニューの［Webhookイベントオブジェクト］をクリックします。

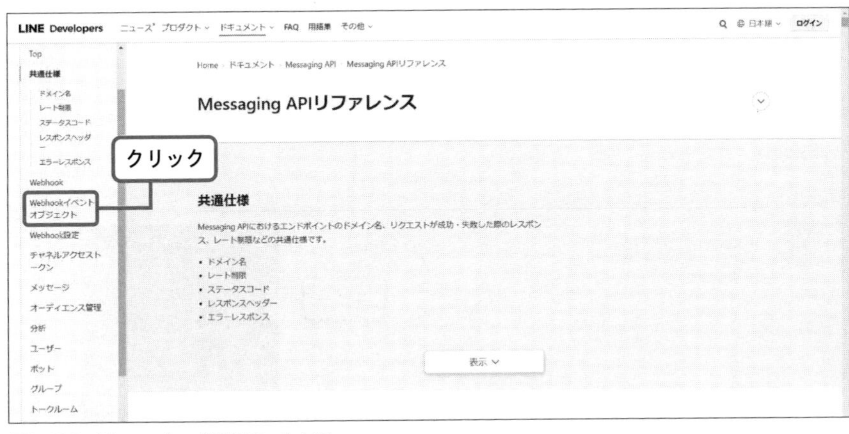

図8.155　Messaging APIリファレンス

左メニューの［メッセージイベント］をクリックし［message］の中の［画像］をクリックします。

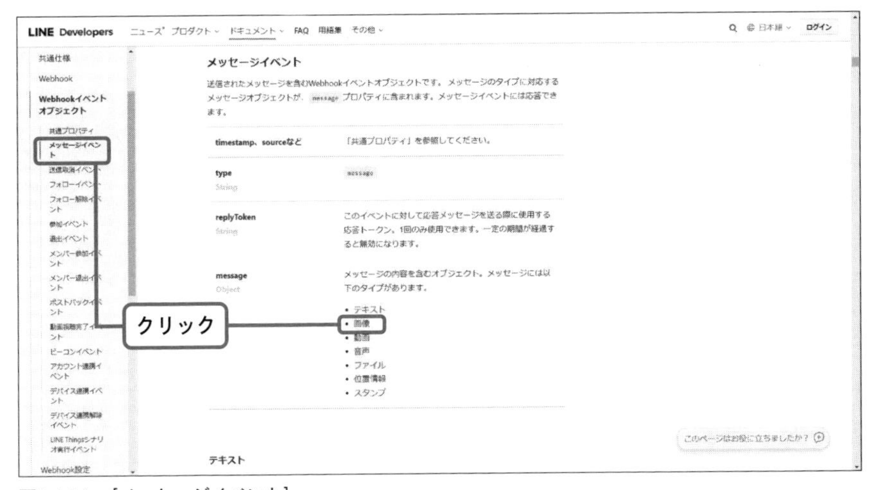

図8.156　［メッセージイベント］

右側に［画像メッセージの例］のJSONが表示されているので、枠内の部分をコピーします。

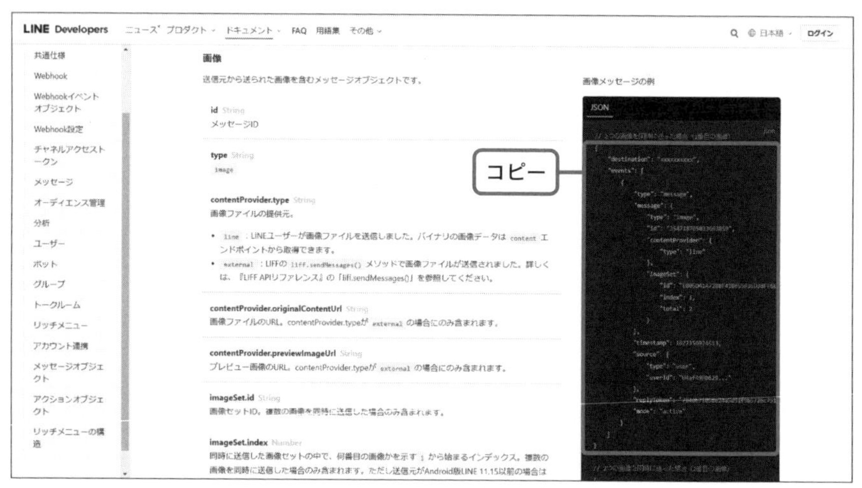

図8.157　枠内の部分をコピー

HTTP要求の受信時コネクタの設定

Power Automateポータル画面に戻ります。

デザイナー画面の検索窓に①「要求」と入力し、一覧に表示される②［要求］をクリックします。

図8.158　検索窓に「要求」と入力

表示される［HTTP要求の受信時］をクリックします。

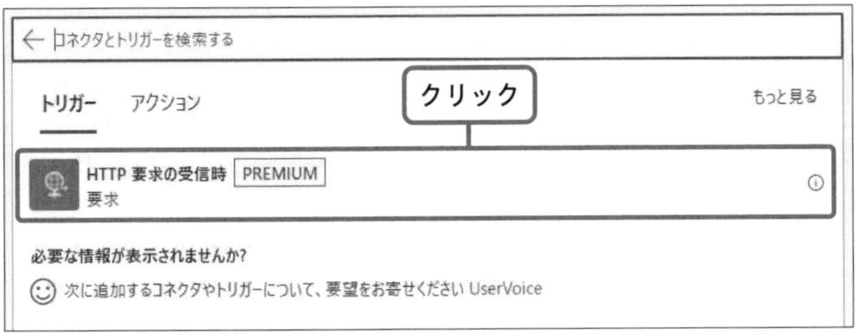

図8.159　［HTTP要求の受信時］

［HTTP要求の受信時］コネクタが表示されたら［サンプルのペイロードを使用してスキーマを生成する］をクリックします。

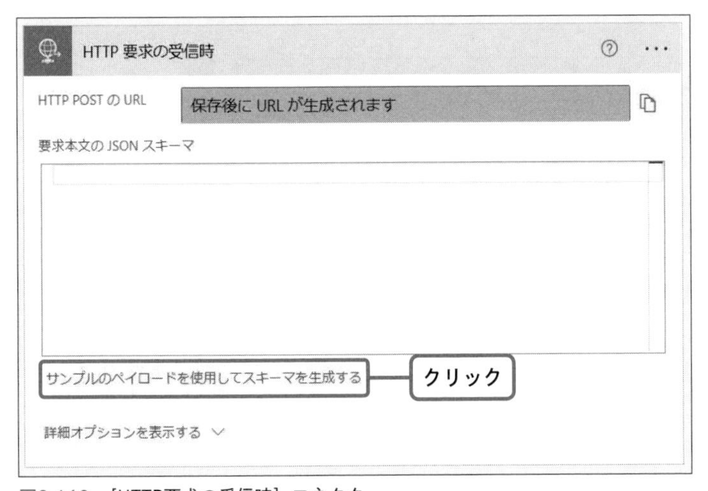

図8.160　［HTTP要求の受信時］コネクタ

「LINEからの情報を受信するJSONを生成する」でコピーしたJSONを①貼り付けた後、②［完了］をクリックします。

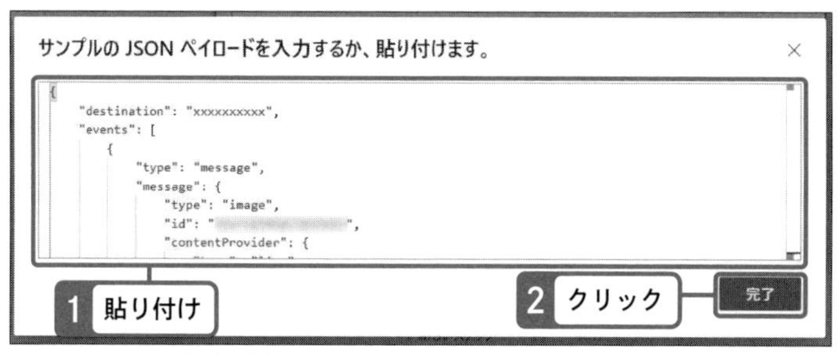

図8-161　JSONを貼り付け

［要求本文のJSONスキーマ］にJSONが入力されます。

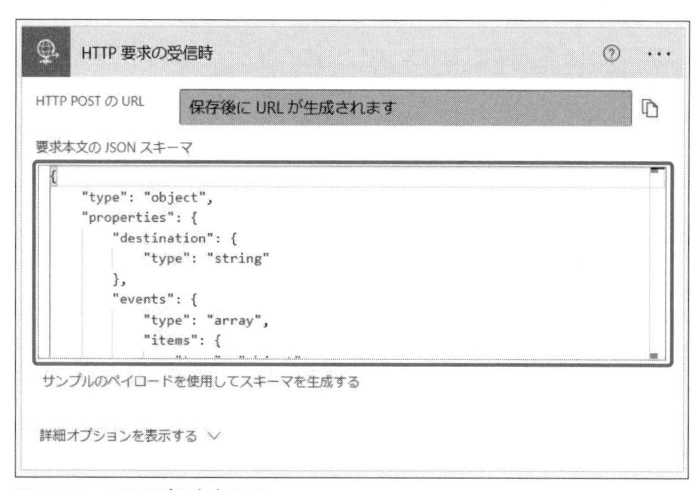

図8-162　JSONが入力される

▶アクションの設定

次に、アクションコネクタを設定していきます。トリガー直下の［+新しいステップ］をクリックします。

図8.163 ［+新しいステップ］

Apply to eachコネクタの設定

検索窓に「コントロール」と入力し、一覧に表示される［コントロール］をクリックします。

図8.164 ［コントロール］

一覧の中から［Apply to each］をクリックします。

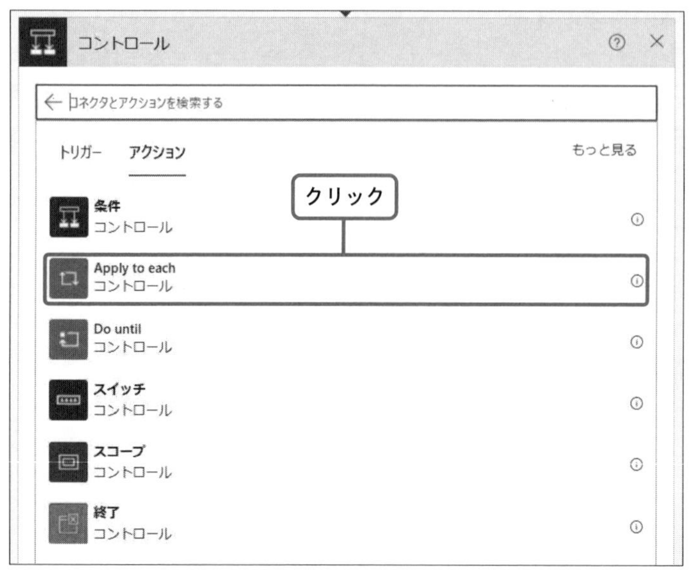

図8-165 ［Apply to each］

［動的なコンテンツ］の中から［events］をクリックします。以降のコネクタは全て［Apply to each］コネクタの中に入れます。

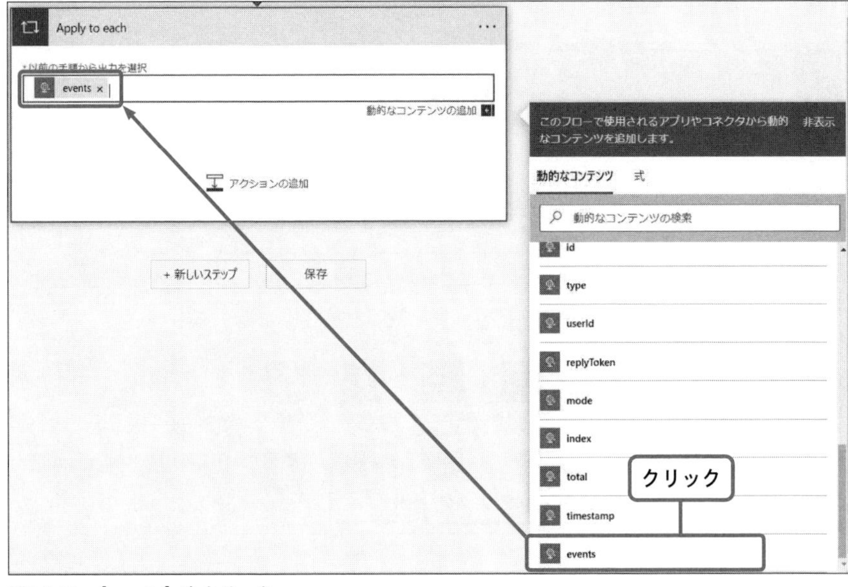

図8.166 ［events］をクリック

HTTPコネクタの設定

［アクションの追加］をクリックし、検索窓に①「HTTP」と入力し、一覧に表示される②［HTTP］をクリックします。

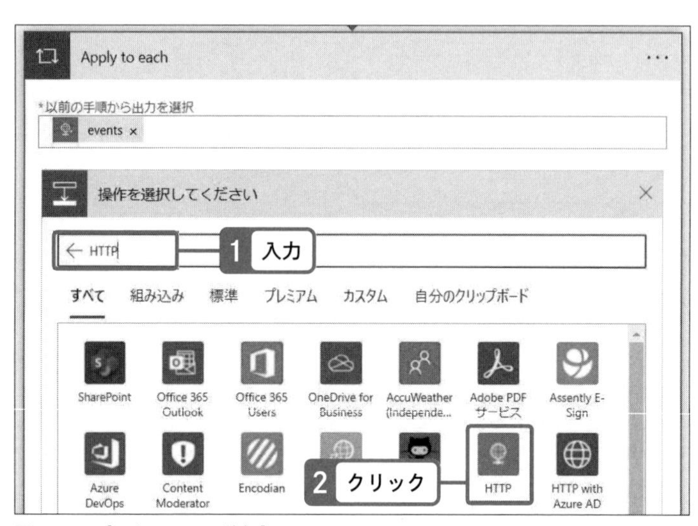

図8.167 ［アクションの追加］

表示された一覧の中から［HTTP］をクリックします。

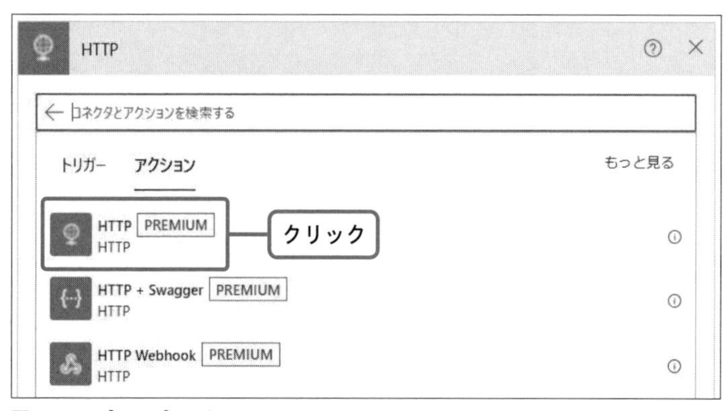

図8.168 ［HTTP］アクション

以下の内容を入力します。

①方法：[GET] を選択
②URI：「`https://api-data.line.me/v2/bot/message/@{items(‘ Apply_to_each’ )?[‘ message’ ]?[‘ id’ ]}/content`」を入力
③ヘッダー：左側に [Authorization]、右側に [Bearer(半角スペース)] に続き「チャネルアクセストークンの発行」で発行したチャネルアクセストークンを貼り付けます

図8.169

AI Builderコネクタの設定

［アクションの追加］をクリックし、検索窓に①「AI builder」と入力し、一覧に表示される②［AI Builder］をクリックします。

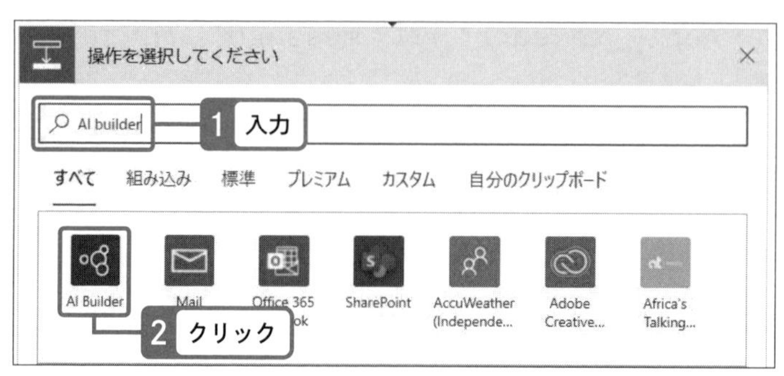

図8.170 ［AI Builder］

表示される一覧の中から［予測］をクリックします。

図8.171 ［予測］アクション

一覧の中から、「5 日本語対応の名刺リーダー（カスタムAIモデルの作成）」で作成したモデルを選択します。

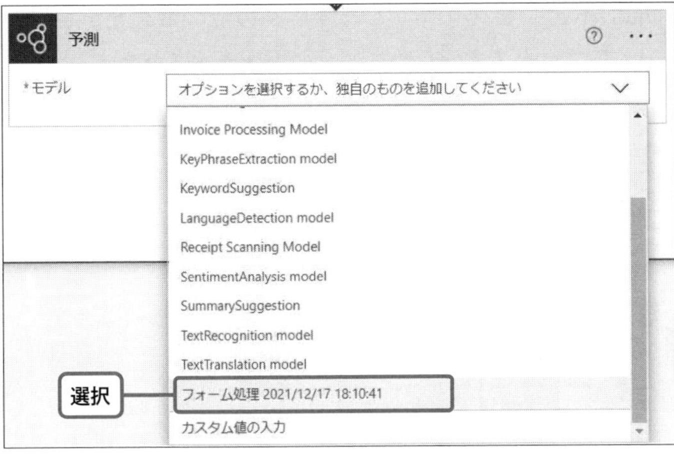

図8.172　作成したモデルを選択

動的なコネクタの［HTTP］に表示されている［状態コード］と［本文］を図8.173のように選択します。

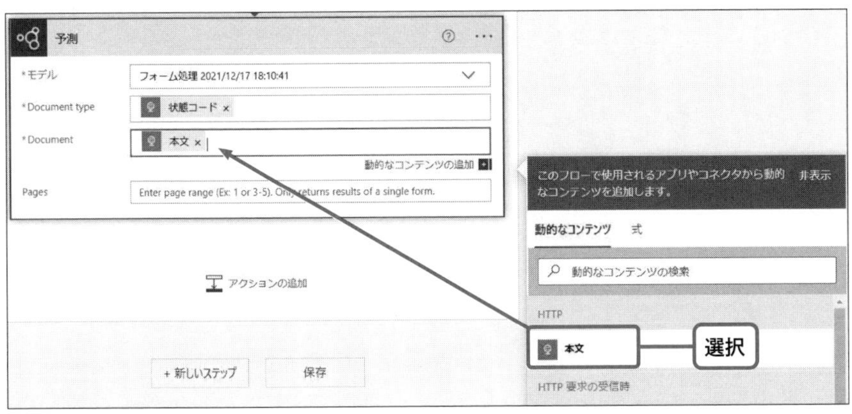

図8.173　［状態コード］と［本文］を選択

Excel Online（OneDrive）コネクタの設定

［アクションの追加］をクリックし、検索窓に①「Excel」と入力します。今回はOneDrive内のExcelに名刺情報を記載するため、一覧に表示される②［Excel Online（OneDrive）］をクリックします。初めてコネクタを利用する場合は、OneDriveにアクセスするために認証画面が表示されます。

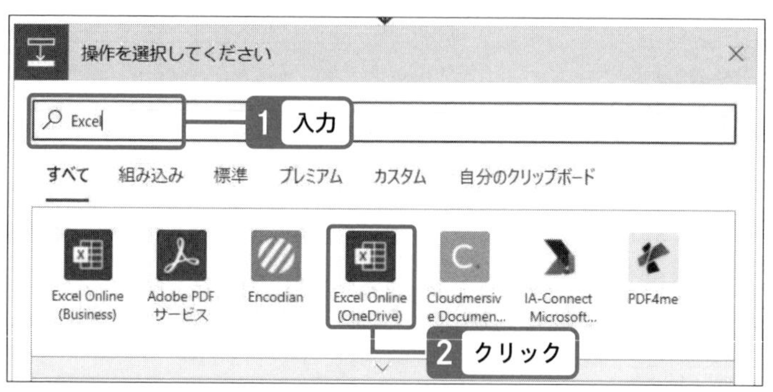

図8.174 ［Excel Online（OneDrive）］コネクタ

表示される一覧の中から［表に行を追加］をクリックします。

図8.175　[表に行を追加] アクション

図8.176のような表示になるので、該当のExcelファイル（今回は名刺名簿.xlsx）を選択します。

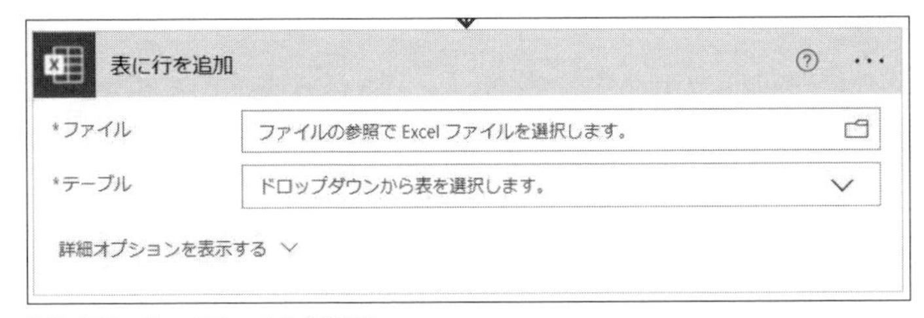

図8.176　Excelファイルを選択

以下のように選択します。

①ファイル：該当のExcelファイルを選択（今回は名刺名簿.xlsxという名前）
②テーブル：一覧に表示されるテーブルを選択
③この部分は、Excelに入力している項目が自動で表示されます

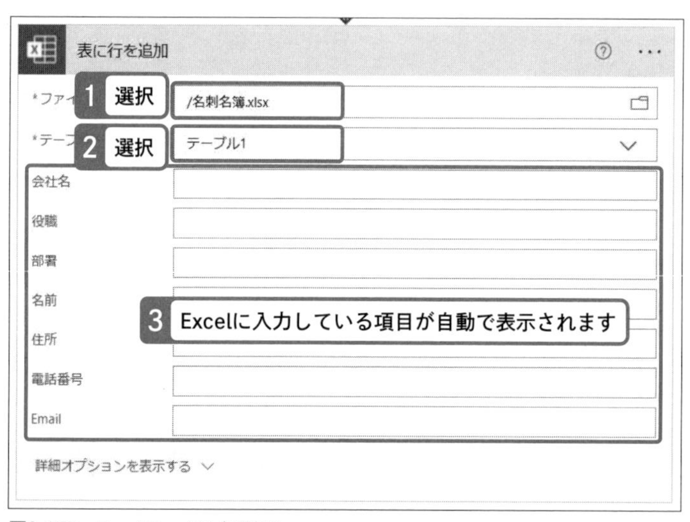

図8.177 Excelファイルを選択2

動的なコンテンツ［予測］の中から、「〜value」という表記のものをそれぞれの項目に選択していきます。

- 会社名：CompanyName value
- 役職：Position value
- 部署：Depertment value
- 名前：Name value
- 住所：Address value
- 電話番号：tel value
- Email：Email value

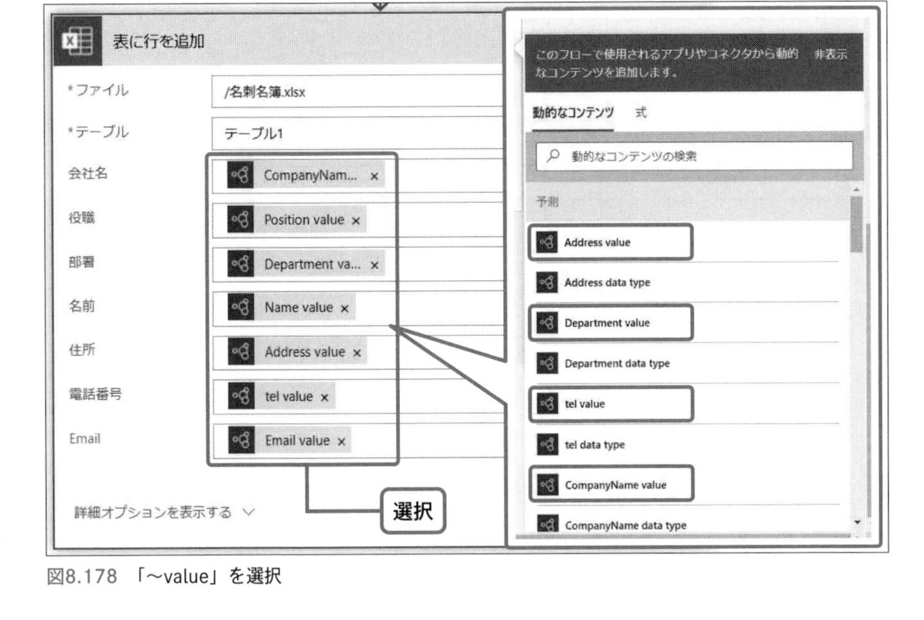

図8.178 「～value」を選択

LINEへのリプライ部分（作成コネクタ・HTTPコネクタ）

最後に、LINEへリプライメッセージを送信する部分を作成します。

［アクションの追加］をクリックし、検索窓に「データ操作」と入力します。

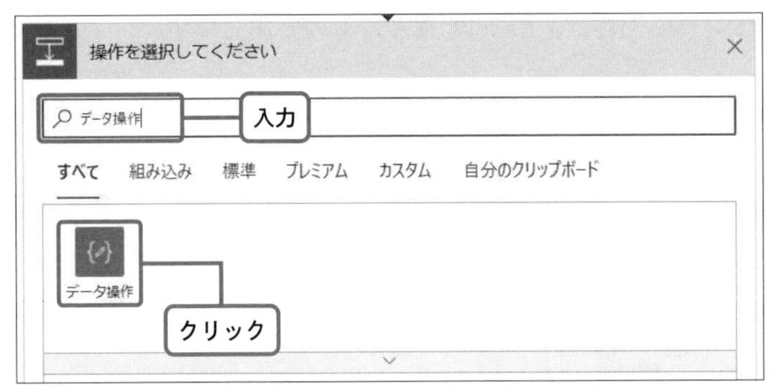

図8.179 ［データ操作］アクション

表示される一覧の中から［作成］をクリックします。

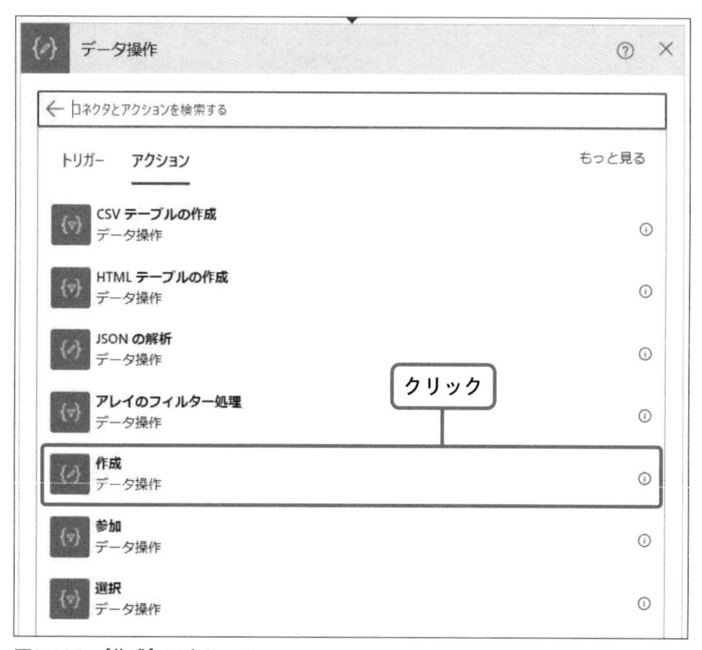

図8.180 ［作成］アクション

図8.181のように①テキストを入力し、②動的なコンテンツから選択します。動的なコンテンツの内容は、Excelで選んだものと同じです。

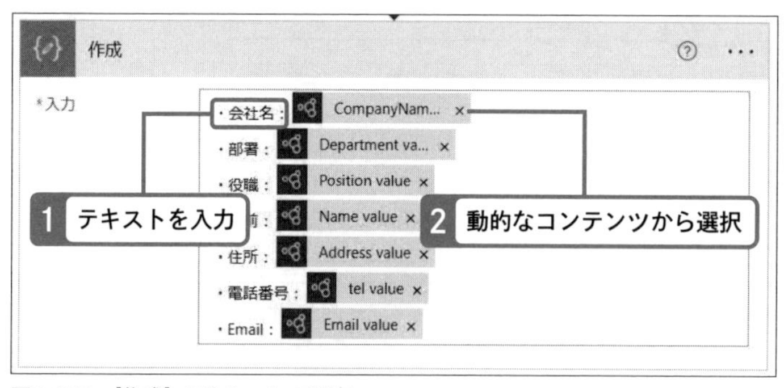

図8.181 ［作成］アクションの設定

［アクションの追加］をクリックし、検索窓に①「HTTP」と入力し、一覧に表示される②［HTTP］をクリックします。

図8.182 ［HTTP］アクション

表示された一覧の中から［HTTP］をクリックします。

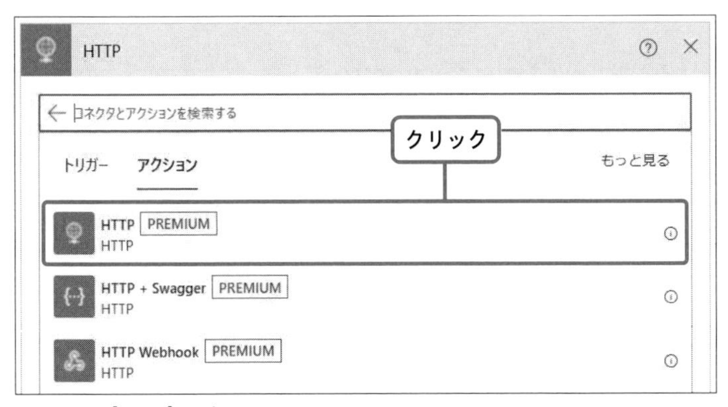

図8.183 ［HTTP］アクション

同一ワークフロー内で2つ目の［HTTP］コネクタとなるので、名前が自動で［HTTP2］と表示されます。

以下の内容を入力します。

①方法：[POST] を選択
②URI：「https://api.line.me/v2/bot/message/reply」を入力
③ヘッダー：左側に［Authorization]、右側に［Bearer(半角スペース)]に続き「チャネルアクセストークンの発行」で発行したチャネルアクセストークンを貼り付けます。
④本文：以下のJSON※を入力します。

```
{
   “messages”: [
      {
        “text”:“@{outputs(‘作成’)}”,
        “type”:“text”
      }
   ],
   “replyToken”: @{items(‘Apply_to_
each’)?[‘replyToken’]}
 }
```

※replyToken.jsonとしてWebダウンロード提供しています。詳しくはxiページを参照してください。

図8.184 [HTTP2] アクションの設定

▶ワークフローの保存

最後にワークフローを保存します。

① [無題] になっている部分をクリックし名前を変更（今回は「名刺分析用」）します。

② [保存] をクリックします。

図8.185 ワークフローを保存

LINE側のWebhook設定を変更

[LINE Developers] のページに戻ります。
タブメニューの [Messaging API設定] をクリックします。

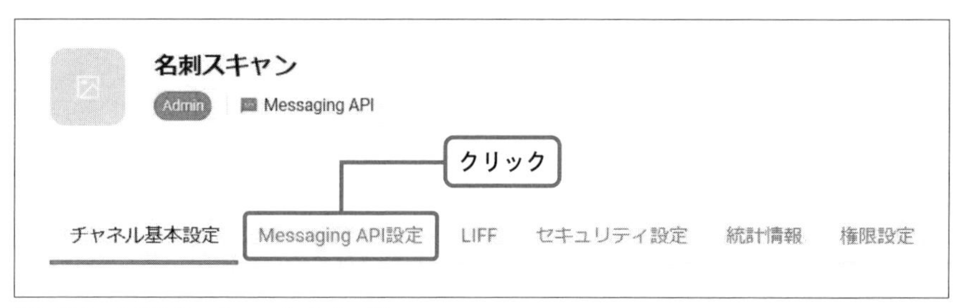

図8.186 [LINE Developers] のページ

下にスクロールすると [Webhook設定] があるので、以下のように設定します。

①Webhook URL：保存するとPower Automateのトリガーに表示される [HTTP POSTのURL] を貼り付けます。
②Webhookの利用：[オン] にします。

以上でワークフローの作成が完了しました。

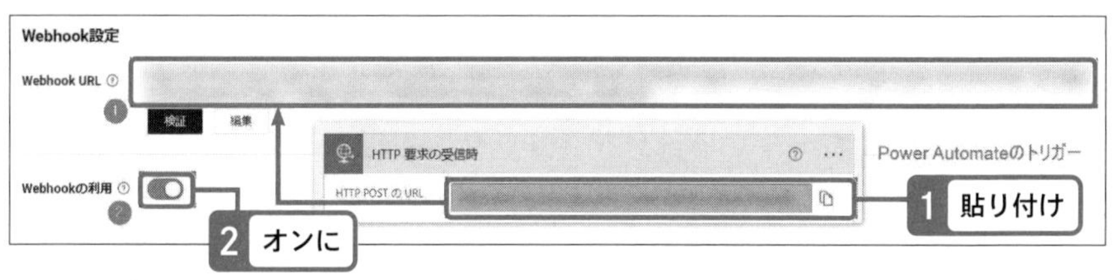

図8.187 [Webhook設定] の設定

実行結果

では、LINEのトークルームから名刺画像を送信してみます。

解析結果がリプライメッセージとして返信されています。半角スペースが入ったりしていますが、ほぼ正確に読み取れていることが確認できました。

図8.188　名刺画像を送信

Excelファイルも確認してみます。図8.189のように各項目に解析結果が入力されているのが確認できます。

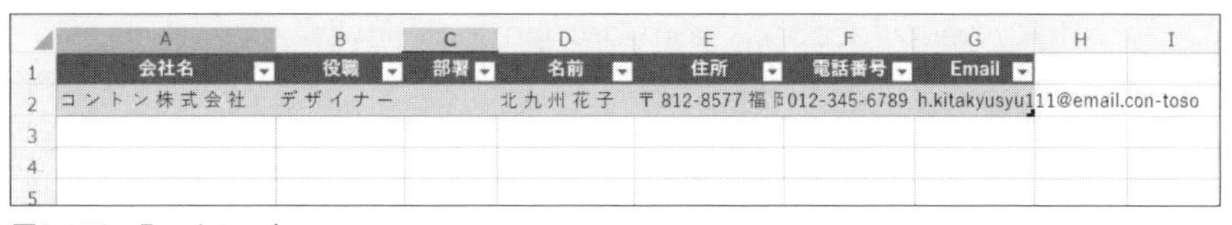

	A	B	C	D	E	F	G	H	I
1	会社名	役職	部署	名前	住所	電話番号	Email		
2	コ ン ト ン 株 式 会 社	デ ザ イ ナ ー		北 九 州 花 子	〒 812-8577 福	012-345-6789	h.kitakyusyu111@email.con-toso		
3									
4									
5									

図8.189　Excelファイル

今回は「コンソト」を「コントン」と結果表示していますが、カスタムAIモデルの精度がよくないと感じる場合は、トレーニングする画像を増やすことで精度を上げることができますので、ぜひ試してみてください。

おわりに

最後まで本書を読んでいただき、本当にありがとうございました。

Power Automateを理解し利用するには「まず自分で触ってみることが最短ルート」ということに気づいていただけたでしょうか？

ノーコード／ローコードサービスは「手軽に誰でも簡単に使える」と説明されがちですが、業務自体の流れを理解していること、つなぐサービスの特徴を理解していることなど、必要な知識や技術を学ぶことが必須になってきます。

また、業務で使ってみようと考えた際に、最初から巨大で複雑なワークフローを作ろうとしてしまい、結果として心が折れる……という話をよく聞きます。何事も準備運動は大切です。まずは簡単なワークフローから自分で作って、Power Automateを体感してみてください。

本書では、第8章「実例紹介」の提供データとして、ワークフロー作成時にコピペで利用できるテキストデータのみを用意しました。これは、筆者自身が「行き詰まりつつも自分で考え、ワークフローを作成すること」でPower Automateを理解し、利用できるようになった経験から考えたことです。

公式ドキュメントを読んだだけでは理解しづらいことも、自分でワークフローを作成してみると理解が深まるので、ぜひ実践してみてください。その中で「誰かに相談したい、意見交換したい」と思ったら、コミュニティ（LogicFlow-ja）への参加をオススメします。

- LogicFlow-ja（Facebookグループ）
  https://www.facebook.com/groups/logicflowja

コミュニティはサポートとは違います。有志のメンバーが知見を共有する場ということをご理解の上、ご参加いただけますと幸いです。

本書を読んでいただいたことがキッカケで「Power Automateを始めてみよう」「こういう使い方を試してみよう」「一度は諦めた自動化の仕組みを作ってみよう」と思っていただけると、とても嬉しいです！

本書を読んでくださった方の業務改善に少しでもお役に立てれば幸いです。

索　引

著者紹介

著者

松本 典子（まつもと のりこ）

Microsoft MVP for Business Applications / Microsoft Azure (2016年～)
LINE API Expert (2020年～)
コミュニティ『LogicFlow-ja』の管理者の一人
デザイナーとしてキャリアをスタートし本業でデザインを行う傍ら、デザイナー視点でMicrosoft Azureの活用方法を発信する個人活動が評価され、2016年にMicrosoft MVP for Microsoft Azureを初受賞。2020年にはMicrosoft Azureに加えてPower Automateを中心とする情報発信活動も評価され、Microsoft MVPを複数受賞（Business Application / Microsoft Azure)。

また、プロボノ活動の一環でデザイナーとして接触確認アプリ「COCOA」に採用された「COVID-19 Rader」の開発に参加。デザイン制作全般を担当。
現在は、日本ビジネスシステムズ（JBS）でM365やMicrosoft Azure、Power Platformの提案・導入支援を行いつつ、個人ではASCII.jpの連載など執筆活動も行っている。

●SNS（Twitter）
@nori790822（https://twitter.com/nori790822）

●連載記事
松本典子の「はじめよう！Azure Logic Apps／Power Automateでノーコード／ローコード」：https://ascii.jp/serialarticles/3000789/

監修・寄稿

小尾 智之（おび ともゆき）

Microsoft MVP for Microsoft Azure (2017年2月～)
コミュニティ『LogicFlow-ja』の創設者で管理者の一人
IT業界に20年以上携わり、小規模～大規模開発を一通り経験。より現場の意見を反映できるユーザー主体の開発方法に関心を持つ。現職では、Power PlatformやMicrosoft Azureだけでなく、AWS等クラウド全般を扱ったアーキテクチャ設計から社内の技術啓蒙や教育など開発以外の業務も行う。主に北海道のユーザーコミュニティCLR/Hで活動していたが、主軸をオンライン活動に切り替え、MVP受賞と同時期にPower AutomateとAzure Logic AppsのコミュニティLogicFlow-jaを立ち上げ運営を行う。

●コミュニティ
LogicFlow-ja (https://www.facebook.com/groups/logicflowja)

●SNS（Twitter）
@twit_ahf（https://twitter.com/twit_ahf）

装丁/小口 翔平+後藤 司(tobufune)

DTP/株式会社明昌堂

Microsoft Power Automate入門

プログラミングなしで業務を自動化!

2022年6月20日 初版 第1刷発行
2023年2月 5日 初版 第2刷発行

著者 松本 典子(まつもと のりこ)
監修 小尾 智之(おび ともゆき)
発行人 佐々木 幹夫
発行所 株式会社 翔泳社(https://www.shoeisha.co.jp)
印刷 昭和情報プロセス株式会社
製本 株式会社国宝社

ISBN978-4-7981-7054-1
Printed in Japan